复旦大学新闻学院教授学术丛书

总主编　米博华

论史衡法

陈建云　著

复旦大学出版社

丛书编委会

主任 米博华

委员 米博华 张涛甫 周 晔 孙 玮 李双龙 杨 鹏
　　　周葆华 朱 佳 洪 兵 张殿元

总　序

米博华

今年是复旦大学新闻学院(系)创建九十周年,老师们商量策划出版一套教授学术丛书,为这个特殊的日子送上一份特殊礼物,表达对学院的崇敬和热爱。

九十年,新闻学院人才济济,俊杰辈出。教学与科研传承有序,底蕴深厚,著述丰赡,成就卓越。这套丛书选取的是目前在任的十五位老师的作品。老师们以对职业的敬畏与尊重,反复甄选书稿,精心修订文字,意在以一种质朴而庄重的方式,向九十年的新闻学院致敬。

作为学院一员,回顾历史,与有荣焉。我们这个被誉为"记者摇篮"的复旦大学新闻学院崇尚新知,治学严谨,站立时代潮头,引领风气之先,创造了诸多第一:老系主任陈望道首译《共产党宣言》全本,创办了中国第一座高校"新闻馆";新闻学系第一个引入了公共关系学科,发表了第一篇传播学研究论文,出版了第一本传播学专著,主编了第一套完整的新闻学教材,创建了国内第一家新闻学院,在国内第一家开设传播学全套课程,建立了国内首个新闻传播学博士后流动站,第一家实现部校共建院系……在各个历史时期,新闻学院为中国新闻传播学科的发展,为中国新闻事业的进步,不断贡献非凡力量。

九十年是历史长河一瞬,但对新闻传播学科来说,其变化之巨是任何一个时代都不能比拟的。从铅铸火炼报纸印刷,到无像无形空中电波;从五彩缤纷电视屏幕,到无处不在互联网络;从无远弗届移动终端,到不可思议5G传奇。科技进步驱动新闻传播学科迭代更新、飞跃发展,令人目不暇接。这套丛书力图从一个侧面展示新时代新闻传播学研究的进展,探讨未来新闻传播学科发展趋势和走向,回答新闻传播学理论和实践的紧迫课题。

大家知道,长期以来有"新闻无学"的说法,这种说法并不科学。与其他人文社会学科如哲学、历史、文学等相比,新闻传播学是近现代产物。实践探索、学术积累、研究成果都不够丰富、厚实。从某种意义上说,新闻传播学术大厦的构建还在进行之中,已经完成的工程也还在完善之中。但不能否认,新闻传播学是当代新兴文科发展最快、影响最大、应用最广、前景最为明亮的重要学科,没有之一。如信息产业方兴未艾一样,新闻传播学很可能成为这个世纪独步一时的最前沿学科。

我们看到的这部教授学术丛书,规模不算很大,涵盖的方面也是有限的。但我们从中看到了复旦大学新闻学院教授们不计功利的良好学风和独立思考的学术追求。特别是,老师们以海纳百川的胸怀与视野,从不同方面努力回答了基础和应用、理论和实践、传承和创新等诸多与时代切近的问题,令人读后启示颇多。

首先,新闻传播学具有高度应用价值,但不意味着这个学科发展可以离开牢固基础。不能把新闻传播学教育看成是一种简单的劳动技能或专业培训,其背后是政治、经济、文化、社会等诸多学科交叉的庞大学术体系。这也决定了只有把新闻传播学的基础夯实,才能不断增强其应用价值和效能。缺少体系性就没有专业性。其次,理论来自实践,而实践在理论指导下才能得到提升。未经过梳理的实践,有时可能就是一团没有头绪的随想,或者是一堆杂乱无章的感觉。只有通过系统、科学的理论研究,才能对事物规律性有更加深刻的认识。从这个意义上讲,新闻传播学是一门科学,是有学问的。再者,新闻传播学一以贯之的守正之路,就是要促进人类社会的和平友好、文明和谐、向善进步,新闻传播事业担当的使命不能变,也不会变。同样地,新闻传播学又是一门崭新的学科,必须回应互联网时代的云计算、大数据、人工智能等新课题,这是一个应该构建新闻传播学新高峰的大时代。

掩卷沉思,眺望未来:从大地重生的拨乱反正,到实现民族复兴的新时代,由业界到学界,由采写编评到教书育人,经历了我国新闻事业蓬勃发展的四十年,更感到"虽有嘉肴,弗食,不知其旨也;虽有至道,弗学,不知其善也。是故学然后知不足,教然后知困"。回望复旦大学新闻传播学教育光荣历史,阅读老师们呕心沥血的学术新作,自问:一个人一生能够做多少事?很有限。无非是培上几锹土,添上几块砖。个人作用远没有自己想象的那么大,但一代一代复旦大学新闻学院师生累积起来的知识和力量,可以为后人留下一份丰厚的精神财富。我们将继续努力!

是所望焉,谨序。

2019年6月16日

好学·力行·知耻(代自序)

——在复旦大学新闻学院2015级新生开学典礼上的发言

陈建云

很荣幸作为教师代表,在这个隆重的场合和大家说几句话。从学生到教师,我在新闻学院已经度过了15个春秋。15年说长不长,说短不短,曾经的青春年少已是头发稀疏,两鬓斑白。学院的文化底蕴、精神气质日复一日地涵化着我,成为我生命中最深厚的底色。所以,今天我想讲一讲我对院训"好学力行"的理解,希望对大家的大学生涯有所启发。

1943年4月,当时复旦大学因抗战内迁到重庆北碚,我们的系主任陈望道先生,提出"好学力行"四字作为新闻系系铭。"好学力行"这四个字,出自《礼记·中庸》:"好学近乎知,力行近乎仁。"1988年6月,复旦新闻系扩大为新闻学院,"好学力行"自然也成为我们的院训。

爱好学习,探究学问,对每个专业的学生来说都是天经地义的事情。陈望道先生当年为什么要把"好学"列为新闻系系铭之首?我想这跟我们的专业特性有关。大家毕业之后从事新闻传播工作,要和各行各业打交道,遇到方方面面的问题。如果不懂利率、汇率,如何采写财经新闻?分不清上诉、抗诉,也成不了合格的政法记者。新闻记者是知识盲点最多的一项职业,需要我们在大学期间去学习知识,储备知识,力争成为学有专长、兼通百家的"杂家"。民国著名报人成舍我就曾经说过,新闻记者应该有"入太庙,每事问"的精神。希望在座诸位能够充分利用复旦综合学科的优势,博采众长,好学不倦,日积月累,厚实学养。

今天大家齐步迈进复旦校园,同样的起跑线,同样的学习环境,相信毕业时的"成色"千差万别,有的同学可能还无法按时顺利毕业。为什么会有这样的差别?关键在于好学不好学,勤奋不勤奋。去年春节我回老家,写了一首小诗:"秦岭东走是伏牛,淯水南流到鄂州。年年春来归如燕,山河不改亲白头。"我的家乡在河南南阳伏牛山区,母亲河白河(古淯水)在湖北襄阳汇入汉江。家乡山清水秀却闭塞落后。我能够接受高等教育,从一个农家子弟成为大学教师,来之不易。我的基础教育远远比不上大家,也不如在座各位聪明伶俐。不过我自己可以做到的就是勤奋好学,力争上游。一分耕耘,一分收获;天道酬勤,自古亦然。

新闻传播学是实践性非常强的一门学科。新闻传播专业的学生,浮躁浅薄、轻视学术属于目光短浅,埋头书斋、不问世事也不可取。"纸上得来终觉浅,绝知此事要躬行。"所以我们学院也非常强调"力行"——躬行实践,尽力做事。学院为本科生安排教学小实习、大实习,要求大家到新闻传播业一线去动手锻炼,就体现了对"力行"的重视。我每年都会看几十份同学们的实习总结报告,发现多数同学不但实习成果丰硕,而且能够通过实践检验所学,反思所学,回到学校后改进自己的学习,收获很大。也有个别同学只是走走实习的过场,乏善可陈。因此,"力行"不仅仅是用力去做事,更要用心去做事。低头拉车,永远是"新闻民工";抬头看路,掌握信息传播新技术,了解新闻传播新形态,把课堂知识转化为实践能力,通过实践促进知识学习,才能成为优秀的新闻人。

实际上,《礼记·中庸》中的"好学近乎知,力行近乎仁"之后,还有一句话是"知耻近乎勇"。孔子也说:"知者不惑,仁者不忧,勇者不惧。"不知道陈望道先生当年为何没有把"知耻"也列为新闻系的系铭,可能是当时国难当头,各行各业都忠勇奋发,新闻职业道德问题并不严重的缘故吧。可是现在,新闻敲诈等行为已经严重损害媒体的公信力,去年的"21世纪网事件",让整个中国的新闻界为之蒙羞。所以,"知道羞耻"是当今我国新闻界需要特别补上的一课:敲诈勒索是羞耻,沉默失声是羞耻,抬轿吹捧也是羞耻。如果我们的院训需要修订充实的话,我认为"知耻"二字是最佳之选。

新闻传播业是特别需要理想、需要良知、需要操守的行业,因为它关系到社会的公平正义、人民的幸福安康。今天,我以好学、力行、知耻三义,与诸位共勉。

2015 年 9 月 8 日

目录 Contents

上编　新闻传播史论

来华基督教传教士办报动机辨析 3
报人成舍我的成功之道 15
《黄炎培日记》所载史量才之死 27
革命报人叶楚伧 42
《中国抗战画史》与曹聚仁的"日本观" 56
《大公报》与国民政府新生活运动 71
一次清理"资产阶级新闻思想"的运动
　　——五十年代初期新闻界思想改造学习运动的回顾与反思 92
新闻媒体与"黄逸峰事件" 100
20世纪中国新闻学研究 110
舆论监督三十年历程与变革 128

下编　新闻传播法规与职业伦理

采访权与政府信息公开
　　——从我国首例记者起诉政府部门信息不公开案件谈起 143
新闻敲诈，该当何罪？ 152
我国对互联网的基本态度及互联网新闻信息传播立法 164

汶川大地震报道中的伦理问题……………………………………176
美国媒体对消息提供者的保护：职业道德与司法公正的冲突…………186
兼顾新闻自由与审判公正
  ——美国法律处理传媒与司法关系的理念与规则………………196
英国法律对媒体报道司法的规制…………………………………214
自媒体时代新闻记者的身份困惑与媒体规制……………………223
广告刊播与媒介公信力……………………………………………232
自由新闻业的民主"看门狗"功能：理想图景及现实审视…………244

后记……………………………………………………………………256

上编

新闻传播史论

来华基督教传教士办报动机辨析*

中国近代报刊业的兴起与基督教来华传教士的办报活动密不可分。传教士所办报刊总体上宗教性内容并不多,而是以介绍世界历史地理及西学西政等世俗知识为主,但这并不能否定他们办报的传教动机,这是他们在中国这一特殊的非基督教国家中采取的一种传教策略。同时,基督教近代在华的传播史,是和帝国主义的侵华史紧密交织在一起的,传教士在华的种种活动,实际上对中国的殖民地化起到了催化作用,这也使传教士出版报刊的活动不可避免地具有"文化侵略"的色彩。

中国是世界上最早有报纸的国家,但我国近代新闻业的历史,首先是由来华基督教(新教)传教士拉开序幕的。第一份中文近代报刊《察世俗每月统记传》,第一份在中国领土上出版的中文近代报刊《东西洋考每月统记传》,创办者都是基督教传教士。鸦片战争后,随着中国"教禁"的逐步放开,从华南沿海到内地,从通商口岸到其他城市,传教士创办的报刊不断涌现,蔚为大观。据统计,19世纪40年代到90年代,外国人在中国创办的中外文报刊近170种,约占同时期中国报刊总数的95%,其中大部分是以教会或传教士个人的名义创办的。仅基督教新教而言,从1860年到1890年的30年间,在中国发行期刊76种,其中宗教性质的40种,世俗

---

* 本文原刊于《西南民族大学学报(人文社科版)》2007年第4期,编入此集时略有增补。

性即文化性的36种①。来华传教士为什么要出版报刊？他们如此热衷这项事业的真正意图是什么？

长期以来，不少中国学者认为，早期来华新教传教士是"外国侵略者派遣到中国来的第一批文化鹰犬"，是"一伙伪善的为侵略者充当马前卒的文化流氓"②；他们办报的目的，"是为打开中华帝国的大门作舆论上的准备"③。而一些西方学者则认为，"19世纪时，商人们来中国谋求利益。外交官和军人来到中国则谋求特权和让步。外国人中间唯有基督教传教士到中国来不是为了获得利益，而是要给予利益；不是为了追求自己的利益，而至少在表面上是为了中国人的利益效劳"④。对于传教士来华及其办报活动，两种截然不同的评价孰是孰非？国人的论断是否掺杂了民族感情而有失公允？西方人的评价是否出于"西方本位"而过分美化？

一、传教士为什么来到中国

要回答上述问题，首先必须理清传教士远涉重洋、不畏艰险来到中国这片陌生土地上的主要目的。

1894年，美国"学生志愿国外传教运动"举行第二次国际会议，这次会议提出了"为基督征服世界"的口号。任何宗教本质上都具有排他性和扩张性，不过其扩张的程度如何，要看这一宗教本身教义的合理性，更要看信奉这一宗教的国家的国力。15、16世纪，特别是经过资产阶级革命后，信奉基督教的欧美国家日益强盛，积极向海外扩张，这为基督教向世界传播提供了政治后盾。同时，西方人认为，西方近代的进步得益于基督教文明，"西方今日进步之大本，全恃基督道"⑤，这使基督教的扩张具有了文化心理优势。因此，"为基督征服世界"这一口号的提出虽然较晚，但应该是宗教改革后基督教（不管是天主教还是新教）传教士海外活动的主要目

---

① 方汉奇：《中国近代报刊史》（上），山西人民出版社1981年版，第18页；卿汝楫：《美国侵华史》（第二卷），生活·读书·新知三联书店1956年版，第295页。
② 方汉奇：《中国近代报刊史》（上），山西人民出版社1981年版，第16、18页。
③ 方汉奇主编：《中国新闻事业通史》（第一卷），中国人民大学出版社1992年版，第243页。
④ 费正清、刘广京编：《剑桥中国晚清史》（上卷），中国社会科学出版社1985年版，第599页。
⑤ 林乐知、范祎：《谣传之释言》，载《万国公报》1904年5月，第184册。

的,即让非基督教国家和地区的"异教徒"都改奉基督教,成为上帝的"子民"。伦敦布道会派遣来华的传教士米怜的这段话,可以说对"为基督征服世界"的传教士的心态作了典型的表述:"基督教将整个世界当作它行动的领域:它不知道还有什么别的地方。它只指令所有的民族放弃那些有害的东西,只希望他们接受他们令人悲哀地缺乏的东西。它决不通过吹捧一个国家的美德,而向另一个国家强加任何东西。它代表在上帝的眼里处于同一水平的'所有人民与国家'……它对福音所及的所有国家,在道德上有同样积极的责任,它在同样的条件下向所有接受它的人——无论老幼、贵贱、智愚、生长于何国——赐予救赎和恩宠;对所有拒绝或侮辱它的人,它实施的雷霆般的惩罚也是一样的,既公正,又没有求恳或逃脱的余地。"米怜还强调,"基督教是唯一适合于全世界的宗教,并且是唯一能够将世俗的王国带入永恒福乐的宗教"。而向"异教徒"传教的理由在于:"希望得到基督宠爱的人,有义务竭尽全力使基督教的知识得到传播;上帝会因此喜悦,他使他的仆人成为向他人传送仁慈和恩惠的工具,从而赐予他们荣耀和祝福。"①

在19世纪初新教传入中国前,基督教景教、天主教等教派,在唐代、元代和明末清初曾三次传入中国。基督教前两次入华,均不能对强大的中华帝国和以儒学为核心的中华文明构成威胁,只是希望在异域文化中求生存而已。即使到了明末清初,正是天主教大肆向海外扩张时期,大批天主教传教士也相继被派到中国传教,但相信他们也不敢心存"为基督征服中国"的奢望。新教传教士来华之时,情况已发生了逆转,中国不论在国力、科技、文化还是政治文明方面,已远远落后于欧美列强。同时,西方中国观即西方人对中国的认识也发生了根本转变。在16—18世纪的欧洲人看来,中国是一个繁荣富强、政治清明、文化优秀的美好国家,莱布尼兹对中华文明的推崇就是一个例证。他认为中国文化和中华文明是"全人类最伟大的文化和最发达的文明","如果不是因为基督教给我们以上

---

① [英]米怜:《基督教在华最初十年之回顾》,转引自吴义雄:《在宗教与世俗之间》,广东教育出版社2000年版,第458—459页。

帝的启示,使我们在超出人的可能性之外的这一方面超过他们的话,假使推举一位智者来裁定哪个民族最杰出,而不是裁定哪个女神最美貌,那么他会将金苹果交给中国人"①。伏尔泰也曾对儒家政治学说和中国君主制度赞美有加。正如黑格尔所概括的,"中国常常被称为理想的国家,甚至被当作我们应当效法的样板"②。然而到了18世纪末19世纪初,西方人眼里的中国已是贫穷野蛮、停滞闭塞、专制腐败和虚弱傲慢的国度。因此,这一时期来到中国的传教士,是"为基督征服中国",攻破被他们称之为"自古以来被魔鬼占据的地面上最坚强的堡垒"③,实现他们"为基督征服世界"的宏大志愿。第一个来华新教传教士马礼逊1807年从伦敦启程时,伦敦会指示他"去提升中国人的思想而改奉基督为他们的救主"④;美国传教士裨治文前往中国,美部会写信鼓励他要"成为基督的一个战士",积极、机智和忠诚地从事传教事业,"终有一天,福音将在中华帝国获得胜利,它那众多的人民将归向基督"⑤。受荷兰传道会派遣来华的普鲁士传教士郭士立也曾说:"我心中长久以来就怀有这样的坚定信念,即在当今的日子里,上帝的荣光一定要在中国显现,龙要被废止,在这个辽阔的帝国里,基督将成为唯一的王和崇拜的对象。"⑥

然而,传教士来华后的活动,特别是在两次鸦片战争中传教士们的所作所为,不得不使中国人对他们来华的动机产生怀疑。在两次鸦片战争前后,传教士从事的与侵华战争相关的活动主要有以下四个方面:第一,刺探、搜集和提供情报。从1831年到1838年间,郭士立曾到中国沿海侦察至少十次。他一路探测航道,测绘海域图,刺探、搜集所经港口城市的军事、经济情报。他对上海的防务详细调查后得出的结论为:"如果我们是以敌人的身份到这里来,整个中国的抵抗不会超过半小时。"⑦鸦片战争

---

① 夏瑞春编、陈爱政等译:《德国思想家论中国》,江苏人民出版社1995年版,第3、第5页。
② 同上书,第121页。
③ 转引自方汉奇:《中国近代报刊史》,山西人民出版社1981年版,第18页。
④ [英]艾莉莎·马礼逊(马礼逊夫人)编:《马礼逊回忆录》,顾长声译,广西师范大学出版社2004年版,第27页。
⑤ 《中国丛报》1846年2月,第105—106页。
⑥ 《中国丛报》1832年8月,第140页。
⑦ 转引自顾长声:《传教士与近代中国》,上海人民出版社1981年版,第31页。

期间,当英国侵略军打到上海时,天主教南京主教罗伯济主动去会见英军司令璞理查,向其报告他所了解的教区内及中国的军事、政治情报。1858年5月,俄国东正教传教士团领班修士大祭司巴拉第,到大沽口向英军司令汇报自己在北京搜集到的有关清政府动态的情报。第二,在《中国丛报》[①](Chinese Repository)等外文报刊上,撰文鼓动发动对华战争。第三,充当侵略军的翻译、助手,参与不平等条约的签订。郭士立担任英政府官方翻译,从鸦片战争开始到《南京条约》签订,他与马礼逊之子马儒翰(非正式传教士)都是直接参与者。两人代表英国政府全权代表璞鼎查对条约具体内容与中方代表几次进行讨价还价,极尽勒索讹诈之能事,取得比原订计划更多的特权和赔款。美国传教士雅裨理和文惠廉参与了英军在厦门的侵略活动,英国传教士麦都思被派到舟山,在英军司令部当翻译。美国传教士伯驾在广州是美国领事的助手,所办眼科医局因战事暂停后,回到美国,向总统、国务院和国会竭力鼓吹美国应乘此机会参与对华作战。美国派遣海军司令加尼率两艘军舰到中国给英军助威,裨治文任加尼司令翻译、助手,中英条约一签订就怂恿加尼向清政府勒索最惠国待遇。1844年2月美国政府派遣顾盛率军舰抵华时,伯驾、裨治文均是顾使团重要成员,直接策划中美《望厦条约》的签订。条约签订后,美国政府任命伯驾继续任驻华使节中文秘书、翻译。1856年条约届满12年,美国政府正式任命伯驾为驻华委员,不久升格为公使,负责与清政府修约。这位以传教起家的美国外交官,还多次鼓动美国政府侵占台湾。1860年10月25日,中法《北京条约》签订,法国传教士艾美在条约中文文本里,擅自增加了法文文本中没有的"并任法国传教士在各省租买田地,建造自便"的字句。除此之外,传教士又将"强令清政府归还曾经没收之天主教堂旧址"写进条约。这些传教士完全背弃了他们所宣扬的基督教精神,伪造条约条款,借不平等条约来扩展教会势力。

---

① 该刊由马礼逊倡议,在美国商人支持下,1832年5月由美国第一个来华新教传教士裨治文创办于广州,鸦片战争前后一度迁往澳门、香港出版,后又迁回广州,1851年12月停刊,不间断出版长达20年。该刊宗旨是提供"有关中国及其邻邦最可靠、最有价值的情报",其舆论颇受西方社会重视。

由于西方传教士来华与西方列强发动对中国的侵略基本同步,传教士在侵华战争中又扮演了上述不光彩的角色,在战后依傍西方的政治、军事和经济势力推进传教事业,不断激起教案,难怪国人称他们及其所传播的宗教是"殖民主义的警探和麻药"①,传教士在中国的活动是与列强的军事侵略并行的"文化侵略"。《毛泽东选集》中的《中国革命与中国共产党》一文就说,帝国主义列强对于麻醉中国人民的精神也不放松,这就是它们的文化侵略政策:"传教,办医院,办学校,办报纸和吸引留学生等,就是这个侵略政策的实施。其目的,在于造就服从它们的知识干部和愚弄广大的中国人民。"②

来华传教士虽然鱼龙混杂,但大部分传教士还是有着虔诚的宗教信仰,抱着"向中国人传教"的目的来到中国的。那么,为什么传教士来华后把自己的活动范围扩展到世俗领域,特别是早期来华传教士与西方政治、军事侵略势力结盟,成为侵略势力的天然同路人?传教士与强权政治的这种畸形关系,可以从两个层面来理解。当英美新教传教士来到中国这个陌生的、具有鲜明的民族文化特性的国家之后,他们实际上具有双重身份。一方面,他们是以传播基督教为职志的传教士,这种职业决定了他们必然与清廷的限制政策产生冲突,而他们解决问题的方式是与殖民侵略势力结盟,从宗教的目的出发与后者互相利用,否则他们就难以获得在他们看来必须得到的传教环境;另一方面,他们又是普通的西方人,在自己的国家与中国发生冲突之际,他们在思想上当然容易倾向于自己的国家,很少有人能超越民族意识而采取公正、客观的立场。"至于是否可以说传教运动是西方殖民侵略阴谋的组成部分,要视进行这种表述的具体语境而定。如果我们把传教士所追求的对'异教徒'的精神征服理解为文化侵略行径,如果我们注重传教运动带来的那些消极的社会后果,那么这句话是不错的。但应该值得注意的是,这样说并不意味着传教士与他们的政府有一种实际上的共谋关系,并不意味着传教士的派遣属于一种政治计

---

① 陈旭麓:《传教士与近代中国》,上海人民出版社1981年版,第2页。
② 毛泽东:《毛泽东选集》(第二卷),人民出版社1991年版,第630页。

划。"①1807年马礼逊来华,代表英国政府在东方利益的东印度公司不允许他乘坐该公司船只;1847年、1853年伯驾和卫三畏先后接受美国政府的任命,美部会毫不客气地将他们除名,便是例证。

二、传教士为什么要出版报刊

传教士来华的根本目的是向中国人传播基督教,那么他们为什么如此热心地创办中文报刊?让我们看一看他们自己对这一问题的解释。早期来华新教传教士马礼逊和米怜,在深入探讨当时对华传教活动状况后,曾向伦敦布道会总部提出十项传教方针,其中提到了在马六甲发行中文报刊的计划,"其目的在于将一般知识普及和基督教的推广活动相结合"。米怜在其回忆录中也谈到了出版中文报刊对向华人布道的重要性:"不管以何种洗练的语言来表达,在传播人或有关神的知识上,印刷媒体显然要比其他媒体更占优势。作为加深理解的手段,中文书籍之重要性也许要比其他传播媒体还要大。因为,阅读中文的人口要远比其他民族为多。"②1877年5月,在华基督教传教士在上海举行大会,有一位传教士在会上说:"我们必须特别注意利用三种媒介去传播真理,启迪不信教的人们。布道坛、课堂、报刊就是这三种媒介,在世界上还难以找到一个国家比中国更需要这三种媒介。"③会上发言的绝大多数传教士都赞同这一看法。英国浸礼会来华传教士李提摩太1897年在伦敦演讲时也谈道:"第一,印刷的书刊比口头的讲道对中国士大夫更合适,在公开场合对基督教持有敌意的士大夫们,在私人家庭生活中可能因着文字的工作被带到主前;第二,借文字来宣传基督教,较不会引起暴动;第三,文字工作比其他方法较能直接地接触更多的人,也接触得更快、更有效。"④

可见,在传教士看来,与口头布道、教育(创办宗教学校)传道、医务

---

① 吴义雄:《在宗教与世俗之间》,广东教育出版社2000年版,第520—521页。
② [英]米怜:《基督教在华最初十年之回顾》,转引自卓南生:《中国近代报业发展史》,中国社会科学出版社2002年版,第17—18页。
③ 《基督教在华传教士大会记录:1877年》,上海美华书馆1878年版,第163页。
④ 林治平主编:《基督教入华百七十年纪念集》,宇宙光出版社1984年版,第101页。

(开办慈善医院)传道等传教方式相比,"文字传道"即出版中文报刊是向中国人传播基督福音的最快捷、最有效的方法。传教士认为,"单纯的传教工作是不会有多大进展的,因为传教士在各个方面都要受到无知官吏的阻挠。学校可能消灭这种无知,但在一个短时期内,在这样一个地域广阔、人口众多的国家里,少数基督教学校能干什么?我们还有一个办法,一个更迅速的办法,这就是出版书报的办法"①。医务传道同样也受到地域限制,不及文字传道无远弗届,受众众多。布道、出版、教育和医疗是基督教传教事业的四大支柱,由于对报刊媒介特性、功能和对中国传教环境的深刻认识,来华传教士尤其是早期来华者更热衷于出版中文报刊,借此来拓展在华的传教事业。因此,就传教士自身来说,他们之所以不遗余力地出版中文报刊,是为了更快捷、更有效地向中国人传播基督教,传教是创办报刊的基本目的。

把传教士创办报刊的基本目的定性为传播基督教,可能会受到这样的质疑:为什么传教士所办的大部分报刊的内容并不是以阐述基督教教义为主,而是以介绍世界历史地理及西学西政等世俗知识为主?

传教士早期所办的《察世俗每月统记传》《特选撮要每月纪传》等报刊,最核心的内容是对"神理"即基督教教义的阐明,属于比较纯粹的宗教报刊。但是到了郭士立主编的《东西洋考每月统记传》,"神理"已退居其次,刊物重点放在介绍世界历史地理概况及西方近代以来取得的科技进步。鸦片战争后传教士所办的报刊,如香港的《遐迩贯珍》和上海的《六合丛谈》,很少刊登专门宣扬基督教教义的文章,大量篇幅为对自然科学知识、西方政治制度与社会风俗习惯的介绍,不遗余力地宣扬西洋文明的优越性,强调外国人来华的"善意"。至于美国传教士林乐知主编的《万国公报》,则更成为传教士宣传西学西政的舆论阵地。

传教士所办的报刊为什么在内容上会发生这样的变化?或者说,传教士出版的报刊为什么总体上不是以宗教内容为主而是以世俗内容为主?如果考察一下当时中国人的"世界观",这种疑问便不难解释。中国

---

① 卿汝楫:《美国侵华史》(第二卷),生活·读书·新知三联书店1956年版,第290页。

人历地认为,中国是居于世界中心、文化优越的"天朝上国",中国之外的土地和人民都是"化外""蛮夷"。明末天主教传教士意大利人利玛窦来华时,为了迎合中国人这种根深蒂固的观念,他把西方人绘制的世界地图进行修改,移动地图上的本初子午线位置,将中国置于全图正中。今非昔比的新教传教士,既不愿像利玛窦那样迎合中国人的盲目自大心理,也不愿直接道破中国人的"幻觉",为本来就困难重重的传教工作设置障碍,他们就采用了在报刊上宣扬西方文明的策略,试图向中国人特别是知识分子说明,近世西方文明已优于,至少不劣于中华文明,为在中国传播基督教扫清思想障碍。郭士立所写的《东西洋考每月统记传》发刊宗旨最能说明这一问题:"尽管我们和他们(指中国人)有长期的交往,他们仍然公然表示是高于其他国家而位居世界第一,并视其他民族为'蛮夷'。……这个旨在维护广州与澳门的外国人利益的月刊,就是要促使中国人认识我们的工艺、科学及基本信条,与其高傲和排外的观念相抗衡。此刊物将不谈论政治,也不要在任何问题上以刺耳的语言触怒他们。我们有更高明的办法显示我们并非'蛮夷'。编者认为更佳之手法是通过事实的展示,从而说服中国人,让他们知道自己还有许多东西需要学习。"①

关于传教士是否应该出版非宗教性报刊、是否应该在宗教报刊上向中国人介绍西学西政知识这一办报方针问题,在传教士内部曾经引起过争论。在1877年5月召开的在华基督教传教士大会上,形成了意见截然不同的两派。持反对意见的传教士认为,传教士来华的使命是"救灵",而要实现这个使命完全可以不借助所谓的西学。从整个大会的发言和讨论情况看,反对意见显然占了上风②。以《万国公报》为例,这次大会之后,介绍西学知识的文章减少了,以前难以见到的直接宣传基督教教义的文章开始经常登载。这说明传教士对所办报刊偏离传教目的的警觉和纠偏。《万国公报》1889年复刊、成为广学会的机关报后,开始大量刊登介绍西学西政的文章。《万国公报》主编林乐知及参与编辑的传教士之所以这样

---

① 《中国丛报》(第二卷),第186—187页。转引自卓南生:《中国近代报业发展史》,中国社会科学出版社2002年版,第47页。
② 方汉奇主编:《中国新闻事业通史》(第一卷),中国人民大学出版社1992年版,第345页。

做,实际上也是为了更好地在中国传播基督教。传教士普遍认为,基督教为"格致之原"和"国政之本",西方国家取得的科技与政治进步,其本原在于基督教精神;通过报刊向中国人介绍西学西政,是为了"以学辅教""以政论教"。"正因为要以学辅教,就不能不介绍西学;正因为要以政论教,就不能不介绍西政;既然要介绍西学、西政,就势必要对中国的学术和政治进行评论。"①《万国公报》华人编辑范祎就指出:"中国在二十年以前,惊西方之船坚炮利,知有西艺矣。而于西政,则以为非先王之法,不足录也。十年以前,亲见西方政治之美善者渐多,其富强之气象,似胜于中国,知有西政矣,而于西教,则以为非先圣之道,不足录也。嗟乎! 知西艺最易,知西政已较难,更进而知西教,则如探水而得真源,艺果而得佳种,是公报之最大要义也。"②

另外,在甲午战争前后,林乐知、李提摩太等传教士在《万国公报》、天津《时报》等报刊上大力鼓吹中国应该变法图强,个中原因,当然不排除一些"久于中国"的传教士具有"不忍坐视其困"③的救世情怀,不过其主要目的应该在于:中国通过向西方学习,变法维新,建立像西方国家那样的民主政体或君民共治之政体,为基督教在中国的传播创造政治环境。

因此,从内容上看,传教士所办报刊总体上虽然宗教性内容并不多,是以介绍世界历史地理及西学西政等世俗知识为主,但这并不能否定他们办报的传教动机,这是他们在中国这一特殊的非基督教国家中采取的一种传教策略。

三、传教士出版报刊是否是一种文化侵略

传教士通过出版报刊向中国传播基督教,是否是对以儒学为核心的中国文化的一种侵略? 这要看当时传教士对中西文化——或者更高一层——中西文明程度的评价。在传教士的认知里,基督教不但是唯一真正的宗教,基督教教义具有超越国家和民族的普遍意义的最高真理,而且

---

① 王林:《西学与变法——〈万国公报〉研究》,齐鲁书社2004年版,第23页。
② 范祎:《〈万国公报〉第二百册之祝辞》,载《万国公报》1905年9月,第200册。
③ 夏东元编:《郑观应集》(上册),上海人民出版社1982年版,第407页。

基督教国家的社会制度、道德水准和物质文化也高于"异教"民族。美部会秘书安德森在《向异教徒传教的理论》(1845)小册子中说:"基督教与教育、工业、民权自由、家庭、政府与社会秩序、尊严的谋生手段、良好的社区秩序,是联系在一起的。"安德森认为,在当时的整个文明世界,至少在名义上都是基督教世界,传教事业必定要在未开化的(uncivilized),或者是部分开化的(part-civilized)部落和国家进行:"传教事业具有双重目的,一是以简单而崇高的方法,即按耶稣'劝人与神和解'的精神行事;另一个则是,通过各种直接的方法,重新组织皈依者所属的社会系统的结构",将这些社会变成"文明的"社会①。

安德森的观点基本上是来华传教士的共识,卫三畏在1864年给《纽约观察家》写的一篇文章中就说,基督教纵然不是文明的唯一动因,至少也是文明不可或缺的动因。那么,中国在"文明"的维度上处于什么位置? 在来华传教士眼里和笔下,当时的中国贫穷落后,政府虚弱、专制、排外,中国人迷信鬼神、崇拜偶像、吸食鸦片、溺婴、妇女缠足,社会道德堕落,具有悠久历史、灿烂文明的中国实际上已处在野蛮未开化和近代文明——即西方资本主义文明的中间地带,属于"半文明"或"有缺陷文明"的国家。

曾经拥有灿烂文明的中国何以落后于时代? 传教士把主要原因归结于儒家文化造成了中国民族特征中的停滞性和排外性。米怜在《中国丛报》上撰文说:"中国人固执地拒绝进步,并不是因为缺少天才,而是因为他们的原则。他们认为古圣先王及其政府,是最为卓越的,是民族智慧和美德的最高体现,而且他们生活的时代与这些圣王的时代大体上是相似的。他们仍然是古代的盲目的奴隶。"②"法先王"是儒学的要义之一,"祖宗之法不可变"导致了中国社会的停滞不前,中国人对儒学的盲目信从又导致了对其他文化的拒绝,从而使整个民族文化出现排外的倾向。

传教士认为,基督教为"格致之原"和"国政之本",欧洲近代的进步,在思想文化上主要应该归因于宗教改革,而"中国现在的情形就如同宗

---

① 转引自吴义雄:《在宗教与世俗之间》,广东教育出版社2000年版,第459—460页。
② [英]米怜:《中国人的民族特性》,载《中国丛报》第一卷,第327页。

改革前的欧洲",当欧洲中世纪的黑暗在16世纪被冲破,"改革者的光辉升临西半球之时,这里依然像以前那样停留在重重阴霾和自命不凡之中"。因此,中国的"复兴"需要基督教新教"光辉"的照耀①。

目前普遍的观点是,文化或文明有进步与落后之分,民主政治就显然优于专制独裁。但不是说某一类型的文化或文明在所有方面都优于其他文化或文明。问题在于,基督教新教传教理论的一个突出特点是,"强调是否接受基督教是衡量一个民族是否可以称为文明的民族,或一个民族文明程度的尺度"②。平心而论,传教士对中国传统文化的批判不乏真知灼见之处,但他们把基督教文化与儒家文化对立起来,扬彼贬此,企图以基督教代替儒学,使中国基督教化,而不是谋求两种文化的融合共生,从这一方面来说,传教士以出版报刊为手段的在华传教活动,对中国文化无疑是一种侵略。同时,基督教近代在华的传播史是和帝国主义的侵华史紧密交织在一起的,传教士在华的种种活动,实际上对中国的殖民地化起到了催化作用,这也使传教士出版报刊的活动不可避免地具有"文化侵略"的色彩。

---

① 裨治文:《中国文化的特性》,载《中国丛报》第七卷,第5页。
② 吴义雄:《在宗教与世俗之间》,广东教育出版社2000年版,第459页。

报人成舍我的成功之道[*]

  成舍我是旧中国著名的报业资本家,他的成功是三个层面相辅相成的结果:宏观层面有一以贯之、与时俱进的办报宗旨,中观层面坚持走"大众化"办报之路,微观层面有与众不同的报业经营管理手段,形成了独具特色的"成舍我体系"。

  1924年4月,26岁的成舍我在北京创办《世界晚报》,开始了自己的报业老板生涯。一年后增出《世界日报》和《世界画报》,形成"世界"报系。鉴于北洋军阀统治下的北方舆论环境险恶,1927年他南下南京,创办《民生报》。《民生报》发行量最高至3万份,为南京各报之冠。1934年9月,《民生报》因得罪行政院长汪精卫被勒令停刊,成舍我前往上海,于次年9月创办《立报》。在报业竞争异常激烈的上海,《立报》的发行量曾达到20万份,超过了老牌大报《申报》和《新闻报》,创造了我国自有日报以来的最高发行纪录。全面抗战爆发后,北平"世界"报系和上海《立报》相继停刊,成舍我于1938年在香港复刊《立报》,1944年在重庆复刊《世界日报》。抗战胜利的当年,他回到北平,原地复刊了《世界日报》和《世界晚报》。成舍我纵横旧中国新闻界数十年,可谓办报必成,无往不胜。他能从一文不名的穷学生而成为报业资本家、"一代报人",得益于办报宗旨正大、办报路径准确和治事风格独特。

---

 * 本文原刊于《新闻大学》2011年秋季号。

一、办报宗旨：一以贯之，与时俱进

办报宗旨属于宏观层面上的新闻从业理念问题，决定着言论的立场和新闻的处理，塑造着一份报纸的品质。成舍我每办一份新报，都要为其制定若干条宗旨，使同人信守。1924年他在北京创办《世界晚报》，就为自己独立经办的第一份报纸制定了四条宗旨：立场坚定，言论公正；不畏强暴；不受津贴；消息灵确。10个月后再办《世界日报》，政治性质、社会形态和读者需求与创办晚报时大体相同，因此日报沿用了晚报的宗旨。当时军阀暴虐，摧残言论，北京新闻界或慑于淫威三缄其口，或接受津贴丧失报格，成舍我适时地以上述四条宗旨相号召，自然能够赢得读者的支持。1927年他在南京创办《民生报》，因时势推移，宗旨稍有修订，即"立场坚定、态度公正、消息灵确、不受津贴、肃清贪污"。1935年上海《立报》的宗旨仍为四条：立场坚定，态度公正；消息灵确；不接受任何津贴；对内督促政治民主，严惩贪污，对外争取国家主权独立，驱除敌寇。1938年《立报》在香港复刊，正是日寇大举侵华、内政谋求革新之时，成舍我为香港《立报》确定了这样的宗旨：立场坚定，态度公正；消息灵确，报道翔实；打倒汉奸，抗战到底，革新政治，肃清贪污。1945年在重庆复刊的《世界日报》，其宗旨与香港《立报》大致相同。

成舍我在北洋军阀统治时期标举"不畏强暴"，在南京国民政府时期主张"肃清贪污"，抗战军兴则呼吁抗战到底、革新政治，但是在不同时空，有三条办报宗旨一以贯之，始终不变：立场坚定，态度公正；不受津贴；消息灵确。

近世以来，私营报人不管是否出于本意或能否做到，口头上都以客观公正相标榜。成舍我也是如此，"立场坚定，态度公正"就是他手订的办报宗旨之一。办报要做到立场坚定、态度公正，首先必须经济上独立自存，否则遇事必然逡巡顾忌，评判问题就很难做到是是非非，不偏不倚。不能说成舍我一生办报从没有接受过任何津贴。1925年底，北京《晨报》就曾披露，《世界日报》《世界晚报》接受过北洋政府参政院赠送的

"宣传费"①。这一阶段是成舍我的艰苦创业期,需要资金来开创事业,接受津贴也情有可原,并且大节不亏,没有因受人之惠而替人帮腔。随着事业的不断发展,成舍我从一文不名变成报业资本家,接受他人津贴的事情几乎就不再发生了。成舍我一辈子从事新闻业,没有做过行政官吏,没有担任过官报职务,始终以无党派民间报人自居。他少年时代曾经在安庆加入过国民党,1927年在南京办《民生报》时,国民党南京市党部通令党员必须重新登记,他以办报不应受到任何党派之约束,不往登记,自动放弃国民党党籍②。1944年9月桂林沦陷后,成舍我携家眷退到重庆,以国民参政员身份暂做寓公。那时国民党的《中央日报》和军方的《扫荡报》都办得不好,两报后台先后拉成舍我去接办,但是他最终没有下水,而是与朋友集资恢复了私营的《世界日报》③。毋庸讳言,成舍我与国民党元老李石曾,特别是与国民党新闻宣传方面的程沧波、萧同兹、陈训念等要人的私交都不错,在他的办报生涯中,有的曾经给予过援助,有的甚至是出资合伙人。但是不管如何,成舍我毕竟没有办过官报,也没有担任过政府官职,始终没有突破民间报人的底线。总之,成舍我基本上做到了不受津贴和无党无派,从而保证了"立场坚定,态度公正"办报宗旨的贯彻。

"消息灵确"办报宗旨的一贯强调,则反映出成舍我对媒体功能的正确体认。新闻媒体的首要功能,就是及时准确地报道最新发生的事实,如果一份报纸刊载的消息总是"旧闻",或者错谬百出,迟早要被读者抛弃。成舍我深知消息及时、准确对于一份报纸竞争力的重要性,虽然办报时空不断在变,但"消息灵确"这条宗旨始终未改,并尽力贯彻于办报实践。从《世界晚报》开始,成舍我就经常亲自出马采写新闻,甚至参与"抢"新闻。报社还自设短波无线电收报机,雇佣收报员"偷听"空中电波,改写后以特讯或专电的名义发表,为报纸赢得了消息灵通的声誉。

由此可见,成舍我办报一向都有自己的宗旨,而且有几条宗旨是永久不变的,有的条文则随着办报时空的变化而进行相应的调整。不变,是对

---

① 张友鸾等:《世界日报兴衰史》,重庆出版社1982年版,第44、49页。
② 关国煊:《锲而不舍的新闻界老兵成舍我》,载《传记文学》(台北)第58卷第5期。
③ 张友鸾等:《世界日报兴衰史》,重庆出版社1982年版,第220页。

新闻事业基本信念的坚守;改变,是对时世和读者需求的顺应。

二、办报路径:坚持走"大众化"之路

在中观层面,成舍我的成功得益于坚持走"大众化"办报之路。他在北京开始办报时,这座城市已经有一张小型报《群强报》刊行。这份报纸的新闻都是剪自其他大报,版面编排也很低劣,但是"引车卖浆"之流几乎人手一份,发行竟达五六万份,连素称京城四大报的《顺天时报》《益世报》《晨报》和《北京日报》都望尘莫及。成舍我经过仔细研究发现,《群强报》之所以广受欢迎,主要有三点原因:新闻虽然剪自其他大报,但是都经过缩编;文字用《三国演义》式白话体,识字不多的人也能看懂;报价便宜,劳动者易于承担。后来他在南京办《民生报》就借鉴了北京《群强报》的一些做法,以"精、简、全"的小型报风格,开南京报业风气之先,使南京市民耳目为之一新。所谓"精",就是要精打细算版面,因为四开报纸版面有限,内容、编排一定要精短细致;"简"即文字简单明了;"全",就是内容要丰富,"麻雀虽小,五脏俱全",能够满足不同读者的需要。

1930年4月,成舍我赴欧美考察新闻事业,西方报纸的大众化风格和动辄百万份的发行量对他震动很大。南京《民生报》的初步成功和考察欧美新闻业的感受,坚定了他走"大众化"办报之路的信念。1935年9月上海《立报》创刊,成舍我亲自撰写发刊词,集中阐述了对"报纸大众化"的看法。他指出,"报纸大众化"早已是世界新闻业的发展潮流,但是在中国报纸仍被称作"精神食粮",定价高、篇幅多、文字深、内容无关民众痛痒,只有极少数高贵之人才有福"消受",而占最大多数的劳苦大众无财力购买,无能力阅读,根本不知道新闻业所为何事①。鉴于中国的办报路径背离于世界新闻业"大众化"的潮流,成舍我在我国开创性地提出"报纸大众化"口号,作为上海《立报》的办报要旨。

成舍我把上海《立报》作为实践自己"大众化"办报思路的基地。针对中国报纸定价高、篇幅多、文字深、内容无关民众痛痒等反"大众化"潮流

---

① 《我们的宣言》,载上海《立报》1935年9月20日。

的弊端,《立报》逐一予以变革。价格方面,《立报》的口号是"只要少吸一支烟,你准看得起","五分钱可知天下事,一元钱可看三个月",并在发刊词中向读者承诺:除国家币制和社会经济有根本变动外,《立报》将永远保持廉价报纸的最低价格,决不另加丝毫,以增重读者的负担。成舍我深知内容对一份报纸的重要性:"一个报纸办好的程序,是由编辑到发行,由发行到广告,不先搞好内容,即妄想销路大、广告多,那就完全因果颠倒,必将劳而无功。"①《立报》初创时只有四开一张,后来又增加了半张,版面很少,但是他要求新闻的数量和时效要超过大报。曾经担任过总编辑的储保衡回忆说:"立报因为是一张'小型报',篇幅少,但在原则上,它的新闻不但不比大报少,还要比大报多,不但不比大报慢,还要比大报快;国际各大通讯社的稿子全部订购,不准遗漏任何新闻。因为篇幅少,必须采精简主义,对这一点成社长要求很严格,做编辑的必须把通讯社发的稿子,重新缩写,成社长下令,排字房可拒排油印稿,任何编辑发排的稿子,必须是用手写过的,所以在《立报》做一个编辑,是相当辛苦的。"②同时,报上所刊载的内容必须经过严格选择,"其与最大多数人民无切身关系,或不感兴趣者,虽一字亦不浪费,否则搜本求源,不厌求详"③。文字方面,《立报》以"略识几百字,你准看得懂"相期,来杜绝艰深难懂的流弊。《立报》还继承了"世界"日、晚报注重副刊的传统,开设了《言林》《花果山》和《小茶馆》三个副刊。其中《言林》是给文化界、教育界人士看的,严肃中带些趣味性;《花果山》面向一般市民、自由职业者和商人;《小茶馆》的读者对象主要是劳动者。三个副刊各有千秋,具有大众化、平民化的风格特点。

走"大众化"之路的上海《立报》发行量达到过20万份,创造了我国自有日报以来的最高发行纪录,成舍我一生引以为豪。上海《立报》的意义还不在于它曾经创造过发行纪录,而在于证明了成舍我"报纸大众化"的办报路径是完全正确的。有专家建议,在中国报业史上应该对上海《立报》大书特书,"因为它是一个新的突破;但它的内容并不少于大型报。这

---

① 成舍我:《报学杂著》,中国文物供应社(台北)1956年版,第113页。
② 马之骕:《新闻界三老兵》,经世书局(台北)1986年版,第229页。
③《立报三大特色》,载《新闻报》1935年9月20日。

是舍我先生一大创作,他要求同仁,要用简明的笔法,尽量把文字浓缩,以最小的篇幅,刊载更多的新闻。因为现代社会,生活节奏很快,尤其都市生活每个人都很忙碌,可以说没有什么时间看报,有很多东西,经过浓缩之后,使读者很快就把报看完了,所以《立报》在上海销路很大"①。

成舍我倡导报纸"大众化",但是反对新闻庸俗、低俗、媚俗。上海《立报》是一种"小型报",与上海滩颇为风行的"小报",比如号称"四金刚"的《晶报》《金刚钻报》《福尔摩斯》《罗宾汉》表面看来相同,都是四开报纸,但是版面内容、编辑方式,尤其是办报主旨绝不相同。成舍我曾经比较过"小型报"与"小报"的区别。他说,"小报"正如西方所谓的"蚊子报"(Mosquito Paper),不竞争新闻,不重视言论,只以乱造无稽谣言、揭发个人隐私为首要任务,到处嗡嗡,惹人厌恶。而"小型报"(Tabloid)乃"大报"的缩影,重视言论,竞争消息,广用图片,工作重心在改写与精编,其质量比"大报"更优胜、更精美,即中国所谓的"以少许胜多许"②。

成舍我的高明之处还在于:他能够认识到资本主义国家报纸大众化背后追逐个人私利、报馆成为私人牟利机关的弊病,宣称中国报纸的大众化不但不步资本主义国家的后尘,而且还要站在它们的前面来矫正其流弊,使中国报馆变成"大众乐园"和"大众学校",为公众而非个人谋取福利。不仅如此,成舍我更能够从培育国民的国家观念、树立近代国家根基的高度,来谈论中国报纸大众化的必然性和迫切性。他指出,中国近百年来内忧外患不断,甚至遇到了空前的国难,但是最大多数国民依然置若罔闻,无动于衷。"根本毛病,即在大多数国民,不能了解本身与国家的关系","人人只知有己,不知有国"。之所以造成这样的现象,最主要的原因,是最大多数国民不能读报,"国民与国家,永远是隔离着"。因此,要把报纸办得使全体国民都能读、爱读、必读,"使他们觉得读报,和吃饭一样的需要,看戏一样的有趣,然后,国家的观念,才能打入最大多数国民的心中,国家的根基才能树立坚固"。他认为办报是"对于国家最紧要的一件

---

① 马之骕:《新闻界三老兵》,经世书局(台北)1986年版,第243页。
② 成舍我:《报学杂著》,中国文物供应社(台北)1956年版,第119—120页。

工作",立己立人立国均在其中:"我们认为不仅立己立人不能分开,即立国也实已包括在立己的范围以内。我们要想树立一个良好的国家,我们就必先使每一个国民,都知道本身对于国家的关系,怎样叫大家都能知道,这就是我们创办《立报》唯一的目标,也就是我们今后最主要的使命。"①成舍我的这一识见,远非一般新闻业者所能企及。不能否认,成舍我是报业老板,追逐利润是他办报的目的之一,但是在他身上依然不乏中国传统知识分子爱国济世的情怀。

三、报业管理:独具特色的"成舍我体系"

成舍我能够成为一代报业资本家,除了宏观层面的办报宗旨正大、中观层面的办报路径准确外,也与微观层面的治事风格有关。多次辅助他办报的张友鸾说过,就报纸而言,无论编辑采访,还是经营管理,成舍我都有一套办法,甚至可以说那已经成为"成舍我体系"②。张友鸾没有详细阐发"成舍我体系"的内涵,揆诸他的报业管理与经营实践,大致有以下几个方面。

1. 恩怨分明,不以私谊害公理,堪称"报界狠人"

成舍我出身寒微,为了开创事业,有时也不得不接受他人的恩惠。不过,在新闻事件涉及施惠者利益的时候,特别是在大是大非面前,他能做到"言论公正",并不因为曾经受人之惠而有所偏袒。1925年,成舍我在北京创办《世界日报》,购买印刷设备的费用来自段祺瑞政府财政总长贺得霖的接济,由于这层关系,贺自以为是《世界日报》的后台老板,《世界日报》对段政府也有所帮衬;但是1926年段政府制造"三一八"惨案,激起公愤,成舍我及其《世界日报》就不再假以辞色——《世界日报》以大量篇幅刊登新闻和死难者照片,发表署名"舍我"的《段政府尚不知悔祸耶》社评,提出段政府应引咎辞职、惩办凶手和优恤死难者三项要求。报纸的声誉和销路因之大增,贺得霖却恼羞成怒,向成舍我索取"借款"。成舍我并

---

① 《我们的宣言》,载上海《立报》1935年9月20日。
② 张友鸾等:《世界日报兴衰史》,重庆出版社1982年版,第9页。

不示弱,警告贺得霖如果逼款,就揭穿内幕①。一方面"照单全收"津贴,另一方面坚守公正立场,在利害、是非问题上不讲私情,成舍我这样的处事风格,确非一般人所及,说得上是一个"报界狠人"。

2. 管理严格,待下刻薄

1930年成舍我游历欧美的重要收获之一,就是了解了西方报馆的经营管理制度。回国之后,他开始仿效西方报馆的管理方法,开始对《世界日报》实施"科学管理"。在实施的诸多管理方法中,"工作日记制"可谓别出心裁,属于成舍我的独创。全社人员,不管是总编辑还是一般职员,人手一本日记,记录下当天的工作情况,下班时汇总到总管理处。一般职员的日记由经理审阅,各处负责人及编辑、记者的日记须转成舍我亲自审阅。他边看边批,成绩予以肯定,错误给予提醒。如有重大错误即严词申斥,甚至批注某人应予罚薪,某人应予处分。工作人员每日上班时多惴惴不安,等到看见发回的日记本上没有不好的批注才能安心。有人说,世界日报社实际上是一所新闻从业人员训练班,在成舍我手下工作五年未被"炒鱿鱼",此人可受任何报社欢迎,可见他律人之严。

成舍我不但对属下要求严格,而且十分悭吝,旧新闻界中都说他是刻薄起家。创办《世界晚报》时,由于经济拮据,员工的报酬定得很低,并且是按日开支。员工没有福利待遇,也几乎没有节假日。编辑因病请假须自行托人代编,否则报社找人代替,由请假人付工资。晚报某编辑结婚时,只好编完报才去做新郎,一时传为笑柄。成舍我的节俭也是出了名的,简直到了"严苛"的地步。为了减少电力消耗,他在排字架下面设计装上脚踏的电灯开关,工人排字时,用脚踏上开关才能开灯,离架时灯即关闭。

难能可贵的是,成舍我不只是对人刻薄吝啬,对己也严格要求,自奉甚俭。成舍我少时家贫,没有享受的资本,及至成了报业资本家,完全有条件享受了,他依然清茶淡饭,衣着简朴,生活上没有什么明显改变。因此,和他往来的人也不一定都苛责他的刻薄、吝啬。他的朋友卜少夫说,

---

① 张友鸾等:《世界日报兴衰史》,重庆出版社1982年版,第48页。

成舍我的节省是习惯成自然,我们不能拿一般富豪生活作标准,而怜悯他不知享受、没有享受。所谓君子安贫,达人知命;他安于如此之生活习惯,不以为苦,更不认为是受罪①。

3. 负责敬业,事必躬亲

成舍我常说:"一张报纸犹如一把手枪,如果社长或总编辑自己不看大样,就好像把自己手枪交给他人,万一他乱扫乱射,责任都是自己的。"②为了预防差错,身为一社之长的他不但坚持自己看大样,而且还常常在版面上勾划错字,查问是校对的责任或是排字房的责任。成舍我认为报纸的成功只有一天:昨天的报纸言论正确,内容充实,版面美观,尤其拥有许多他报所无、本报专有的特讯,它就可以说是成功的;今天的报纸言论荒谬,内容芜杂,版面恶劣,许多重要消息他报登出而本报独无,那么昨天被评为成功的报纸今天就会突然变成失败的了。因为报纸每天都要竞争,特别是新闻的竞争,所以一定要比别的报多一条新闻或一个特讯,以培养读者对本报的信心③。对于自己天性喜好的新闻工作,成舍我可谓专心致志,异常敬业。清晨,员工们常看到他手持当天的《世界日报》,计算着新闻的条数;夜晚,他踏着一双大皮鞋,在编辑部来回踱步,闷声不响地思考着版面上的问题。

成舍我将办报看作操控机器、指挥军队作战和主妇管家④,事无巨细,必亲力亲为,无所不管。如此做事,不但辛苦,也不符合现代企业管理理念。成舍我这样做,也是不得已而为之。他曾经对马之骕说过,自己也并非什么事都想管,只是用人太难,既肯做事又肯负责的人往往找不到,自己不管事情就做不好⑤。另外,他深知创业维艰,守成不易,私营事业不同于公营机构,尤其需要谨慎勤勉,在理财或用人方面稍有不慎,就可能造成惨重的损失。所以,成舍我事必躬亲的治事风格,虽然不够旷达,但也

---

① 中国人民大学港澳台新闻研究所编:《报海生涯——成舍我百年诞辰纪念文集》,新华出版社1998年版,第231页。
② 马之骕:《新闻界三老兵》,经世书局(台北)1986年版,第163页。
③ 同上书,第236页。
④ 成舍我:《如何办好一张报》,载台湾《新生报》1953年5月29日。
⑤ 马之骕:《新闻界三老兵》,经世书局(台北)1986年版,第350页。

是为了来之不易的事业能够延续发展下去。

4. 剑走偏锋,出奇制胜

新闻业是注意力经济,报纸创刊后能否引起大家的兴趣,进而掏钱去订阅、购买,关系到它的生死存亡。成舍我从少年起就在新闻界摸爬滚打,对此心领神会,等到自己独立办报纸做老板时,他总是能够想出出人意表的招数,吸引读者,打开局面。在办《世界晚报》初期,成舍我每天下午领人带着刚刚出版的报纸,雇汽车到北京城南游艺园一带去卖,自己则杂在人丛中争着买自己的报纸,造成"抢购"的场面。为了引起读者的注意,他还想出打笔墨官司的办法。《世界晚报》最初的竞争对手是《北京晚报》,成舍我就指使《世界晚报》刊文指责对方新闻失实,甚至诋毁对方同某某派系有瓜葛。《北京晚报》照样回敬,于是造成对骂的热闹场面,一下子吸引住了不少读者的"眼球"。另外,成舍我还有意识地找一些权贵如段祺瑞儿子段宏业、教育总长章士钊等加以攻击,一方面博取敢言的名声,一方面引起权贵的干涉,借以提高报纸的身价,扩大报纸的销路。

广告收入是报纸的"生命线",但是"世界"日、晚报创办初期广告来源很少,收入微薄。为了增加广告收入,成舍我挖空心思,甚至自编广告刊登,以广招徕①。到了创办上海《立报》,他却一反常态,主动将广告客户拒之门外。上海《立报》刊行前,就在《申报》《新闻报》等报纸上刊登预告,特别声明《立报》在发行数字达到十万份前,任何广告都一概拒绝刊登。当时上海的广告都控制在一些广告贩子手里,新创刊的报纸要想拉到广告,就必须先过广告贩子这一关。《立报》不但不买广告贩子的账,而且先发制人,声明拒绝刊登广告,大大出乎那些广告贩子的意料。同时,《立报》的这一声明也让一般读者非常好奇,他们迫切想知道这份报纸何以如此牛气冲天。事后证明,《立报》的这一声明的确产生了很大的宣传效果。曾任上海《立报》总编辑的储保衡回忆说:"《立报》发行的第二年,销路已超过十万大关,开始接受广告了。本来在报纸发行到四五万份时,就有许多工厂商店要求开放广告,但成社长为了维护报馆的信用,而不答应,一

---

① 张友鸾等:《世界日报兴衰史》,重庆出版社 1982 年版,第 67—68 页。

定要等发行量满十万份时,才接受广告的。刚开始的前几天,一群广告客户在营业部门前,大排长龙,真是'盛况空前',而且广告地位很少,广告费很贵,只是在报头两边,一个小广告就是三十元。"①仅此一事就可看出,成舍我确实深谙出奇制胜之道。

5. 知人善任,兴学育才

说成舍我对下属刻薄,主要是指钱财方面。对于那些有办报才华的人,成舍我却有容才之量、用才之方。他任用张友鸾就是一例。1925年秋,张友鸾被成舍我聘入《世界日报》做编辑。张友鸾编写俱佳,被同事誉为"办报全才"。数月后,成舍我就请张友鸾担任了总编辑。当时张友鸾才20多岁,还没有读完北京平民大学新闻系的课程。后来张友鸾多次离职另谋出路,但是成舍我不计前嫌,照样容纳、重用。这是他的过人之处,也是事业得以成功的重要因素之一。

成舍我的用人方式方面,报馆的部门主管一般是礼聘而来,普通的编辑、记者,营业部门、排版印刷部门的员工,常常采用公开招考的办法。由于他对人苛刻,薪金待遇又差,所以很难长期留住人,编辑部的人员变动频繁。不过,在他的严苛要求之下,《世界日报》的确为旧新闻界造就了一批颇具才干的编辑、记者。在《世界日报》担任过记者的毕群回忆说,《世界日报》开的是流水席,人事流动性大,成舍我提拔干部是较为放手的。"只要你肯卖劲,不争钱的多少,而又稍具才干,往往能受到重用。因之,在新陈代谢之中,锻炼了人的工作能力。在相当长的时期内,只要听说那个人是从《世界日报》出来的,其他的报社都乐于接纳。"②

成舍我不但有容才之量、用才之方,而且有育才之术。1932年,他干脆创办了北平新闻专科学校,为自己的报馆和社会培养专门的新闻人才。成舍我办学的目的和旨趣是:"本校最大目的,欲使凡在本校受过完全训练者,为出校服务报馆,则比每一报馆之高级职员——经理、编辑,皆能排字印刷,而每一个排字印刷之工人,全能充任经理、编辑,藉以废除新闻事

---

① 马之骕:《新闻界三老兵》,经世书局(台北)1986年版,第332页。
② 张友鸾等:《世界日报兴衰史》,重庆出版社1982年版,第211页。

业内长衫与短衫之区别,而收手脑并用、通用合作之效。"①后来,他把这些意思凝练为"德智兼修,手脑并用",作为学校的校训。为培养"手脑并用"的新闻专门人才,教学安排理论与实践并重,上午上国文、英语、数学、报业常识等学科课,下午学排字、编辑等实习课。授课教师多由《世界日报》高级编采人员兼任。身兼校长的成舍我也亲自给学生上国文、新闻学方面的课程。这种"手脑并用"的培养方式很快就产生了功效。1935年成舍我在上海创办《立报》,排版、印刷工人几乎都是"北平新专"的毕业生。这些受过专业训练的年轻人不但能够熟练地检字排版、开印刷机印报,还可以胜任采访、编辑工作。"八一三"淞沪抗战期间,他们每人都扮演着两个角色:每天上午扮演新闻记者角色,衣着整齐地出去采访新闻;下午再换上排字房的工作装,做排字工人,到夜晚就去机器房,开机器印报。上海《立报》的战地新闻主要就是靠这群年轻人冒着枪林弹雨去采访,它们的战地报道快而详细,深受读者欢迎,所以这一时期《立报》的销路特别好。

依托报馆兴办新闻学校,学校培养的人才又源源不断地输送给报馆。在旧中国民营报人中,能够做到办报、兴学相辅相成,齐头并进,成舍我一人而已。就成舍我自己来说,这恐怕也是他多彩人生中最得意的一笔:自己培养的这些"子弟兵",不但能干,而且也忠诚于报社。郑逸梅在分析上海《立报》的成功因素时,就注意到了它在人事方面的优势:"《立报》不但是编辑上招了练习生,它的排字房里一般青年职工,也都是训练过的。这些人都是北方人,是成舍我在北方办报训练成功,带到南方来的。这些青年职工很可爱,年纪都在二十岁左右,受过相当教育,他们而且会写稿子。我在编副刊时,他们常投稿,思想意识而且颇前进咧!因此《立报》的职工,和上海别家报馆的职工不通气,别家报馆往往闹罢工,而《立报》却不受它们的影响,现在办小型报的,都想追踪《立报》,但谈何容易呢!"②

---

① 张友鸾等:《世界日报兴衰史》,重庆出版社1982年版,第143—144页。
② 郑逸梅:《书报话旧》,中华书局2005年版,第282页。

《黄炎培日记》所载史量才之死

史量才与黄炎培交谊深厚,互为挚友。《黄炎培日记》中没有关于史量才死因及案凶的任何记载,虽不合情理,却正可以反证后来公认的蒋介石乃"史案"元凶的说法。黄炎培应该是为了保护自己而有意避开不记,以免日记被当局搜查而引火烧身。1931年11月史量才、蒋介石南京会谈所讲为"你我合作",而非坊间流传的史以"百万读者"对抗蒋的"百万兵"。史量才在上海新闻界、金融界、民间组织的影响日大,已成为国民党政府难以驾驭的地方实力派人物,这才是招致杀身之祸的根本原因。

一、史量才与黄炎培的私交公谊

黄炎培字任之,1878年10月1日出生于江苏省川沙厅(民国后改为川沙县,现为上海市浦东新区)。史量才原名家修,1880年1月2日出生于江苏省江宁县杨板桥村,7岁时全家迁居娄县(今上海市松江区)泗泾镇。娄县和川沙厅当时均为松江府属县(厅)。清光绪25年(1899)春,黄炎培、史量才同年参加松江府府试,黄炎培以第一名考取秀才,史量才亦考中,后本地童生控告他"冒籍"考试,经家人多方周旋才免遭处罚,但史量才的秀才资格被取消,录为附生。在科举盛行时代,高中和冒籍都是相当轰动的事情。史量才与黄炎培当时是否谋面相识已不可考,不过川沙、

---

* 本文原刊于《新闻春秋》2015年第3期。

娄县相距不足百里,两人彼此知名应该在这一时期。

黄炎培后来考入南洋公学特班,受知于中文总教习蔡元培,1902年应江南乡试中举。这年冬天,他和友人冒风雪至南京,呈准两江总督张之洞将川沙观澜书院改为川沙小学堂,亲任该校总理(校长),从此致力于兴学育人事业。1903年6月23日,黄炎培应南汇县新场镇青年们的邀请前往演说,因痛陈国家危亡而政府昏聩无能,被南汇知县以乱党罪名逮捕。"苏抚电令解省讯办,江督电令就地正法。"①江苏巡抚和两江总督的电令不一,南汇知县只好再电请示。6月26日中午督抚会衔"就地正法"电令到达,而黄炎培已经上海总牧师美国人步惠廉营救脱险,亡命日本。半年后风声过去,他回国担任上海南市城东女学教职。1905年7月,黄炎培经蔡元培介绍加入同盟会,不久继蔡元培担任同盟会上海干事。同年,张謇、沈恩孚、袁观澜、杨廷栋、雷继兴等组织江苏学务总会(后改名为江苏省教育会),黄炎培被推为该会常务调查干事。当时江苏省有江宁提学使(驻南京)和江苏提学使(驻苏州)同管全省学务,时常发生职权上的争执;而各地兴学风气大开,新旧思想交织,酿成种种纠纷。身为江苏学务总会常务调查干事,黄炎培实地调查后出具书面报告,判明曲直,解开症结,使各地学务纠纷得以平息。1906年,他又应木商杨斯盛之请创办浦东中学并任校长。1909年10月,江苏省咨议局成立,黄炎培被选为议员及常驻议员,负责调查省政;同时他还兼任上海工巡捐局议董(上海县地方自治组织的前身,实际上已成为上海地方性的权力总机关,总董为李平书)、苏州江苏地方自治筹备处参议等职。

史量才在"冒籍"事件后,绝意试举,和同乡雷继兴等学友研讨西学,于1901年入杭州蚕学馆学习。翌年寒假回乡,他与地方父老倡议兴新学,创办米业私立养正小学。1903年秋从杭州蚕学馆毕业,来沪任教于育才书塾(南洋中学前身)、务本女学、(广方言馆)兵工学堂,并于1904年春创办上海女子蚕桑学校。这段经历,史量才遇难后哲嗣史咏赓所发的《哀启》叙之甚详:"先严既于光绪25年入娄县学,时当清末,国势阽危,盱瞩

---

① 黄炎培:《八十年来》,文史资料出版社1982年版,第39页。

世变,遂慨然弃去举子业,偕雷继兴与龚镜清诸公,研习泰西文字,与夫理化、格致诸实学,既肄业杭州蚕学馆,归则兴小学于泗泾。既而教授沪渎,积馆穀所入,创立女子蚕桑学堂。规画肇拄,备极艰辛。坐是遂患咯血,犹不悔懈。以为救国至计莫要于育才备用,故毕生赞助教育事业未尝或遗余力。"[1]

黄炎培在1934年11月所撰的《史量才先生之生平》中称"余识量公三十年",史量才于光绪三十一年"偕诸同志发起江苏学务总会"[2]。黄炎培是江苏学务总会的主要成员,因此,史、黄相识应不迟于1905年11月该会之成立。同时,两人又都是时报馆"息楼"的常客。1904年春,江苏溧阳人狄楚青奉康梁之命从日本返沪创办《时报》。狄楚青在报馆内楼上辟出一个房间,题名为"息楼",作为前来访谈的朋友及同人工作之余的休憩之所。1906年雷继兴及其妻弟陈景寒应聘《时报》编辑,史量才就常去探望学友,后来又兼任《时报》主笔。据1906年进入时报馆的包天笑回忆,史量才是"天天到息楼来的一个人",黄炎培也是息楼常客,与沈恩孚、袁观澜合称"息楼三举人"[3]。黄炎培也回忆说,当时他在上海有一群政治意识不完全一致而倾向于推翻清廷、创立民国的朋友。这帮朋友以教育界为主力,包括新闻界、进步的工商界和地方老辈,如马相伯、张謇、赵凤昌等人。他们在上海很自然地成立起几个据点,经常集会。这些集会据点有江苏省教育会、工巡捐局、望平街时报馆"息楼"、赵凤昌家"惜阴堂"等处,而奔走联络这几个据点的就是黄炎培[4]。史、黄两人年龄相仿,同年同府应童子试,又都在兴办新式学堂,相识订交自是情理之中的事情。至于史量才是否属于黄炎培他们"推翻清廷、创立民国"的朋友圈,不得而知。史量才在这一时期或稍后受知于张謇、赵凤昌等人则是可以想见的,1912年10月史量才购买《申报》,即得到张謇、赵凤昌等人的支持。

1911年8月15日(农历)即上海光复的次日,江苏松江等五府民众在

---

[1] 转引自庞荣棣:《现代报业巨子史量才》,上海教育出版社1999年版,第6页。
[2] 上海文史资料选辑编辑部:《上海文史资料选辑》(第四十七辑),上海人民出版社1984年版,第73、74页。
[3] 包天笑:《钏影楼回忆录》,中国大百科全书出版社2009年版,第329—330页。
[4] 黄炎培:《八十年来》,文史资料出版社1982年版,第53—54页。

江苏省教育会举行会议,公推黄炎培等为代表前往苏州劝说江苏巡抚程德全起义。代表们到苏州时程德全已经宣布独立,黄炎培被留在都督府办公,担任民政司总务科长兼教育科长,极得程之信任。1912年12月,他又被委任为江苏省署教育司司长。1914年2月,黄炎培辞去官职,计划到各地考察教育情况,但苦于旅费无所出。"商之《申报》,扩大旅行范围,游览山川名胜,考察民生疾苦,以'旅行记者抱一'名义写稿按期发表于《申报》;商之商务印书馆教育杂志社,所有教育情况和评判,按期发表于《教育杂志》。"①此时张謇、赵凤昌等合伙人已经退出《申报》,史量才成为该报的独立经营者。在申报馆或者说史量才的资助下,黄炎培历时95天,考察、游历了安徽、江西、浙江三省的教育、社会状况及名胜古迹,将所见所闻写成详尽报道在《申报》发表。这是黄炎培与史量才担任总经理的《申报》第一次发生关联。此后黄炎培在上海创办中华职业教育社、中华职业学校,史量才也是发起人之一。

1922年是《申报》创刊50周年,也是史量才接办该报第10个年头。他决定以此为契机,征求海内外学者名流撰写50年来世界和中国政治、军事、科技、文教、新闻等领域的专文,邀请黄炎培总其成,编纂成《最近之五十年》,以补报纸记载之不足。在黄炎培的主持下,马相伯、孙中山、梁启超、蔡元培、胡适、李大钊、蒋百里、丁文江等享誉国内外的专家学者都应约撰文,这部大型纪念册经过一年多的约稿、编校即出版发行。能够邀请到如此众多的硕学大家为纪念册撰文,当然是因为《申报》的知名度和影响力,而主事者黄炎培的人脉关系和号召力肯定也发挥了不小的作用。《最近之五十年》的出版,在我国新闻界可谓创新之举,它不但便于读者全面了解中外大势,也进一步提升了《申报》的声誉和影响。

相交日久,相知愈深。文教救国、直道而行的共同志向和品性使史量才和黄炎培成为可以相互信赖的挚交益友。举凡国事、上海地方事务和申报馆务,两人都会商量交流,谋划应对之策。在《黄炎培日记》中,黄炎培应约或主动到史宅长谈的记录非常之多,例如1931年1月3日:"夜访量才,谈申

---

① 黄炎培:《八十年来》,文史资料出版社1982年版,第67页。

报馆组织及边疆考察团事。"①同年6月22日:"邀达铨、公权、量才、藕初、重远、厚生、御秋、唐有壬、黄齐生等二十人商大题——救国。"②

1931年1月,史量才成立《申报》总管理处统辖一切馆务,他自任总经理兼总务部主任,聘黄炎培为设计部主任,陶行知为总管理处顾问(对外不公开)。黄炎培是1931年1月11日到申报馆就任设计部主任之职的,从此他几乎每天上午都到报馆办公,周三、周六下午则到史宅开馆务会议,开始深度介入《申报》,促成了《申报》由保守趋向进步。1931年9月1日,《申报》发表《申报六十周年纪念年宣言》,宣布七条今后之办报方针,即出自黄炎培手笔。9月19日下午,黄炎培到史量才家参加馆务会议:"到史宅,史量才正和一群朋友打牌。我说:电报到了,日本兵在沈阳开火了,沈阳完全被占了,牌不好打了。一人说:中国又不是黄任之独有的,你一个人起劲!我大怒,一拳猛击牌桌中心,哭叫:你们甘心做亡国奴吗!别人说:收场吧。"③由此可见,黄炎培与史量才的朋友之交出于直道,国事至上。在黄炎培、陶行知等一帮朋友的带动下,史量才和《申报》的政治态度由谨慎保守转向进步。9月22日,史量才出席"抗日救国委员会"会议,被选为新增委员;9月26日,他作为抗日救国委员会委员,在上海800多个团体、20万群众参加的"抗日救国大会"上宣誓,督促政府出兵抗日,收复失地④。12月17日,北平赴南京请愿抗日的学生遭军警枪杀,酿成"珍珠桥惨案"。《申报》不顾当局禁令,不但详细报道了事件经过,同时发表《学生爱国运动评议》时评,称学生运动可原可敬,可歌可泣,"充分显示我古国之民族精神尚未死尽"。1932年1月31日,淞沪抗战爆发后三天,

---

① 《黄炎培日记》(第3卷),华文出版社2008年版,第285页。
② 《黄炎培日记》(第4卷),华文出版社2008年版,第5页。
③ 《黄炎培日记》(第3卷),华文出版社2008年版,第25页。《黄炎培日记》该条下注释:自"到史宅"后一段,原日记系用毛笔增补,其中,"到史宅,史量"五字,又用蓝钢笔墨水描清。1935年2月19日,黄炎培在日记中又提及此事:"午,招君劢、信卿、陶遗、克诚、侯城会餐,谈文化,谈国事。临行,谈及国家前途,信卿、陶遗竟以谈笑出之,分函切责。今人以预测国亡为先见,以漠视亡国为达观,童骏不足责,乃出之信卿、陶遗。犹忆锦州失守之耗至,余奔至量才家,愤极。量才、膺白竟出以谈笑,嗤我为愚,谓我辈早已料到,表示他们先见与达观。士大夫丧心病狂,复何言!"
④ 秦绍德:《上海近代报刊史论》(修订版),复旦大学出版社2014年版,第219页。

上海市民地方维持会成立,史量才被推为会长,黄炎培为总秘书,募捐劳军,救济难民,并通过《申报》对十九路军予以舆论支持。后来上海市民地方维持会改组为上海市地方协会,史量才、黄炎培继续分任会长和总秘书之职。

1932年夏,国民党军队向江西根据地红军发起第四次"围剿",《申报》连续发表《"剿匪"与"造匪"》等三篇时评,表示反对。此举更招致国民党当局的忌恨,蒋介石亲下手令禁止《申报》邮递,使《申报》在上海租界之外无法发行。经多方疏通,当局以黄炎培、陶行知离职为解禁条件。8月20日,"(黄炎培)到量才家。政府以彬和辞申报馆职为不足,必欲余与陶行知皆离馆才允恢复邮递,余乃立递辞职书如下:量才先生鉴:顷承面示种种,虽出意外,岂复忍以一人累报务,敬此告辞,当乞准许"[①]。为了使报纸能够恢复邮递,史量才只好批准老友的辞呈。黄炎培虽然不再去报馆办公,实际上私下还在为《申报》做事,例如负责《申报》1932年暑期征文阅卷、《中华民国新地图》的印刷出版工作。据《黄炎培日记》记载,他在申报馆的酬金领至1934年4月止。

公谊既厚,私交亦深。上海哈同路9号史公馆,黄炎培自然是常来常往;史量才在杭州西湖营建别墅秋水山庄,黄炎培如果去杭而史量才正好也在,少不了晤面畅谈。黄炎培曾介绍亲戚鲍苹侣到史家做事。史量才的侄子史剑光结婚,黄炎培为证婚人;史量才的儿子史咏赓就学乃至订婚宴媒妁,他都要将黄炎培请至家中商量餐叙。

总之,史量才与黄炎培不管是公谊还是私交,都挚切深厚,绝非一般的泛泛之交。

二、从《黄炎培日记》看"史案"元凶

黄炎培一生有记日记的习惯,每日的行止、工作、交往、酬应及著述情况,都一一记下,不厌其烦。保存下来的黄氏日记手稿起自1911年,止于1965年去世前。1927年前的日记时有中断,之后则逐日记录,连续不断

[①] 《黄炎培日记》(第4卷),华文出版社2008年版,第108页。

(1937年日记当年遗失)。中国社会科学院近代史研究所2008年根据手稿整理出版了1949年前的黄炎培日记,为我们了解黄炎培及其时代提供了珍贵的第一手材料。

老友史量才突遭不测,对于黄炎培来说当然是大事一桩。从1934年11月13日史量才遇刺身亡到1936年5月31日落葬杭州马家山,《黄炎培日记》中有大量的相关记录,列表如下:

年份	月日	日记内容	卷/页
1934	11.13	晚,到魏文翰家,忽得电话,量才在杭被刺。急到其家,又得电话,知被刺身死。八时半,偕马荫良等坐汽车赴杭,知以午后二时半,被杀于沪杭道中翁家埠北四里大闸口。夜五十顷到杭。	4.325
	11.14	即至秋水山庄,见史咏赓,乃知被刺详情。至清波门外停云山庄,见量才遗体,为之一恸。以车运回上海,七时半动身,午后一时到。 尽日料理史宅丧事。	4.325
	11.15	尽日料理史宅丧事。 为治丧处同人公挽量才联:死本寻常,忍一刹那痛苦,有舆论在,有事绩在,亦复何憾;生逢多难,综三十年贡献,为国家惜,为社会惜,敢哭其私!	4.326
	11.16	《量才大殓》: 碧山殉国诗成谶,白日陈尸帝不闻;乱世几人全性命,横流何地哭斯文。铜棺血泪三千客,缟素词坛十万军;莽莽恩仇付青史,不堪重舣圣湖云。 送量才大殓。游杭途次,读汤贞愍诗,赠量才句:"白发诗翁犹殉国,碧山琴侣漫寻仙。"不一月竟死于非命。偕陶遗、荫良商史宅后事。	4.326
	11.17	连日忙得疲乏,晏起。 秋水初名花彩云,嫁钱幼石,住上海西门,曾归陶骏保,待年读书苏校,史为钱司书牍通问,旋归史。 (午后)四时到史宅。	4.326
	11.18	晚,访史咏赓,教以和、厚、俭及对报馆方针。	4.327
	11.24	撰《史量才先生之生平》,脱稿。 访史咏赓,与秋水长谈。	4.328

续 表

年份	月日	日 记 内 容	卷/页
	11.30	访史秋水夫人。	4.329
	12.5	午,史量才追悼会筹备会。	5.2
	12.10	午,量才追悼会筹备会。	5.3
	12.12	写量才生平文。	5.3
	12.15	午后二时,假市商会开追悼量才会筹备会议。	5.4
	12.17	陪张绍西吊量才。	5.5
	12.20	到协会,挽量才会长联:风雨漏舟中,领袖群秀,抗敌矢无他,愿本会与君同终始耳;沪杭公路上,人天一霎,忌才嗟太酷,奈国家如此艰危何!	5.6
	12.23	午后,史量才先生追悼会,假市商会举行,参加者八十三团体。	5.7
1935	3.18	到史公馆,与秋水夫人谈。	5.30
	3.21	到史公馆。	5.30
	5.14	到史宅。	5.52
	5.15	到史宅,陶遗、新之共谈。	5.52
	5.17	量才开丧,往吊之。	5.53
	5.18	(午后)二时半,送量才出殡,至北火车站上火车。	5.53
	5.19	(早)八时半,送量才柩之杭州。午后一时到杭。偕陶遗、陈叔平赴西湖灵峰,观程、应二公纪念堂,商进行方法。夜十二时回沪。	5.53
	7.8	夜,史宅邀宴,成立量才奖学基金董事会。	5.66
	9.2	来视者:史秋水夫人(橘)。(1935年8月26日,黄炎培患盲肠炎入住红十字会第一医院,手术后10月7日出院。)	5.82
	9.6	来视者:史秋水及其戚(橘)	5.83
1936	5.30	明晨量才葬杭州,极想去,惮劳卒罢。	5.170

史量才遇难当晚,黄炎培即和《申报》经理马荫良赶赴杭州,"见量才

遗体,为之一恸",将老友的遗体运回上海,之后料理丧事,安慰遗孀,教导后人。1935年5月19日,他又随亲友将史量才的灵柩护送至杭州,暂厝于秋水山庄。1936年2月至5月,黄炎培有四川之行,身体劳累,所以才没有去杭州参加史量才的落葬之礼。不仅如此,黄炎培还在史量才遇难后撰写挽联挽诗及《史量才先生之生平》,寄托哀思,宣扬史量才的志业事功。可以说,在史量才身后,黄炎培确实尽到了朋友之责。

因凶手作案后逃逸,史量才死于何人之手众说纷纭,当时并无定论。狙杀老友的幕后黑手到底是谁,当然是黄炎培特别关心的事情。但是查阅《黄炎培日记》,没有关于史量才死因及案凶的任何记载,连片言只语的推测和感慨都没有,只是在所撰的《史量才先生之生平》中提到史量才"遇匪徒多人狙击殒命"。这一现象非常不合乎情理。例如1930年7月15日黄氏日记中就有这样的记载:"大连王健堂来,为其弟在芜湖被污为通匪,为党共产,为日本籍台湾民,拘禁二十余月,被攫财产数万。为讯叔源营救之。在青天白日下,类此暗无天日者不知凡几矣。"①

不过,黄炎培日记中对史量才死因只字不提,正可以反证后来公认的蒋介石乃"史案"元凶的说法。黄炎培应该是为了保护自己而有意避开不记,以免日记被当局搜查而引火烧身。1933年6月18日杨杏佛在上海寓所被军统特务暗杀,黄炎培日记中的记载也极为简略:"是晨八时,杨杏佛为人暗杀,立死。……"②日记虽为私密之物,但是像黄炎培这样的民主进步人士,在当时被特务秘密逮捕搜家的危险是存在的。1927年5月,他就曾遭到国民党政府的通缉而避难大连半年。1929年8月25日,蒋梦麟又函告他,上海市党部控告他"头脑冬烘,学术荒芜",为国家主义中坚分子,中央令教育部予以监视,嘱他注意③。30年后时过境迁,黄炎培已无后顾之忧,才说狙杀史量才的凶手"传是军统特务戴笠训练的杭州警官学校特工人员"④。

---

① 《黄炎培日记》(第3卷),华文出版社2008年版,第246页。
② 《黄炎培日记》(第4卷),华文出版社2008年版,第189页。
③ 《黄炎培日记》(第3卷),华文出版社2008年版,第175页。
④ 黄炎培:《八十年来》,文史资料出版社1982年版,第94页。

黄炎培虽然在日记中对史量才的死因避而不谈,但是在当时的诗作中已委婉说出史氏乃"殉国"而死。根据《黄炎培日记》记载,1934年10月5日午后,他和史量才、杜月笙还在史宅共谈时局。10月13日得知史量才在杭州,"决计赴杭"。10月15日晚他乘夜车赴杭,车次读清人汤贻汾《琴隐园诗》,午夜到杭后署名"王楚南"下榻湖滨旅馆。10月16日,黄炎培尽日闭户不出,作诗《重九西湖谢客读琴隐园诗寄秋水山庄主人》:"冷绝重阳客里天,打门风雨昼深键;未荒篱菊如人淡,得饱园蔬胜蟹鲜。白发诗翁犹殉国,碧山琴侣漫寻仙;平生总坐浮名累,小隐能令意洒然。"①10月17日到秋水山庄访史量才,饭于其家,晚车回沪②。一般说法黄炎培此次赴杭是为了避寿,恐不尽然。因为黄炎培决计赴杭的10月13日为农历九月初六,这天才是他的生日。可能是黄炎培已经听到了一些不利于史量才的风声,才到杭州面见史量才,并写诗提醒他注意。1934年11月16日,史量才大殁,黄炎培写成"碧山殉国诗成谶,白日陈尸帝不闻",以诗代哭,也是在曲指史量才的"殉国"隐情。

　　1962年,曾任军统上海特别区法租界组长的沈醉在《文史资料选辑》第22辑发表《戴笠其人》一文,称蒋介石为了威吓积极从事民权保障运动的宋庆龄和上海方面一些同情中共的进步人士,指使戴笠于1933年6月、1934年11月刺杀了中国民权保障同盟执行委员兼总干事杨杏佛、申报馆主史量才③。公开指出蒋介石乃"史案"元凶,这可能是第一次。沈醉此说之后广被采信,几成定论。例如号称"史料可靠,还原历史真实"的《戴笠和军统》一书说,1934年夏秋间,戴笠奉蒋介石密令,立即亲自布置暗杀史量才一事。事成之后,蒋介石为了掩盖事实真相,装腔作势地电令

---

① 此诗后收入黄炎培诗集《苞桑集》(开明书店1946年版),诗题改为《重九西湖谢客,读琴隐园诗,寄秋水山庄主人史量才家修》。诗后有小注云:"'白发'句指汤贞愍,不意史君于十一月十三日自杭返沪中途被狙殒命,不及一月此语竟成诗谶。余哭君诗有'碧山殉国诗成谶,白日陈尸帝不知'句。"《琴隐园诗》的作者是汤贻汾,江苏常州人,以祖荫世袭云骑尉,官至乐清协副将。晚年辞官退隐南京,诗酒自娱。1853年3月,太平军攻克南京,时年76岁的汤贻汾在城破日赋"故乡魂可到,绝笔泪难收"《绝命诗》一首,投池殉节,谥贞愍。
② 《黄炎培日记》(第4卷),华文出版社2008年版,第316—317页。
③ 沈醉、文强:《戴笠其人》,文史资料出版社1980年版,第9页。

浙江省政府主席鲁涤平严缉凶犯①。权威的新闻史著作也采信了沈醉的说法:"40多年后真相大白于天下:元凶不是别人,正是蒋介石。曾任国民党军统局长、后被大赦的沈醉透露,1934年夏秋之交,蒋介石命令戴笠设法除掉史量才,由军统上海特别行动组执行。史量才遇刺身亡之后,有关特务人员受到蒋介石的嘉奖,这一暗杀案还被作为范例,编入了军统特务训练教材。"②

沈醉在《戴笠其人》一文中,只是说戴笠奉蒋介石之命、派军统特务暗杀了史量才,其实并没有提供相关证据。1985年,鲍志鸿撰写了一篇《军统暗杀史量才等民主人士的绝密档案》(该文后收入全国政协文史委员会主编的《文史资料存稿选编·特工组织》一书下册),提供了新的"史案"证据。鲍志鸿1941年进入军统,曾任军统局第一处(军事情报处)处长。鲍志鸿回忆说,1942年3月,军统局开始筹备庆祝军统成立10周年事宜。筹备委员会成立那天,军统局人事处长龚仙舫夹着一大包卷宗走进会场,因代理秘书毛人凤尚未到场,他让大家先看档案,以便开会时发言。"因此我便有机会接触有关民主人士史量才被刺的全部卷宗。"不料一小时后毛人凤匆匆跑进会场,让龚仙舫把原来发给大家看的案卷统统收回,另换成军统局如何派人刺杀汉奸张敬尧等案卷。至于中途突换案卷的原因,鲍志鸿的解释是:"虽然这些都是史实,但后者是冠冕堂皇的抗日行动,而前者是暗杀爱国人士的见不得太阳的卑鄙阴谋。"鲍志鸿在文中讲述了自己看到的"史案"的一个插曲:史量才本可获得免遭惨死的机会。在暗杀行动实施前,杜月笙曾向蒋介石建议,史量才是一个很有影响的人,杀之不如用之,要蒋权衡利害得失。蒋介石经过仔细盘算,便采纳了杜月笙的建议。蒋介石把不杀史量才的新决定通知戴笠,戴笠便在刺杀史的头天晚上电告军统浙江负责人、浙江警察学校教务主任赵龙文停止"行动"。不巧赵龙文此人患有严重的精神衰弱症,每天只是上午看公文,下午休息概不办公。结果戴笠根据"最高"旨意饬令赵龙文暂停刺杀史量才的电令

---

① 江绍贞:《戴笠和军统》,团结出版社2007年版,第44—46页。
② 方汉奇主编:《中国新闻事业通史》(第二卷),中国人民大学出版社1996年版,第439页。

被压在赵的译电室里,执行暗杀任务的特务就按原令行动,刺杀了史量才①。如果鲍志鸿所言不虚,则蒋介石无疑是"史案"的幕后黑手。不过,鲍志鸿提供的仍然是第二手材料,史量才为蒋介石授意戴笠所杀,尚需要更有说服力的史料予以证实。当时在杭州负责为力行社(军统前身)建立秘密无线电通讯的魏大铭就认为,暗杀史量才对国家得不偿失,蒋介石尚不至于示意戴笠去这样做,"谅为力行社干部所主张发动",事后蒋介石只好为部下的轻举妄动承担了责任②。

三、关于一则史蒋传言的考证

关于史量才忤逆蒋介石、招致杀身之祸的直接原因,文史掌故大家郑逸梅的说法是:"(申报)馆方深知史的被刺,有两个原因,一是《申报》曾刊载一篇文章,不满蒋介石政权而加以尖锐的讥讽;二是史曾以中南银行代表的名义,出席南京经济会议,主持人要他认购巨额债券,史当场反对,并将情况揭发报端。这两桩事都触怒了蒋政权,蒋介石便不顾一切,下此毒手。"③不过,坊间流传最广的是史量才以百万读者抗衡蒋介石的百万兵一说。报人徐铸成就曾著文说,史案凶手的主持人乃蒋介石是没有疑问的,至于蒋为什么要下此毒手,则猜测不一。"我曾听说,蒋对《申报》和史不满,已非一日。当时也在上海地方协会挂名的杜月笙曾拉史到南京见蒋,企图调和他们的'矛盾'。谈话并不融洽,蒋介石最后说:'把我搞火了,我手下有一百万兵!'史冷然回答:'我手下也有一百万读者!'听说,不久就发生了沪杭公路这一血案。"④

黄炎培的记述却与徐铸成的说法有较大出入。1952 年 12 月,黄炎培重游杭州,作《人民西湖十四首》,其七为《秋水山庄》:"一例西泠掩夕曛,伊人秋水伴秋坟。当年壮语成奇祸,缟素词坛十万军。"诗前小序云:

---

① 顾志兴:《史量才或可免于被刺》,载《世纪》2014 年第 4 期。
② 于国勋等:《蓝衣社 复兴社 力行社》,中国书局 2014 年版,第 235—238 页。
③ 郑逸梅:《书报话旧》,中华书局 2005 年版,第 217 页。
④ 徐铸成:《报海旧闻》,上海人民出版社 1981 年版,第 13 页。

西泠桥下有鉴湖秋侠墓,有史量才秋水山庄,即今北山路七十七号上海总工会工人休养所。一九三一年"九一八"日寇侵略东北;明年上海"一·二八"战役,各界人民成立组织,推史为长,拥护十九路军抗日作战,蒋介石忌之。某日,招史往,初谈甚洽。临别,史握蒋手慷慨地说:你手握几十万大军,我有《申报》《新闻报》两报几十万读者,你我合作是了。蒋立变色。陈果夫、立夫多方与报馆为难,一度报纸被停邮,逼报馆撤几人职。其一即我,其一即陶行知。①

1964年10月,黄炎培响应党的号召,"本其所见所闻和行动、秉其是是非非的直笔"写成回忆录《八十年来》,其中关于"《申报》主人史量才之死"一节,与前说略有不同,称自己是和史量才一起应召到南京面见蒋介石的:

上海各界爱国人士组织上海市民地方维持会,拥护十九路军抗敌作战,《申报》主人史量才被推为会长,已招蒋介石忌了。史量才雄心不已,又投资《新闻报》。我自一九一四年起即在申报馆任事,更与史在上海市民地方维持会共事。有一天,蒋召史和我去南京,谈话甚洽。临别,史握蒋手慷慨地说:你手握几十万大军,我有申、新两报几十万读者,你我合作还有什么问题!蒋立即变了脸色。此后蒋就叫陈果夫、陈立夫与申报馆多方为难,一度报纸被停邮,逼报馆撤几个人的职务,一是陶行知,另一人就是我。②

仔细查阅《黄炎培日记》,他第一次在南京面见蒋介石是1931年1月8日。该年1月3日晚,黄炎培接到来沪同学邵力子的电话,约他面谈。第二天他往访邵力子,"见告蒋介石约往,乃订八号赴宁。至人文社晤戴春风。晚访量才"③。黄炎培1月7日乘车到南京,"(1月8日)午前十一

---

① 黄方毅编:《黄炎培诗集》,人民出版社2014年版,第335—336页。
② 黄炎培:《八十年来》,文史资料出版社1982年版,第93—94页。
③ 《黄炎培日记》(第3卷),华文出版社2008年版,第285页。

时半,邵力子来,同车至东北城角蒋介石总司令宅(旧炮标)。蒋初见,同座王一亭,略谈后同餐,王君少坐先去。蒋君【索】。问。关于挽救教育危机之意见,畅谈至二时辞出。蒋要求我迁居南京,拒绝"①。1月10日黄炎培回沪,晚访史量才,两人一同至申报馆。第二天,黄炎培就到申报馆就任总管理处设计部主任一职。

1931年春,黄炎培有东北及日本之游。归来后于5月29日在南京再见蒋介石,向蒋陈述日本可能会在东北与我国和苏俄开衅,并把在日本购得的三部书送给了蒋介石。蒋嘱他与外长王正廷接洽。"【见外长王正廷,王大笑,说:'如果黄任之知道日本要打我,日本还不打我哩;如果日本真要打我,黄任之不会知道的。'我说:'很好! 我但幸吾言不中。'】"②

1931年9月29日,黄炎培第三次赴南京面见蒋介石。9月27日,抗日救国研究会(1931年9月20日在上海成立)召开会议,黄炎培"被推偕江问渔赴南京,见蒋主席及外交当局,诘问为何不抗敌"。当日晚黄炎培即乘夜车赴南京,次日晨到,29日被蒋介石召见:"午后三时,蒋介石主席招往军官学校,蒋对学生请愿团五千余人演讲,既散,与吾等谈。"③30日晨回沪,下午到抗日救国研究会向大家报告赴宁经过。

1931年11月8日,蒋介石特召集上海各界领袖人士到南京洽谈。当日《申报》对此进行了报道:"各界领袖昨晚应召入京、今晨谒蒋主席即晚返沪。""蒋主席为征询民众对和平、外交、建设各项问题意见,特派黄仁霖来沪邀各界领袖赴京。闻被邀者计有商界王晓籁、虞洽卿,银行界李馥荪、徐新六、陈光甫、钱新之,教育界刘湛恩、欧元怀,报界史量才、汪伯奇、戈公振、穆藕初、刘鸿生、余日章、王云五、林康侯、李观森、郭标、黄任之、阎玉衡等20人。即于昨晚由路局特备专车附挂于京沪夜车驶京,定于今

---

① 《黄炎培日记》(第3卷),华文出版社2008年版,第286页。此处原有注释:原文系毛笔字,"索"字用钢笔涂改为"问"字,另加一句:"蒋要求我迁居南京,拒绝。"从墨色为蓝色看,似为解放后增补。
② 同上书,第327页。此处原有注释:】内部分,系用蓝钢笔墨水增补,从墨色推断,似为解放后增补。
③ 《黄炎培日记》(第4卷),华文出版社2008年版,第28页。此处原有注释:"诘问为何不抗敌"系原日记用蓝钢笔墨水增补。

晨晋谒蒋主席后，当晚仍备车返。"会议在励志社进行，休息时蒋介石还和史量才、黄炎培等合影留念。《黄炎培日记》中也有这次被召见的记载："上海被邀到者连余凡十七人，十时蒋到，谈至十二时半。午餐于励志社。……夜，蒋邀餐于其家，餐毕长谈，余被推陈述对外交问题之意见。夜车回沪。"①

根据《黄炎培日记》可知，从1927年4月国民政府定都南京到1934年11月史量才遇害，黄炎培分别于1931年1月8日、5月29日、9月29日、11月8日四次去南京面见过蒋介石，前三次见面史量才均不在场，只有第四次会见时史、黄同在。因此，黄炎培在《八十回忆》中所记的史、蒋临别握手时讲的那番话，很可能发生在1931年11月8日这次会见，即蒋介石在家宴请上海各界领袖之后，两人的对话内容应该是黄炎培所记的"你我合作"，而不是徐铸成所说的史量才以"百万读者"叫板蒋介石的"百万兵"——以史量才之精明，当面忤逆国家元首的可能性不大。史量才应该也没有单独和杜月笙一起去南京面见过蒋介石并忤逆过蒋，如果发生这样的大事，按照史、黄的交谊，史量才回沪后肯定会告诉黄炎培，黄炎培也会在日记中有所提及，但是在他的日记中找不到任何相关记载。所以，如果史量才真为蒋介石密令所杀，坊间附会的史、蒋交恶不是直接动因——史、蒋南京会谈发生在1931年11月，史量才被刺杀于1934年11月，其间相隔三年之久。史量才在上海新闻界、金融界、民间组织的影响日大，已成为国民党政府难以驾驭的地方实力派人物，这才是招致杀身之祸的根本原因。

---

① 《黄炎培日记》（第4卷），华文出版社2008年版，第37页。

革命报人叶楚伧*

叶楚伧是民国初年著名报人,祖籍江苏吴县(今江苏昆山),生于1887年8月20日,1946年2月15日病逝于上海。原名宗源,字卓书,早年献身革命、从事新闻工作时开始使用"楚伧"笔名,后来专以此为名,不再使用原来的名号。另外,他还使用过小凤、叶叶、湘君等笔名,散见于早期发表的诗词、小说、笔记等文学作品中。叶楚伧20余岁即主持革命派报纸汕头《中华新报》笔政,民国成立后在上海先后主持或参加过《太平洋报》《民立报》《生活日报》等革命派报刊的笔政、编务。1916年至1927年,他担任国民党系统机关报上海《民国日报》总编辑10余年,极力抨击袁世凯及北洋军阀封建专制,维护共和政体,被誉为"主持正论,功在国家"。

一、主笔《中华新报》,风动岭海

叶楚伧出身于书香门第,父亲凤巢先生为晚清秀才,淹通群籍,颇负文名。祖上在乡里经营酱铺,勤劳节俭渐成殷实之家,但凤巢先生不事生产,不慕举业,又慷慨好义,家道很快就中落了,靠设馆授徒和做幕僚维持生计。叶楚伧童年丧母,父亲年仅40余岁又去世,由姨母抚养成人。

在父亲的督导下,天资聪颖的叶楚伧好学深思,博闻强记,培植了坚厚的文史根底。由于出身于下层知识分子家庭,他从小就有除旧布新的

---

* 本文原载于程曼丽、乔云霞主编《中国新闻传媒人物志》第二辑,长城出版社2014年版。

改革精神。少年时期,曾连续三年在家乡主持"文明度年会",每年农历腊月十五至次年正月十五,发动会员到街头巷尾和茶房酒肆散发宣传品,演说新思想,呼吁乡邻不赌博、不酗酒、不做迎神赛会等迷信活动,改革社会旧习俗,提倡过年新风尚①。1903年,清廷废科举兴办新式学堂,叶楚伧考入上海南洋公学,后转入南浔浔溪公学,为高等科学生。入浔溪公学不数月,学校因发生学潮而被迫解散,他来到浙江桐乡县濮院镇,聚集原浔溪公学的八位同学,大家一起研讨学问。此时,邹容的《革命军》一书刚刚刊行,叶楚伧和同学秘密购得,相互传阅,革命排满、建立共和的主张使一帮少年热血贲张,他们在休息日到集镇上公开演讲,揭露清廷腐败,宣扬民族革命。叶楚伧一生志业,肇始于此。

1904年,叶楚伧考入苏州高等学堂。修满三年毕业考试时,有学生发现学堂某监督私自篡改考卷,调换考试名次,于是群情激愤,痛打了该监督。叶楚伧豪迈不羁,才气纵横,在同学中素孚人望,为清政府江苏当局所忌惮。当局遂诬指他是鼓动学生殴打监督的领袖,将坐以"乱党",罗织大狱。叶楚伧闻风逃离学堂,避居友人柳亚子家中,后经塾师陶小沚先生和江浙旅京官绅从中转圜,此事方才平息。

在广东汕头担任革命派报纸《中华新报》主笔的陈去病②,和叶楚伧同乡,又是其表兄,素知叶的文才和志向。陈去病因病辞归故里,就推举这位年方20的表弟代替自己。1908年底,幸免牢狱之灾的叶楚伧从上海南下汕头,为《中华新报》撰文,"精悍闳肆,一时风动"③。叶楚伧新闻生涯的开端,即以自己的如椽之笔,为革命事业鼓与呼,也为自己赢得了学博文雄的声誉。1909年春,叶楚伧在汕头加入同盟会。他和汕头、潮州、梅县等地革命党人频繁交往,建立俱乐部,组织"诗钟社",借诗词花酒之会,联络民党,积极进行反清活动。其间,他撰写了大量诗文,表达反清复国的

---

① 叶元:《忆先父叶楚伧》,载叶元编:《叶楚伧诗文集》,上海三联书店1988年版,第2页。
② 汕头《中华新报》由谢逸桥、谢良牧兄弟创刊于1908年4月17日,梁千仞为主任,林百举任编辑。本来不怎么引人注意,1908年8月,陈去病应邀担任主笔后,大力鼓吹革命思想,反对清廷,与海外的《民报》《复报》遥相呼应,迅速成为革命党人在岭南的重要宣传阵地。
③ 于右任(姚鹓雏代撰):《叶楚伧先生墓碑记》,载叶元编:《叶楚伧诗文集》,上海三联书店1988年版,第8页。

豪情壮志。例如《梦吴江行》中写道:"君王不向鼎湖去,马革何处非疆场。朝以太庙负矢出,暮挟胡虏北门入。"①1911年辛亥年,革命形势风起云涌。4月,民党再次举义广州,喋血黄花;6月,四川保路运动风潮继起。叶楚伧在《中华新报》上发表《新七杀碑》,痛斥清廷顽劣,号召民众一鼓作气推翻祸国殃民之"恶政府"。两广总督张鸣岐恼怒惊恐,下令封闭了《中华新报》。不久,《中华新报》改名《新中华报》,继续出版,持论愈加高亢激烈,"岭海震动,潮汕人士尤推重君(叶楚伧)"②。

  1911年10月武昌首义成功后,广州、汕头、潮州相继光复。叶楚伧被推举为潮州府长,不就,随即离开《新中华报》,加入以姚雨平为司令的粤军,担任秘书,随军北伐,进克南京。1912年1月孙中山就任中华民国临时大总统,叶楚伧随姚军入城拱卫。清将张勋率兵进攻徐淮,威胁南京,姚雨平奉命提师还击。叶楚伧担任秘书兼参谋,随军渡江,参加了固镇、宿州战役。

二、总编《民国日报》,再造共和

  1912年2月,南北和议成,姚雨平解甲罢兵,带叶楚伧来到上海,在沪军都督陈英士的资助下,于1912年4月1日创办《太平洋报》,姚雨平自任社长,叶楚伧任总编辑。《太平洋报》为民国成立后同盟会在上海创办的第一家大型日报,鼓吹资产阶级民主政治,反对袁世凯出卖国家利益、复辟帝制,反对封建军阀。叶楚伧在主持《太平洋报》编务之余,为于右任主办的革命报纸《民立报》撰文。因经费困难,《太平洋报》于同年10月停刊,于右任遂将叶楚伧延入《民立报》社,主持该报笔政。1913年3月,袁世凯派人刺杀国民党代理理事长宋教仁,并向五国银行团借巨款做军费,准备发动内战,消灭南方革命势力。孙中山等举起"二次革命"大旗,武力讨袁。叶楚伧为《民立报》撰写宣言,以"保民""睦邻""锄奸"三事昭告国

---

① 严如平、宗志文主编:《民国人物传》(第九卷),中华书局1997年版,第72页;柳亚子主编:《南社诗集》,上海中学生书局1936年版,第630页。
② 于右任(姚鹓雏代撰):《叶楚伧先生墓碑记》,载叶元编:《叶楚伧诗文集》,上海三联书店1988年版,第9页。

民,呼应"二次革命"①。1913年秋,《民立报》停刊,革命党人徐朗西在上海创办《生活日报》,延请叶编辑。1914年,《生活日报》因欠款案被公共租界巡捕房封闭,叶楚伧困顿无助,靠为《礼拜六》等刊物写言情小说,卖文自给,并转任城东女学、竞雄女学、开明女学等校国文教员。

"二次革命"失败后,孙中山亡命日本,鉴于国民党组织涣散无力,于1914年7月在东京重组中华革命党,积极开展反对袁世凯复辟帝制的斗争,以"扫除专制政治,建立完全民国"。1915年秋,中华革命党总务部部长陈其美潜回上海,领导东南诸省反袁军事。陈其美考虑到《民立报》停刊后本党在上海尚无舆论工具,遂决定筹办《民国日报》,为讨袁做文字宣传。

1916年1月22日,《民国日报》在上海市法租界天主堂街59号(后迁至公共租界山东路即望平街163号)正式出版,叶楚伧任总编辑,邵力子任经理,要闻版编辑朱宗良、潘更生,地方新闻编辑于秋墨,本埠新闻及副刊《民国闲话》编辑管际安,朱执信、戴季陶、沈玄庐等也先后参加过编辑部工作。该报是中华革命党在上海的唯一言论机关,以讨伐袁世凯窃国变制、维护共和为主要任务。叶楚伧为其撰写的《发刊辞》开宗明义地指出,"帝制独夫暴露之春,海内义师义起之日。吾《民国日报》谨为全国同胞发最初之辞曰:专制无不乱之国,篡逆无不诛之罪,苟安非自卫之计,姑息非行义之道",表示即使"断胫绝颈",也要保共和,争民权,富民生。"大难虽始,来日可卜,义理所在,无坚不摧。吾同胞秉聪明正直之彝,勠力一心,以从事于三者,记者庸弱,愿为之执鞭也。"②

《民国日报》日出三大张,大量刊载各地讨袁护国的消息,发表揭露、抨击袁氏罪行的言论,其消息之迅捷丰富,言论之尖锐辛辣,为当时国内报纸所不多见。《民国日报》的言论尤为时人称道,除第二版的社论(或为专论)外,第三版电讯版、第七版要闻版、第十一版本埠新闻版,分别开设时评一、时评二、时评三三个小言论栏目,配合本版新闻,发表言简意赅的

---

① 《民立报最近宣言》,载《民立报》1913年7月31日。
② 叶楚伧(署名"哀"):《本报发刊辞》,载《民国日报》1916年1月22日创刊号。

短评。每日的社论、短评，与时政要闻一起，形成强大的反袁舆论力量。

1916年6月6日，袁世凯忧惧而死，北洋政府继任者表面上拥护共和，却拒绝恢复"临时约法"和国会，与袁世凯一样继续实行封建专制。孙中山等革命党人为维护约法，恢复国会，发起"护法运动"。《民国日报》予以积极配合，大量刊载护法运动文告、宣言、消息，同时揭露北洋军阀假共和、真专制的阴谋和罪行，如揭露徐世昌昔日助恶袁世凯叛国乱政，而今又支持张勋妄行复辟；指责冯国璋未经国会同意而任命内阁，是"破坏旧约法，恢复袁氏新约法之人"。《民国日报》还对北洋军阀的卖国行为进行了揭批，公开点名抨击的就有冯国璋、段祺瑞、张勋、徐世昌、王世珍等人，尤其对段祺瑞向日本军事借款的卖国行为，连续发表了《直系与军械借款》《段祺瑞作乱》《反对军械借款》《人心与武力》等时评，予以无情揭露和猛烈抨击①。

《民国日报》虽然是中华革命党的机关报，1919年中华革命党改组为中国国民党后又转为中国国民党的机关报，但是经济上并不宽裕，在上海报界是有名的穷报馆。报社既无力向北京、天津等外埠特派记者，也无钱向路透社等通讯社购买电讯稿，叶楚伧、邵力子等有时就到邻近的《申报》《新闻报》编辑部闲谈，顺便偷看一些电讯回来，改头换面后加上"本社专电"刊出。《民国日报》这种从报业同行或通讯社"偷新闻"的做法，在上海新闻界一时传为笑谈。有一年阴历年底，报馆实在穷极，债主交集，叶楚伧就写了一张"前债未清，免开尊口"的纸条，贴在报社门口，债主看后也只有一笑走之。某日晚上，报纸各版新闻都已经排好，天也快亮了，但是印刷的白报纸还没有着落，叶楚伧、邵力子两人只好脱下身上的皮袍，送到当铺去押得一点儿钱，买回几十令白报纸，当天的《民国日报》才得以出版②。《民国日报》能够刊行不辍，当然也离不开革命同志在经济上、稿件上的大力支持。叶楚伧曾深情地说过，《民国日报》的生命是多数同志维持的："有一个时间，凡是较有力量的同志，偶然到上海，就得尽些临时义

---

① 马光仁主编：《上海新闻史》，复旦大学出版社1996年版，第471—472页。
② 曹聚仁：《上海春秋》，生活·读书·新知三联书店（北京）2007年版，第137页；曹聚仁：《我与我的世界》（上），北岳文艺出版社2001年版，第299页。

务；不论间接或直接，几乎没有一位先进同志，没向告过帮；如有天幸，每到山穷水尽时，总有一两同志像天上掉下来一般，救此一劫。如张静江、于右任先生等常在上海的，更成不定期的老例了。不但经济如此，文章是大家做的，如胡展堂、戴季陶、沈玄庐、刘芦隐以及《建设》月刊里的诸先生，都没有脱空过一个；甚至于各地通讯，有许多是同志尽的义务。"①

当时在上海出版的革命派报纸，一方面苦于经费短绌，一方面迫于政治高压，几乎旋办旋停，难以为继。独有《民国日报》，在叶楚伧、邵力子等人的支撑下，苦心经营，大旗不倒，奋起反对袁世凯帝制自为，继而抨击北洋军阀封建专制，始终"拥护共和，发扬民治，唤起国民奋斗的精神"②，终使袁世凯帝制美梦破灭，北洋政府继任诸军阀亦不敢妄自更换"中华民国"的招牌。因此，《民国日报》在舆论上有"再造共和"之功，而总编辑叶楚伧尤其功不可没。1919年5月，周剑云为叶楚伧所著的《小凤杂著》作序，就赞誉他"主持正论，砥砺气节，苦心孤诣，功在国家"③。1947年1月，姚鹓雏代于右任撰写《叶楚伧先生墓碑记》，也高度评价了叶楚伧主持上海《民国日报》期间"以笔为旗"、护卫民国的劳苦之功："时袁世凯谋帝制日亟，殚力诛锄胁诱革命党人，罗网森张，诇谍严伺。君与社中诸子，顾益发抒正义，抨击毒暴，视之蔑如。尤绌于赀，罗掘以供朝夕，恒至炊爨不继，逋欠山积，晨须出刊，先夕尚无一钱购纸张。君与力子罄所有，不足，继以乞贷；乞贷不得，终至典质，举凡钗瑱簪珥，乃至外衣时计之属，悉索以付质肆。积十馀年，日益困悴，仅以馀暑任学校教课，得钱举火，而豪迈如故。粗碗浊酒，时一引满，意欣然自乐也。"④

新文化运动时期，《民国日报》出版《觉悟》副刊，积极提倡新思想、新文化、新知识，主张推翻旧制度、旧文化，开展社会改造、劳动就业、妇女解放等实际问题的讨论，号召广大知识青年向旧社会作斗争，风行一时，流传很广，与上海《时事新报》副刊《学灯》、北京《晨报》副刊、《京报》副刊并

---

① 叶楚伧：《序民国日报第五千号纪念刊》，载《民国日报》1930年3月13日。
② 《民国日报奋斗之精神》，载《建设》1919年10月，第1卷第3号。
③ 叶元编：《叶楚伧诗文集》，上海三联书店1988年版，第24页。
④ 于右任(姚鹓雏代撰)：《叶楚伧先生墓碑记》，载叶元编：《叶楚伧诗文集》，上海三联书店1988年版，第9页。

驾齐驱，代表着当时最急进的社会文化思想路向，被誉为全国报纸中的四大副刊。《觉悟》对青年学生的影响尤其巨大，主编邵力子特别重视青年学生的来稿、来信、来访，对他们提出的问题不厌其烦地予以解答，指明人生的方向。青年学生把《觉悟》当作自己的喉舌，奉邵力子为"青年导师"。

三、书生从政，平易简朴

南社诗人姚民哀曾这样评价叶楚伧："小凤自辛亥以还，非不可斗印悬肘，与绛灌骋逐，而独甘卖文江头，自乐其乐，同辈稍稍荣进者，恒贻书相招，小凤辄一笑置之，志不为少屈。清冲履道，德量充塞，其砥节立行，足追魏晋间士，尤小子所折衷服膺者。"① 意思是说，叶楚伧乃民国开国有功之人，本可以像帮助刘邦平定天下的周勃、灌婴那样，高官显爵，意气飞扬，但是他却功成身退，跑到上海卖文为生，淡泊名利，自得其乐，为人处世犹如魏晋名士。不过，叶楚伧在上海办报卖文 10 年之后，自觉或不自觉地转变了自己的人生轨迹，不再"壹志于文"，而成为"功名之士"了。这正应了一句古话：此一时也，彼一时也。

1923 年，屡屡受挫的孙中山经过深思熟虑，决定改组国民党，实行联俄、联共、扶助农工三大政策。鉴于叶楚伧为党内能文之人，孙中山指定他为国民党修改党章、起草委员会委员。1924 年 1 月，国民党第一次全国代表大会在广州召开，叶楚伧被选为中央执行委员，接着被任命为中央党部宣传部部长和上海执行部青年部部长、妇女部部长。这一时期，叶楚伧主持的上海《民国日报》先后发表了《孙总理演说改组原因》《中国国民党改组宣言》《中国国民党全国代表大会宣言》等重要文献，在宣传孙中山的三民主义和三大政策，推动国共合作方面，起到了一定的积极作用。

孙中山的联共政策实际上导致了国民党内部的分裂，这一政治上的裂痕，也立即投射到《民国日报》上来。《民国日报》的两大"柱石"，总编辑叶楚伧偏于右倾，反对国共合作，而经理、副刊《觉悟》主编邵力子则是促

---

① 姚民哀为《小凤杂著》所作序言，载叶元编：《叶楚伧诗文集》，上海三联书店 1988 年版，第 23—24 页。

成国共合作的桥梁人物。1925年3月,孙中山逝世后国民党群龙无首,内部的分裂趋于公开。这年夏天,邵力子南下广州任黄埔军校秘书长,叶楚伧于11月到北京参加谢持、邹鲁、林森等在西山举行的"国民党一届四中全会",参与炮制了《取消共产派在本党之党籍案》等八项反对三大政策的决议案。之后,西山会议派在上海成立所谓的"国民党中央党部",以《民国日报》为阵地,大量刊登启事、声明、通电和反共文章,"替帝国主义军阀扬善隐恶无微不至,对国民党国民政府的革命策略丝毫不能宣传"[①]。为此,广州国民党中央执行委员会专门发电通告各地党部,"上海《民国日报》近为反动分子所盘踞,议论荒谬,大悖党义,已派员查办",并停止其经费。1926年1月,国民党在广州召开二大,声讨了西山会议派,给予叶楚伧警告处分,其《民国日报》总编辑职务被停止。

蒋介石利用"中山舰事件"和"整理党务案"排挤共产党人,逐步夺取国民党中央领导权。在蒋介石的拉拢下,叶楚伧于1926年至广州,任中央政治会议秘书长,成为蒋的亲信。从此,他结束了自己的办报生涯,跻身于国民党权力核心。

1926年,秋蒋介石率师北伐,叶楚伧随军担任秘书。北伐军占领上海、国民政府定都南京后,他担任上海临时政府委员,代理国民党中央工人部部长、宣传部部长、兼任江苏省政府委员、秘书长、建设厅长。1930年任江苏省政府主席、国民政府委员。1935年任国民党中央宣传委员会主任委员、立法院副院长。全面抗战期间,任国民党中央政治委员会法制委员会副主任委员、国民大会代表选举委员会事务所总干事、中央出版事业管理委员会主任委员等职。在国民党党内,叶楚伧是第一届至第六届中央执行委员,并且是第三届至第六届常务委员。

抗战胜利后,国民党接收大员在东南富庶之地借接收之名中饱私囊,大搞"五子登科",闹得民怨沸腾,物议横起。1945年12月,国民党中央委任叶楚伧为苏浙皖三省及京沪两市宣慰使,由重庆飞往上海,对"江东父

---

① 毛泽东:《上海民国日报反动的原因及国民党中央对该报的处置》,载《政治周报》1925年第3期。

老"进行安抚,借以收拾人心,缓和矛盾。不料天寒人劳,导致伤风感冒,到上海后所见所闻又使他忧愤交加,诱发早年潜伏的肺结核病根,于1946年2月15日遽然病逝,享年60岁。

叶楚伧由革命报人而为党国政要,出掌一省之政,入参中枢大计,数十年位高权重,身尊名显,然而一直不失其书生本色,在旧官场中可谓难得。他的书生本色主要体现在两个方面。

其一,处事雍容,作风平易,毫无官僚习气。对此,时人曾有很高的评价:"君之在中央也,历长诸部,监秘书,掌密勿,参大计,而雍容雅度,退然若无所与者。其在苏省,绸缪桑梓,日理繁剧,经画久长,于农田、水利、建设、教育、经界、地籍诸大端,朝思夕咨,殚竭心力。接群流,纳众言,纷难支蔓,日呈乎前,而一受以平,徐剖析其利害,为之区划。出与宾僚部属研究当否,涵含渊汇,董理条贯以施之,亦恒歉然若日有所不足也。君状貌魁梧,器宇恢廓,而肫挚如老儒,又虚怀衡物若此,庶几君子之道暗然而日彰者欤。"① 有一件事情可以说明叶楚伧的谦和平易风度。抗战胜利后,老家周庄的一些好事者为了讨好逢迎他,在苏州辟设"楚伧公园",把周庄改名为"楚伧镇"。他知道后大为不满,责令当事人立即收回成议。

其二,生活非常简朴,并且以此为乐。据叶楚伧的哲嗣叶元回忆,其父虽然身居高位,但衣食住行都很简单,几十年没有变过。他担任江苏省政府主席时,全家就住在镇江省政府内毗邻主席办公室的两间平房里,没有搞什么别墅官邸。抗战时家里用的一辆轿车,从南京开到重庆,八年没有换过。下属看到其他要人纷纷换车,也替他从香港进口了一辆新型轿车,手续都已办好,可他就是不批准,仍旧坐自己的"老爷车"。抗战胜利后他任苏浙皖三省及京沪两市宣慰使,代表国民党政府"宣慰"江南。一下飞机,他即被国民党驻沪党政军要员包围,拥进灯红酒绿的金门大饭店。可是没有住几天,他执意搬回绍兴路自己家的一幢弄堂房子去住。上海市市长钱大钧等登门劝说他不要如此清苦,他却说这样合乎自己的

---

① 于右任(姚鹓雏代撰):《叶楚伧先生墓碑记》,载叶元编:《叶楚伧诗文集》,上海三联书店1988年版,第10页。

心意①。

一介书生,身微家贫,能够平易简朴不足为奇,这也是无可奈何之举。叶楚伧在"飞黄腾达"之后,依然能够保持着平易简朴的书生本色,只能说是本性使然,更加难能可贵了。

四、评论雄浑,诗文富丽

叶楚伧是实际从事办报的人,不是坐而论道的理论家,他在新闻学术方面没有什么特别建树。不过,长期的新闻实践,甘苦自知,使他对这项特殊的社会事业也形成了一些自己的看法。他认为:善于办报的,未必便有益于社会;主观认为必要的,未必便适应社会需求。报纸编辑室里一分钟的疏忽,影响会遍于全国,因此报纸具有很大的威权。然而办报又是一桩最难的难事、最苦的苦事,阔气些说是"无冠帝王",提心吊胆些说无异于"待决囚犯",因为办报的人每时每刻都有流毒社会、破坏国家的可能。所以,他主张报人都应该认明所受于社会国家的使命,"要为社会国家而办报,不要为报而办报"。报人既然要为社会国家而办报,为什么又有所谓的"党报"呢? 他指出,政党是为国家社会服务的组织,政党办报是政党服务国家社会的一项工作,政党所办的报纸,代表的是众人的利益,"所以党报是党为国家社会办的报,不是为党办的报"②。作为国民党党报总编辑、中央宣传部部长,在国民党长期"以党训政"的政治体制下,不管叶楚伧在实际的新闻宣传工作中是否做到了为国家社会而办报,不为报而办报、为党而办报,他能够提出这样的观点,也是值得肯定的。

在中国新闻史上,叶楚伧最耀眼的成就,是他那一篇篇指陈时事、气势如虹的新闻评论。江南山水秀丽,土多文弱,叶楚伧却南人北相,躯体伟岸,风采雄峻,犹如关西大汉。性又嗜酒,几乎是无餐不酒,无酒不欢。曹聚仁亲身经历,叶楚伧、邵力子、柳亚子、胡朴庵、胡怀琛等几位南社诗友,某次在上海四马路豫丰泰酒楼聚会,一次喝掉19斤老酒,其中属叶楚

---

① 叶元:《忆先父叶楚伧》,载叶元编:《叶楚伧诗文集》,上海三联书店1988年版,第2—3页。
② 叶楚伧:《序民国日报第五千号纪念刊》,载《民国日报》1930年3月13日。

伧喝得最多①。冯英子也回忆说,抗战后期叶楚伧任国民党中宣部部长,在重庆上清寺办公。某日冯英子去上清寺中宣部访友,朋友要给他倒一杯清水,可是遍找不获,忽见部长办公桌上有一竹壳热水瓶,就给他倒了一杯。冯英子喝了一口,竟然有浓烈酒味,原来是上好白干。叶楚伧以酒代茶,办公时间也须臾不能离酒,真乃名士风流,雅好如此②。常言道,诗酒文豪,叶楚伧本来就酷爱杯中之物,写文章时自然更需要借酒来激发文思了。他在上海《民国日报》编辑部时,酒瓶就放在抽屉里,常常是一边喝高粱酒,一边嚼花生,一边写评论的。深厚的学养,凛然的正气,豪迈的气势,在酒力的催发之下,佳构迭出,奇伟无比。

曹聚仁说,叶楚伧的评论,沉着有力,气势很盛,可以下得"雄浑"二字的评语③。曹聚仁可谓叶楚伧的知音,一语道破了其评论的特点。让我们领略一下叶氏评论的"雄浑"风格。1916年6月6日,帝制祸首袁世凯一命呜呼,病死北京。第二天,叶楚伧在上海《民国日报》发表题为《袁世凯死后之时局》的社论。文章共四个部分。(一)"民军之责任未完也":袁氏虽死,余孽未尽,呼吁民军乘机猛进,尽歼国贼。(二)"袁系诸将欲自存乎":警告袁系将领,只有痛改前非,归附民军,求得国民的原谅,方可保全自己;如果拥兵割据,或者首鼠两端,愚弄国民,必将落得和袁世凯一样的下场。(三)"复辟谬说不足畏也":安抚国民,张勋、倪嗣冲之辈复辟清室的传闻不足以畏惧,"共和政体,民有同爱;已死之灰,庸何能然?"(四)"吾所希望于国际者":晓谕各国,帝制自为之后,袁世凯已经失去代表国民的资格;袁世凯之死,不过死一私人,不会影响邦交。如果有跋扈不驯的袁系将领为乱地方,致使侨民忧惧不安,这也属于中国的内乱,自有人负责剿除,希望友邦真诚相见,于外交之常轨外,不应再有其他的行动。这篇社论,义正词严,笔力轩张,非大手笔、大气魄不能写此雄文。其中第一部

---

① 曹聚仁:《我与我的世界》(上),北岳文艺出版社2001年版,第299—300页。
② 冯英子:《叶楚伧以酒代茶》,载华道一主编:《海上春秋》,中华书局2005年版,第147—148页。
③ 曹聚仁:《我与我的世界》(上),北岳文艺出版社2001年版,第299—300页;曹聚仁:《上海春秋》,生活·读书·新知三联书店2007年版,第137—139页。

分"民军之责任未完也",尤其能够体现叶氏评论的神采:

> 袁世凯纠合秘党,破裂国宪。国民不忍民国之亡,群起讨袁。犹不自悛,驱使爪牙,弄兵天下,淫掠遍川湘,荼毒满宇内。师出屡败,乃欲以取消帝制,负一隅以窃总统,违公意以自恣,拒民口而不顾,劝之不受,戒之不悔,逐之不去。彼以为其智可用,其力足恃,幸有一日之生,必有燃灰之望。故借款弄兵,至死不息,以国徇身,誓不反顾。即断自取消帝制以来,罪已浮于一死。而其死则病杀之,非国家典刑杀之;其地则在狐鼠凭社之巢,不在万目临视藉蒿露刃之际;其时则在中原未定余孽未尽之际,而非巢居已破全国肃清之时。故袁世凯虽死,非民军死之,非中华民国典刑死之,民军之责任尤未尽也。非特如此,今后之责任乃益重。国民以讨袁之事付民军,民军荷戈境上,夙以除恶务尽自期。则袁死而后,袁系诸将,失其指使,其或奔突铤走,何以制之?其或割裂窃地,何以逐之?其或别戴私爱,何以破之?鸷兽一戕,群狐噪突,贼吾民国,苦吾生民,犹夫袁也。以身荷至重之民军,当尽歼国贼,擎纯粹宝贵之民国,以致诸民。袁氏一人之死,未足遂告成功也。故吾谓民军:今日宜令袁系诸将,作简决之答覆;苟犹迟徊观望,别出途径,以危乱吾国本者,则乘机猛进,迅扫妖氛,亦在此时。贼未尽,国未安,一日不统一,内患外忧,岌岌不保。不以迅雷疾风之手段解决之,旁枝侧叶,杂出不已,他日之患,有不忍言者。何则?袁虽叛众,其虚荣私利,犹足维系桀骜不驯、犷卤愚暗之私人。袁死而纽解,或将如瘈狗断絷,狼突鼠奔,不急驯其野心,天下必无安日也。①

因为篇幅所限,时评无法像社论那样纵横捭阖,形成汪洋恣肆的气势。但是叶楚伧所撰写的时评,在区区百字之内,依然可以一波三折,浑厚雄奇。《生吾之死》这篇时评,就是很好的例子:

---

① 《袁世凯死后之时局》,载《民国日报》1916年6月7日。

> 天下惟杀人者人不因其死而致哀。非忍也,生死不与同祸福。既自爱其生,不能以死吾者之死为吾生之福耳。
>
> 袁世凯死,国民殆盎然有生气乎?未也。杀人者必以戈,操戈者虽死,杀人之戈犹在也;使能回戈以为吾用,则吾斯生耳。否然者,必折其锋、屈其刃而后已。虽然,纵犹有刀戈,吾民究多一息生机矣。①

报刊政论之外,叶楚伧还创作了大量的诗词、散文。他是革命文学团体南社的活跃分子,又是新南社的发起人之一,经常与社友雅集,诗酒唱和。但他从不看重自己所写的诗文,尤其不希望别人把他视为文人。不过,他本性上还是一位文人,郑逸梅就说过,与其称叶楚伧为国民党元老,毋宁称他为南社耆宿较为妥当。他的诗词,用典富丽,旨趣深婉,散文则笔致缅邈,情深意长,这与他的"关西大汉"形貌恰成鲜明对照。朋友胡朴安曾对他开玩笑说:"以貌求之,不愧楚伧;以文求之,不愧小凤。"②叶楚伧在《民立报》工作时,同事范鸿仙因反对政府某当道,在寓所被暴徒狙击死;不到两个月,同事徐血儿又病逝。两人身后都很萧条,叶楚伧写了一则小启,为他们募集赙金。兹摘录一段,于此可见其散文风格之一斑:

> 回车腹痛,酹酒拜太尉之坟;听笛心伤,泛舟访山阳之里。况夫旌旗变色,来君叔饮刃帐中;心血成灰,李长吉修文地下。如我《民立报》故人范鸿仙、徐血儿两先生者,同为志士,永作陈人,金刀动掩芒之悲,玉树下长埋之泪。虞翻吊客,几叹青蝇;张邵旧交,驱来白马。③

叶楚伧早年也写过不少说部,即通俗小说。他的小说用浅近的文言写儿女哀情,风流儒雅,婉约悱恻,有人将其归入"鸳鸯蝴蝶派"之流。不过,他的小说中也不乏刺时讽世之作,如揭露时弊的《如此京华》,抨击日

---

① 叶楚伧(署名"哀"):《生吾之死》,载《民国日报》1916年6月7日。
② 郑逸梅:《近代名人丛话》,中华书局2005年版,第86—87页。
③ 同上书,第89页。

寇汉奸的《蒙边鸣筑记》,宣扬反清复明民族主义的《古戍寒茄记》,倡言爱国高于爱情的《遗恨》。正如南社诗人王大觉所言:"小凤之为小说,非饥士贱儒比,尤非鲜耻寡廉之徒比也。星斗罗于胸中,风雷动于腕底。所撰诸书,特自抒悲愤,意态至雄杰,有幽并健儿,拍手横刀之概。指陈时事,悲悯多微词,于焉可见其衷也。"①实际上,叶楚伧并不喜欢写"哀情"小说,他之所以为此,主要是为了卖文挣钱,借以养家糊口,辅助办报,属于不得已而为之。这种情况在当时的穷报人中并不少见。

---

① 王大觉为《小凤杂著》所作序言,载叶元编:《叶楚伧诗文集》,上海三联书店1988年版,第23页。

《中国抗战画史》与曹聚仁的"日本观"*

　　《中国抗战画史》是由国民党中央通讯社战地特派记者曹聚仁撰文、舒宗侨配图,上海联合画报社1947年5月出版的一部全面记录中国八年抗战始末的战史。曹聚仁从日本社会、文化与民族性入手,细致地剖析了日本军国主义发动侵华战争的根源及战争胜负的深层因素。该书存信史,究成败,诫来者,显示了作者化繁为简的"史笔"和高屋建瓴的"史眼"。曹聚仁的"日本观",在近代以来中国认知日本的文化链条上具有承前启后的重要价值。

　　1947年5月,曾经做过国民党中央通讯社战地特派记者的曹聚仁,在上海联合画报社正式出版了《中国抗战画史》。该书从日本的社会、文化与民族性入手,探讨日本军国主义发动侵华战争的根源,分析这场战争胜负的深层因素,记录了中国八年抗战的全景过程。曹聚仁的"日本观"①在近代以来国人认知日本的链条上具有承前启后的作用,对于中日两国相互深入了解,构建睦邻友好关系,具有相当重要的价值。

　　目前国内关于曹聚仁的研究主要集中于他的人生经历、新闻出版活动、书话文风等方面,对《中国抗战画史》也多有涉及②。但是,关于该书中

---

* 本文原刊于《河南大学学报(社会科学版)》2011年第6期。
① 所谓的"日本观",是指对日本民族性或国民性的看法。本文所称曹聚仁的"日本观",特指他对日本发动侵华战争及其战败原因的总体意见。
② 相关研究成果参见李勇:《曹聚仁研究》,贵州人民出版社1991年版,第105页;姜德明主编、曹雷选编:《曹聚仁书话》,北京出版社1997年版,第241页;丁言昭:《曹聚仁:微生有笔曰如刀》,上海教育出版社1999年版,第121页;卢敦基、周静:《自由报人——曹聚仁传》,浙江人民出版社2003年版;李伟:《曹聚仁传》,河南人民出版社2004年版。

所体现出的曹聚仁的"日本观",几乎没有引起学者们的注意。本文拟以"日本观"为视角,探讨《中国抗战画史》在近代以来中国认知日本的文化链条上所具有的意义与价值。

一、曹聚仁与《中国抗战画史》

曹聚仁(1900—1972),字挺岫,生于浙江省浦江县南乡蒋畈村(今属浙江兰溪市)。1916年秋,考入浙江省立第一师范学校;1921年来到上海,受知于《民国日报》副刊《觉悟》主编邵力子先生,成为该报长期撰稿人,结识孙中山、叶楚伧、柳亚子、胡朴庵、陈独秀、戴季陶、吴稚晖等一批风云人物;1923年5月,他与柳亚子等人发起成立"新南社"。嗣因准确记录和整理出版章太炎的国学讲座,受到章氏赏识收为入室弟子,在上海文化学术圈声名鹊起;1927年"四一二"政变中,因多名同窗好友遇害,他决心远离政治,不再过问社会问题。

1931年"九一八"事变爆发,曹聚仁无法继续保持沉默,和朋友们创办《涛声》《芒种》等刊物,为《社会日报》写社论,为《申报》副刊《自由谈》撰稿,再次成为上海望平街的活跃人物。柳亚子称道:"我觉得在今日的言论界中,头脑清楚而使我佩服的人,除了鲁迅先生以外,怕只有你曹先生了。"[①]鲁迅形容他为"赤膊上阵,拼死拼活"[②]。1937年"八一三"淞沪抗战爆发,曹聚仁"脱下长袍,穿起短装,奔赴战场",开始"书生有笔曰如刀"的战地记者生活。由于他对淞沪战场出色的现场报道,不久被国民党中央通讯社聘为战地特派记者。抗战期间,他巡游东线战场江西、福建、浙江等地,写下了大量的新闻报道、人物通讯和战地杂感,广为《东南日报》、《前线日报》、《大刚报》、《立报》(香港)、《星岛日报》(香港)等报刊登载,部分内容甚至编入战时教科书。他用一支"健笔",不仅记录了八年抗战的壮阔画卷,而且对抗战也发挥了直接助益。因为在他的字里行间,始终洋溢着抗战必胜的信念。

---

① 曹聚仁:《我与我的世界》,北岳文艺出版社2001年版,第296页。
② 鲁迅:《祝〈涛声〉》,载《涛声》1933年8月19日,第2卷第31、32期合刊。

1945年8月抗战胜利后,国民政府论功颁奖,曹聚仁获得"云麾胜利勋章"。他重新回到上海,过起编报、教书的生活。他起初负责《前线日报》编务,后因国共关系愈加复杂,导致言论、报道无所适从,便把新闻工作重心转移到香港《星岛日报》。作为《星岛日报》的外勤记者,这份境外报纸为其采写和发表通讯提供极大便利。从此,他迎来了新闻生涯中"伟大长篇通讯的黄金时代"。

曹聚仁所出生的浙东地区,素有重视史学的学术传统。耳濡目染之下,他自幼沉浸历史著作,终生以"史家"自期。他以研究历史的态度进入新闻圈,有着非常强烈的、自觉的历史意识。从走出书斋迈向战场的第一天起,便留意搜集中日双方的各种材料。1945年9月,曹聚仁从江西上饶到杭州采访受降典礼,突然染上恶性疟疾。在发病间歇期,他还赶到货摊去收集大量有关抗战的军事文献。"我要研究日军的战略和战术,我要了解日军的士气和战后心理,日军一百三十万战斗兵,居然闷声不响,放下武器,这是多么重大的一件事。其间,偶尔出点小乱子,有的苦闷之至,愤而自杀,里西湖时常有投水自杀的日军官兵,大体说来,他们都服从了天皇的命令,毫无保留地向我军投降了。就我仔细研究和实地观察所得,日军在战术上,可说是成功的;但是他们的战略却是失败的;正如德军一般,他们打赢了许多战役,却不曾打胜过整个战争。"[①]

当他开始着手编纂战史时,八路军、川桂等系军人高度重视这项工作,给他提供了不少史料和照片。为了战地报道的需要,曹聚仁穿上戎装伊始就潜心研究古今中外的军事学著作;八年战地巡游,经常与军政要人往还应酬,使他从一个门外汉变成一位具有丰富军事知识和深刻军事洞察力的专家。曹聚仁觉得自己是一个最幸运的历史学家,因为亲身参与战争的全过程,不但积累了大量的第一手材料,而且培养了观察、分析、判断军事、政治、外交问题的能力,为给这场波澜壮阔的民族战争编写一部翔实可靠、高屋建瓴的战史提供了必要条件。

早在1943年春曹聚仁随同蒋经国到达重庆时,他遇到商务印书馆老

---

① 曹聚仁:《采访外记·采访二记》,生活·读书·新知三联书店(北京)2007年版,第274页。

板王云五先生,透露自己准备编写战史的计划。王云五当即与他谈妥,书成之后交由商务印书馆出版发行。后来,中央通讯社也有意出版这部战史,社长萧同兹曾经想调曹聚仁到资料室从事这项工作。1946年夏天,曹聚仁蜗居上海家中,埋头撰写《中国抗战画史》。上海联合画报社的舒宗侨对曹聚仁说:"中央社是官衙门,脚步迟慢,而且顾忌很多;商务印书馆头绪繁多,不会替你来争取时间。"舒宗侨还劝曹聚仁不要把战史当作"名山事业"来做,跟他合作,抓住时机尽早出版。曹聚仁认为舒宗侨言之有理,于是两人合作,曹撰写文字,舒选配图片,半年时间完成编撰工作。

1947年5月,《中国抗战画史》由联合画报社正式印行。从联合画报社在当时报纸上所做的一则广告,可以看出该书梗概:

> 本书编印既毕,统计共刊用照片一千一百六十七幅,文字四十余万字,地图六十幅,彩图十四幅,文献内幕秘闻百余种,自日本明治维新起,中经八年血战,至最近中日情况止,共分为十大章(共七十二节),后附抗战史料一览,各战区将领一览,抗战大事记,各次战役统计等。文字通俗美妙,资料丰富确实,图片新鲜生动。内容之结实完备,无论就文字,就图片,国内无以出其右。尤其本书刊用之图片,至少有百分之八十,因战时物质条件欠缺关系,从未向外间发表,而由本书加以搜罗刊用。大部分照片,均为战地作战实录,关于敌伪动态则搜自日方,故参阅文字与图片,既像小说,又似电影,从学术立场看,则又是一部最完善的史料,从普通军事学立场看,是一部战史。①

抗战胜利后,国民政府国防部设立专门机构——战史局,却连最简略的战史都未编写出来。针对当局不重视总结战争经验教训的做法,曹聚仁非常失望并愤慨地说:"这八年仗是白打的!"②所以,他虽然觉得《中国抗战画史》并不尽如人意,但是也相当自豪:"毕竟也只有我这部战史,算

---

① 《〈中国抗战画史〉隆重出版,运抵北平》,载《世界日报》1947年6月28日。
② 曹聚仁:《采访外记·采访二记》,生活·读书·新知三联书店2007年版,第273页。

是把八年抗战的史迹留下来了。"①

在《中国抗战画史》之《扉语：我们的献词》中，曹聚仁开宗明义地说："这是一部战争的记录。"既然是战争的记录，叙事必须信而有征乃是治史的第一要义。早在暨南大学执教时，同事杨人楩翻译的法国史学家马迪厄《法国革命史》，曹聚仁研读多遍而对马氏"求真"的治史方法推崇备至："非有可靠证据勿下论断，非证以可信的史料，勿轻于相信；对人物与事变之判断，必须依据当时之思想与判断。任何文献必须予以最严厉之批评；对于流行之歪曲与错误的解释，即出于最可靠的史学，亦须无情地予以摈弃。总之，须以求真为主。"他曾经对好友曹礼吾说："马迪厄可以和中国的王船山比美，两人对史学的贡献一样大。"②《中国抗战画史》中的史事多为曹聚仁亲历笔录，可以称得上信实可靠。日本朝日新闻社战后编撰《进入太平洋战争之程途》，若干课题采用的便是曹聚仁的记述。

关于史事的信实问题，曹聚仁还有自己精辟的见解：

> 史家治史自有为造史的人所不能了解的特点。史家治史，观其流变之迹，不着重一环，而重环与环之间的连锁关系，连锁关系，非有史眼不能见了。我现在所往来的，很多是造史的人；他们看了报纸，有时相顾而笑；可是报纸并不减低其真实性，积一个月的报纸，则战局之轮廓自在，并不因为每天夸张了一点就走了样儿。历史亦当作如是观。③

基于这样的认识，曹聚仁力求史事信实可靠之外，特别注重中日之战"环与环之间的连锁关系"。《中国抗战画史》从日本的社会、文化和民族性入手，剖析日军侵华战争的复杂因素，呈现中华民族奋起抵御外侮的全景过程。因果流变，环环相扣，脉络清晰，要言不烦——显示了曹聚仁化繁为简的"史笔"和高屋建瓴的"史眼"。

---

① 曹聚仁：《采访外记・采访二记》，生活・读书・新知三联书店 2007 年版，第 353 页。
② 转引自李伟：《曹聚仁传》，南京大学出版社 1993 年版，第 84 页。
③ 曹聚仁：《东战场上的日记》，载无暇编：《战地日记》，之初书店 1938 年版，第 36—37 页。

《中国抗战画史》是一部战史,却并不局限于"战争的记录"。它的价值在于通过记录战争来探究中日双方兴衰成败的内在因素,字里行间闪耀着祈望世界和平、人类幸福的人道主义光辉。在《扉语:我们的献词》中,曹聚仁特别提及日本名将东乡平八郎在逝世前夕对一位知心友人的谈话:"热心战争的人,不懂得战争。凡是经验过战争的恐怖,而仍爱战争者,简直就不是人类。无论什么方法都要比战争好,我们必须以任何代价来避免战争,除非在民族生存受到危害的时候。我是恨极了战争。"《中国抗战画史》正是对东乡平八郎沉痛遗言的注释。存信史,究成败,诫来者,此为《中国抗战画史》这部煌煌巨著的史学价值。曹聚仁曾说,他有份小小的心愿,要让百年后的史家承认他是一个有眼光的史家,而不仅是一个新闻记者。《中国抗战画史》的行世,足以使曹聚仁跻身于"有眼光的史家"之列。

二、曹聚仁之"日本观"

《中国抗战画史》虽是一部战史,第一章"引论"却从"日本社会、文化与民族性说起,使读者对我们的抗战有个完全的了解"。曹聚仁宣称,他在"知彼"上所下的这番功夫,是为了从民族性上去明白日本军国主义发动这场侵略战争的根源及战争胜负的深层因素。这些研究心得体现了曹聚仁对日本的认识和看法。朱自清赞赏说:"这种眼光值得钦佩!"[①]曹聚仁的"日本观"以探讨战争动因与成败为基点,对此他颇为看重。20世纪50年代,他将《中国抗战画史》中的这部分文字抽出,命名《采访本记》,在香港单独刊行。

1. 日本的民族性

民族性或国民性,是指一个国家大部分国民共有的意识和行为特质。社会心理学和文化人类学已经证明,某个民族或国民全体中确实存在着出现最频繁的人格特质。曹聚仁指出,日本社会文化和民族性也和其他

---

① 朱自清1947年6月21日致曹聚仁信,参见李伟:《曹聚仁传》,南京大学出版社1993年版,第282页。

民族一样具有多面性。但有一点应该明白,中国与日本既非同种,也非同文,教育文化的出发点尤其不同;构成日本民族的主要成分大和族,其祖先原住在热带的南洋群岛,属于马来族的一族,后来逐渐北迁到"日出之岛",因此,日本人的性格中"有一种热烈的南方人气质"。这个南来民族在海岛上过了两千年的封闭生活,又深切地受到居住地理环境的影响:"日本的气候风景,真可以自豪为世界乐土,但它缺少了国民教育上的两种本质。日本自以为是东方的英国,但它缺少了伦敦的雾,日本人要实行它的大陆政策,但它缺少了中国的黄河、长江。明媚的风景,外界环境轮廓的明净美丽,刺激了这个情热人种的眼光,时时向外注意,缺少了内省的能力;同时因为时时要注意,却从繁杂的环境中找不到一个重点,短急清浅的水流,又诱导他们成了性急的、矫激的、容易入于悲观的性格。"①而地震、火山的多发所引起的恐惧,又造成日本人忧郁、敏感、惶惑、悲观的性格。

曹聚仁认为,经中国传入日本的印度佛教,其"人世苦"的悲观哲学,正与日本的忧郁惶惑的民族性格相合。日本佛教从中国佛教(禅宗)还原到了印度佛教的本色,从日本人的日常生活中可以普遍看到佛经中的"无常"观念,便是明证。明白了贯彻这"无常"的悲观性的日本情调,就可以了解象征日本的事物。日本人以樱花为国花,有"花中樱为王,人中兵为贵"的格言。因为当樱花开得最灿烂喧闹之日,便是它凋谢零落之时;当武士在沙场效命的时候,也正是它最光荣的结局。日本人对于樱花的赞美,也正是"死之赞美"。同时,日本人又标榜"武士道精神",日本男儿自幼以作战最烈最久、坦然面对刀俎的"鲤鱼"为精神图腾,所以,生命无常,死之赞美——这样一个奉行悲观哲学的民族,同时又具有争勇好战的性格②。

这种人种基因、生存环境、宗教文化等因素熔炼而成的民族性格,自

---

① 曹聚仁、舒宗侨:《中国抗战画史》,上海联合画报社1947年版,第2页。此段文字,曹聚仁引自蒋百里先生的《日本人——一个外国人的研究》(1938)。蒋文附有注释:"雾锻炼了英人体格之强健与眼光之正确,黄河长江养成了中国人特有的风度。"
② 参见曹聚仁:《采访外记·采访二记》,生活·读书·新知三联书店2007年版,第174—176页;曹聚仁、舒宗侨:《中国抗战画史》,上海联合画报社1947年版,第11页。

然会折射到战争中来。1937年日军发动全面侵华战争之初,提出"闪击战""速战速决"以及三个月、六个月灭亡中国的战略。但在战事推进中,日军并没有闪击战的气魄。德国魏斯上尉曾说:闪击战需要宽长的战线上的交锋和战斗的联络性,要没有一刻钟的间断。只有屏着呼吸的步调,穷追敌人,才能打折敌人的"腰背"。曹聚仁指出,日军从来没有用出这份穷追的力量和决心,兵力逐次增加,战线逐渐延长,进攻速度却日益缓慢下来。于是长时间的疲惫战之后,日本人碰到了全面的战争了①。太平洋战争爆发后,日本朝野发起"支那再认识"运动,一些日本人觉察以前所谓的"支那通",以岛国意识来制定"速战速决"的征服中国大陆的战略,是何等的浅陋无知②。不过这种对中国认识的进步为时已晚,日军已经陷入大陆战争的泥淖不能自拔。另外,中国军队很难俘获日本士兵,即使被俘获的战俘也常常一下子勒死自己。曹聚仁说,日本士兵视死如归的精神是其"悲观哲学"的注解。

2. 日本军国主义发动侵华战争的动因

1938年,日本军部派员到长江流域视察,召集下级军官谈话,席间某日军少尉提出"为什么战争"的问题,此人答复道:"这是我们这一代人的共同命运,我们不应该研究或讨论这样的问题。"③这一答案似乎是说,日本发动对华战争具有命定的神秘性。曹聚仁指出,日本发动对华战争的真正动机并不神秘,可以从军事和经济方面解释清楚。

首先,军事因素。日本是岛国,大海为天然国防线。经过明治维新后,"丰臣秀吉之梦"随之复活,日本要成为大隈重信所说的"治人之国",首先征服朝鲜,开始大陆政策的第一步。甲午战争,日本实现征服朝鲜的梦想;通过《马关条约》,第一次将国防线修正到辽东半岛和台湾,将日本海变成内湖;1905年日俄战争,证明朝鲜、台湾在国防上的价值。通过日俄《朴茨茅斯条约》,日本获得俄国在南满的既得权利;通过中日《满洲善后协约》,日本设立南满铁路公司,关东州(旅顺、大连)设置都督府,俨然

---

① 曹聚仁:《采访外记·采访二记》,生活·读书·新知三联书店2007年版,第275页。
② 同上书,第209页。
③ 曹聚仁:《采访本记》,生活·读书·新知三联书店2008年版,第33页。

把满洲当作殖民地来统治了。从军事观点说,日本已把国防线推入中国的东三省,迫近俄国的西伯利亚,北进大陆政策又进了一步。日本大陆政策的真面目,可以从著名的"田中奏章"中窥出端倪。奏章真伪问题虽有辩论,日本军阀的侵略事实却和田中奏章的次第计划契合。奏章中言:"若日本欲管理中国,必先击碎美国,正如往昔日本不得不对俄作战也。但欲征服中国,必先征服满蒙,欲征服世界,必先征服中国。我国如能征服中国,则其余亚洲各国与南洋各国,必惧而降服,然后世界各国乃晓然于东亚之属我国,不敢侵犯我国之权利矣。"[①]从军事上看,自甲午战争以来,日本对中国步步紧逼,直至发动全面战争,都是征服世界欲望膨胀的因素使然。

其次,经济因素。日本成为资本主义国家的速度超过了欧洲同期的荷、英、法、德。但是,日本与欧洲的资本主义存在显著差别:欧洲那几棵资本主义的大树,根都伸在丰沃的海外殖民地上,"用那殖民地的膏血滋养自己的花果"。日本的资本家没有这样优越的机会,只能伸根到自己的农村里去,资本主义发展得越快,农民的困苦越加深;日本半数的金融资本,掌握在三井、三菱、住友等几个财阀手中,其组织纵横交错,层层相叠,构成了帝国中的帝国。这些寡头财阀,便成为一架制造战争的自动机器了;日本的资本主义是典型的官僚资本,日本资本家是封建社会的贵族、地主、官僚的化身,与欧美资本家是一种新兴阶级的人物不一样:"现代欧美的民主国家,以中产阶级为中坚;日本便缺少这个中坚的力量,因此,日本的议会政治,有如昙花一现,便萎谢掉了。而官僚工业资本的发展,对工人的剥削,对农民的掠夺,和对鲜、台殖民地的抢劫,造成社会经济的不平衡,因之,只有找寻特殊的机会,即'战争'来作为有力的推动。如甲午战争、日俄战争和第一次世界大战,一方面是军备订购,另一方面是因胜利而获得巨额赔款,即以投入工业机构中,助其发展。"日本向外扩张有"北进"大陆与"南进"海洋两大趋势,海洋发展的趋势是日本民族"南进"要求的表现,大陆发展的趋势则为日本军阀、官僚、铁道工业资本家、金融

[①] 曹聚仁:《采访本记》,生活·读书·新知三联书店2008年版,第23页。

资产阶级特有的要求。就市场而言,南部亚洲比人口较稀的北部亚洲具有更大的潜在价值。但是,日本若要确保其太平洋中南部的市场,非用武力将其他染指该地区的国家都排挤出去不可。完成这个目标的一个先决条件,就是坚固地占领满洲和华北①。

3. 日本战败之由

日本战败,"一个世界第一等的强国陨星似地从天空坠落"。那么,日本何以来势汹汹而终归溃败？ 曹聚仁认为,主要有三个方面的原因。

其一,日本政治结构矛盾相克。日本军阀是决定日本国运的关键因素。但是,军阀与官僚、陆军与海军充满矛盾、互相斗争。明治维新后,日本内阁保留着一种特殊制度——海、陆两相直接对天皇负责,不受内阁总理指挥,这就为后来军人操纵政治的张本。文治政府采取缓进政策,陆军极端派自行其侵略政策,"日本的左手常常不知道右手进行的是什么"。军阀内部还存在着陆、海军彼此相克的情况。蒋百里先生根据陆海军之间的矛盾预测日本必败:"日本陆军的强,是世界少有的；海军的强,也是世界少有的。但是两个强加在一起,却等于弱；这可以说是一个不可知的公式,也可以说是性格的反映。"②

其二,日本重工业基础脆弱。现代战争是一个"总体性战争"和"工业效能的战争",以一国的经济力与人力的总和来作战。"全国生产,供战争之用,虽则战争行动本身并不拿出原料来进行,也不把工厂拿出来作战,而是拿出高度完备的特殊构造的战争机器,以特殊有训练的战斗员来操纵。工业与人力的军事化程度,便是战斗力的一部分。"中日战争进程因原子弹的出现而缩短,但是日军的溃败不在于原子弹的威力,而在于科学技术的落后。日军是在"科学的战争""脑力的战争"中吃了败仗。

其三,日本对战争性质的错误估计。现代战争是一种政治战,"若不得民众诚心拥护,则不能为民众所忍受；现代的战争,必须是属于人民的战争"。中国地广人多与平原环境,使生长于"山岳丛错弹丸黑子的岛国"

---

① 曹聚仁:《采访本记》,生活・读书・新知三联书店2008年版,第26—27、35页。
② 曹聚仁:《采访外记・采访二记》,生活・读书・新知三联书店2007年版,第223页。

产生错觉,"速战速决"战略不能实现,从而陷入战争泥沼;日本人忘记中华民族"国民潜力",忽视中国抗战乃是"属于人民的战争","少年中国之广大领土与中国人民之出于意料之外的团结与抗战到底的决心,使日本的侵略计划全部搁浅了"。曹聚仁总结道:"对于这次战争性质的任何错误估计,以及对于政治与物质的警觉性的任何一点的认识不够,都会演成致命创痕;致命的创痕,是无法补救的。法国的溃败,日本的终于败北,以及希特勒的覆灭,别无他因,便是对于战争性质估计错误,对于政治与物质的警觉性认识不够之故。"①

三、曹聚仁"日本观"之检讨

自1871年中日两国签订《友好条规》建立近代外交关系到1945年日本战败投降,中国人认知和研究日本可分为两个阶段:从1871年至1919年巴黎和会召开为第一阶段,目的是认识日本,向日本学习,黄遵宪(1848—1905)的《日本国志》为代表之作。黄遵宪在《凡例》中说,日本"改从西法,革故取新,卓然能自树立","进步之速,为古今万国所未有"。所以,他为《日本国志》制定的写作原则是"详今略古,详近略远。凡牵涉西法,尤加详备,期适用也"②。在涉及日本学习西方有成效之处,黄遵宪的叙述不厌其详,务求具体明白,希望中国学习日本变法自强的意图显而易见。从中日甲午战争(尤其是日俄战争)以后至民国初年,中国青年羡慕和追仿日本维新的成就,东渡留学者络绎于途。1919年至1945年为第二阶段,中国人研究日本的目的是"明耻教战",救亡图存。蒋百里的《日本人》、王芸生的《六十年来中国与日本:由1871年同治订约至1931年九一八事变》为代表之作。1919年巴黎和会,日本攫取德国在华利益,而后出兵山东,窥视华北,强占东三省,"国家之可危可耻,百年以来,未有如今日之甚者也"。"九一八"事变后,《大公报》确立"明耻教战"方针,指派编辑王芸生编写中日关系史料,每日在《大公报》连载一段,"欲使读本报者抚

---

① 曹聚仁、舒宗侨:《中国抗战画史》,上海联合画报社1947年版,第2页。
② 黄遵宪:《日本国志》,天津人民出版社2005年版,第6页。

今追昔,慨然生救国雪耻之决心"①。1932年4月,大公报社出版部将连载三个多月的文稿汇集成册,出版了第一卷,后又连续出版第二卷至第七卷。王芸生因此成为研究日本的专家,蒋介石在卢沟桥事变后还请他到庐山讲述"三国还辽(辽东半岛)"之事。

曹聚仁和《菊与刀》的作者美国人类学家鲁思·本尼迪克特(Ruth Benedict)一样,没有到过日本,也不通晓日语。他对日本的认知,间接来自蒋百里、小泉八云、本尼迪克特等中外学者的论著。例如,他将本尼迪克特关于日本人"二元性格"的研究心得,作为注释内容置于《中国抗战画史》第一章第一节《日本社会、文化与民族性》之后。在论及日本人的性格与行为时,曹聚仁强调其性急、矫激、悲观、无常的特质,并将其归因于人种、地理环境、外来佛教及内生的"武士道"精神的综合作用。这不是曹聚仁本人的洞见识微,而是直接采纳蒋百里《日本人》书中的明确观点。蒋百里(1882—1938),浙江海宁人,1905年日本陆军士官学校第三期步兵科第一名毕业,与蔡锷、冈村宁次同期。1937年9月,奉国民政府之命出使欧洲,一为说服英、法、美等国帮助中国抗战,二为分化德、意、日三国之关系。他驻柏林期间,写成小册子《日本人》,批评日本人的性格,是南方人情热的人种,又受了地理上的影响,造成了性急、短视和容易入于悲观的性格,缺少内省及临机应变的能力;日本人研究武士道和大和魂,其间谍的天才,喜用权诈的民族性,都带有山川背景和历史的考验;日本文明如除去欧美输入的机器与科学,中、印两国输入的文字与思想,所剩无几。次年他携带书稿回国出版,一时洛阳纸贵,被誉为"纸弹"。"日本人因此深恨蒋百里,因为骂得太刻毒,而且处处中肯,不是感情用事的空论。"②蒋氏后任陆军大学代理校长,1938年秋在辗转湘、桂途中病逝。

和蒋百里同时期留学日本、后亦成为民国政要的戴季陶,早蒋氏10年就出版过研究日本民族性的著作《日本论》。戴季陶(1891—1949),祖

---

① 参见《大公报》总编辑张季鸾为王芸生编著的《六十年来中国与日本》一书所作序言,生活·读书·新知三联书店2005年版,第13—14页。
② 参见陶菊隐:《蒋百里传》,中华书局1985年版,第150—153页;[美]鲁思·本尼迪克特等:《日本四书》,线装书局2006年版,第366—367、385页。

籍浙江湖州,生于四川广汉。1905年赴日本留学,精熟日语,通晓日本社会与文化,回国后任孙中山机要秘书,成为当时中日关系中的一个枢纽式人物,孙中山、蒋介石与日本政界的交涉,多通过他去传达执行。他不满于中国人一味地排斥反对日本,不肯下工夫研究,遂于1928年写成《日本论》一书,从"学问本身"对日本进行了一番切切实实的研究。日本的神权迷信和武士道精神最不易为外国人所明白,即使日本人也未必都能弄清楚所以然。日本人向来迷信他们的国体、民族是神造的,天皇是神的直系子孙,所以能够"万世一系天壤无穷"。戴季陶指出:各民族都有许多特殊的神话,神秘思想成为日本上古时代国家观念的根源,不足为怪。到了中古时代,中国的儒家思想和印度的佛教思想输入日本,外来的制度文物成了日本文化的基础,日本人不是皈依释迦就是尊崇孔子,原来那种狭隘的宗族国家观念便渐渐消沉下去。后来日本人咀嚼消化中、印文明,化合成一种日本自己的文明。文明发达,组织进步,国家因统一而力量强大,日本民族自尊的思想勃然产生,当然要求独立的思想,于是神权说又重新兴起,明治维新是神权思想的时代化,所以自称是王政复古。戴季陶认为,武士道最初只是一种"奴道",是封建制度下的"食禄报恩主义",并不是出于什么精微高远的理想,更不是一种特殊进步的制度。后来武士的地位升高,关系加重,形成了统治阶级,山鹿素行等人便"在武士道的上面穿上了儒家道德的衣服"。"我们要注意的,就是由制度论的武士道一进而为道德论的武士道,再进而为信仰论的武士道。到了明治时代,更由旧道德论旧信仰论的武士道加上一种维新革命的精神,把欧洲思想融合其中,造成一种维新时期中的政治道德基础。"①

  蒋百里的《日本人》和戴季陶的《日本论》两书多被相提并论,视为国人研究日本民族性的扛鼎之作。平心而论,就识见通透、立论公允来说,戴氏的《日本论》要优于蒋氏的《日本人》。戴氏《日本论》书成,胡汉民作序推许说:"大抵批评一种历史民族,不在乎说他的好坏,而只要还他一个究竟是什么,和为什么这样?季陶先生这本书,完全从此种态度出发,所

---

① [美]鲁思·本尼迪克特等:《日本四书》,线装书局2006年版,第271—273、276—277页。

以做了日本人的律师,同时又做了他的判官,而且是极公平正直不受贿托,不为势力所左右压迫的律师审判官。说日本是信神的民族,不含一些鄙视的心事。说日本是好美的民族,也并没有过分的恭维。一个自杀情死的事实,说明他是信仰真实性的表现。这一种科学的批评的精神,是我们应该提倡的。"①一些日本学者认为,外国人撰写的日本文化著作中,戴季陶的《日本论》甚至优于本尼迪克特的《菊与刀》。戴季陶也曾自许:"昔日我自信唯一了解日本情况的人便是我。"

戴季陶和蒋百里都是曹聚仁的师友。曹聚仁浙江第一师范毕业后闯荡上海,经邵力子荐引结识《民国日报》圈子的一帮朋友,其中就有戴季陶。曹聚仁与蒋百里的交谊更厚。1936年12月,"西安事变"中被扣押的蒋百里脱险回到上海,曹聚仁登门拜访,蒋把事变幕后的曲折隐情告知,使他了解当时中国政治利害得失,清楚国民政府军事防御线的基本轮廓。蒋百里还劝导曹聚仁要充实常识,养成判断的眼光,使他深受鼓励。1963年,曹聚仁在香港出版《蒋百里评传》,算是对蒋氏知遇之恩的酬报②。

曹聚仁没有在日本学习生活的经历,亦不通晓日文日语。书中关于日本民族性的讨论,不得不借助他人(尤其是中国人)的研究成果。但是,为什么《中国抗战画史》论及日本的社会、文化与民族性时,往往遵循蒋百里的观点,并未采纳识见更为通透、立论更为公允的戴季陶之论?首先,蒋百里在日本留学多年,后娶日本女护士左梅为妻,对日本社会、文化的了解未必逊于戴季陶;其次,蒋氏所著《日本人》写在全面抗战伊始,宗旨在鼓舞中国人民不惧强敌,坚持到底,胜利必然属于中国。因此,该书中对日本民族性的弱点多有批评,结语"胜也罢,败也罢,只是不要向敌人投降",更是成为他振聋发聩的抗战遗言。曹聚仁曾说:"抗战初期,经过了南京陷落那一段黑暗的日子,作为中国人精神上乐观支柱的,是毛泽东的《论持久战》和蒋百里的《日本人》;而蒋百里先生'不要向敌人投降'的话,尤足以转移人心。"③《中国抗战画史》意在探究战争胜负成败,日本战败投

---

① 戴季陶:《日本论》,九州出版社2005年版,第7—8页。
② 曹聚仁:《蒋百里评传》,东方出版社2009年版,第1—3页。
③ 曹聚仁:《采访外记·采访二记》,生活·读书·新知三联书店2007年版,第223—224页。

降又恰好应验蒋百里当年的预言,所以曹聚仁更多地接受蒋氏的"日本观";再者,从民族性的弱点而推演出战败的结果,也符合历史书写的因果逻辑。与曹聚仁先预设原因来说明结果的顺向思维相反,本尼迪克特是先预设日本战败的结果,再探讨日本人的民族性,分析更为全面深刻,也更为科学理性。当然,本尼迪克特的研究是受美国政府委托,并为战后美军占领和管制日本提供服务,这与曹聚仁出于史家的责任独立作史的目的完全不同。

曹聚仁《中国抗战画史》不以研究日本民族性为主旨,之所以讨论"日本的社会、文化与民族性",是为了让读者明白日本发动这场侵略战争的根源及战争胜负的深层因素,对中国抗战有更深刻、全面的了解。曹聚仁对日本民族性的论断没有新的识见,而且不及戴季陶、本尼迪克特等已有的研究成果。但是,如果把曹氏的"日本观"放在近代以来中国人认知日本的链条上去观照,自有其独特的价值。日本学者吉野耕作认为,日本人论并不是日本国民性的客观研究,而是因应不同时期社会、文化、经济状况以及国际形势下的产物[①]。1945年中日战争结束,两国关系进入一个全新阶段。正是出于史家责任,曹聚仁与朋友合作写出《中国抗战画史》,记录中国八年抗战的历程,从民族性上探讨日本军国主义发动侵华战争的根源,分析战争胜负的深层因素。曹氏的"日本观"在近代以来中国认知日本的链条上,具有承前启后的作用;对中日两国重新相互深入了解,构建睦邻友好关系,具有重要的借鉴意义;曹聚仁提出的现代战争是一个"总体性战争",尤其需要民众诚心拥护的观点,对世界和平、人类幸福的祈求祝愿,可谓真知灼见,弥足珍贵。

[①] [日]南博:《日本人论:从明治维新到现代》,邱琡雯译,广西师范大学出版社2007年版,第1页。吉野耕作的观点,见于他为该书所写的导读《日本人论与当代日本人的认同》。

《大公报》与国民政府新生活运动*

新生活运动是1934年由蒋介石亲自发起、南京国民政府主导推行的一场全国性"生活革命"运动,即把中国传统的道德准则"礼义廉耻"体现于衣食住行等日常生活之中,以求国民生活的军事化、生产化、艺术化,实现建设国家、复兴民族的目的。在新生活运动施行的15年间,《大公报》进行了大量报道和评论。《大公报》对新生活运动总体上持赞同、支持态度,但对其推行过程中存在的问题也进行了深刻批评,尽到了监督政府之责。《大公报》对新生活运动的态度,体现了它与国民党政府之间的"诤友"关系。

一、"复兴民族"的"顶层设计"——新生活运动

1934年2月19日,国民政府军事委员会委员长蒋介石在南昌行营扩大的总理纪念周发表《新生活运动之要义》演讲,提出要从江西省会南昌开始发动一个"新生活运动",即要使南昌所有的人民,"都能以礼义廉耻为基本原则,改革过去一切不适于现代生存的生活习惯,从此能真正做一个现代的国民";然后将其逐渐推广至全国各省各县,"使我们全国国民的生活,都能合乎礼义廉耻,适于现代的生存,不愧为现代的国民,文明国家的国民,表示出我们全国国民高尚的知识与道德,再不好有一点野蛮的落

---

* 本文原刊于《兰州大学学报(社会科学版)》2018年第6期,编入此集时有所增补。

伍的生活习惯"①。

所谓"新生活运动",按照蒋介石手订的《新生活运动纲要》的解释,就是把中国传统的道德准则"礼义廉耻"体现于衣食住行等日常生活之中,以求国民生活的军事化、生产化与艺术化。为了推动、指导南昌新生活运动,1934年2月21日成立南昌新生活运动促进会,蒋介石亲任会长。南昌新运促进会首先通过召开新生活运动市民大会、提灯大会等活动进行宣传教育,然后由宪兵、警察和新运干事组成检阅队,对南昌市的规矩、清洁状况进行分区检查、考核和奖惩,南昌市于"短促期间,收效颇宏",特别是"规矩""清洁"两项,"大异旧观"②。

新生活运动从"模范南昌"迅速向全国推广,各地相继成立了地方性新运组织。为统一指导全国各地开展新运,南昌新生活运动促进会于1934年7月1日改组为新生活运动促进总会,蒋介石仍然自任会长,同时公布《各省市新生活运动促进会组织大纲》,规定各省市新生活运动促进会由当地最高行政长官主持,省政府、省党部、民政、教育、公安等部门要员及社会团体负责人担任干事。"如此,新生活运动虽然当初企图在超越原有党政机构的基础之上,对这些机构发挥领导作用,但却变为由党政当局主导的运动,可谓群众运动的官方化。"③

1934年底,新运的组织建设工作在全国范围内基本完成,除东北及西南数省外,全国绝大多数省市均成立了新生活运动促进会。到1935年年底,四川、云南、贵州、宁夏等内地和边远省份也相继成立了新运组织,还有12条铁路及1100多个县成立了本区域的新运促进会。1935年12月,蒋介石由国民党中央执行委员会选为行政院长,取代汪精卫掌握了国民政府的中央权力,实际上全面掌管了国民党的党、政、军最高权力。新运促进总会于是于1936年元旦从南昌迁至南京。经过几次改组和内部人

---

① 蒋介石:《新生活运动之要义》,载中国第二历史档案馆编:《中华民国史档案资料汇编》(第五辑)第一编《政治》(五),江苏古籍出版社1994年版,第758页。
② 中国人民大学中共党史系编:《中国国民党历史教学参考资料》(第二册),中国人民大学出版社1985年版,第112页。
③ [日]深町英夫:《教养身体的政治:中国国民党的新生活运动》,生活·读书·新知三联书店2017年版,第57页。

事调整,1936年3月1日新运总会由黄仁霖担任总干事,具体负责新运的实施工作,蒋介石则继续担任会长。同时,在总会下增设妇女指导委员会,宋美龄任指导长。1936年7月,陈济棠在广州宣布下野,新运迅速在广东推行。至此,除被日本侵占的东北及盛世才控制的新疆、李宗仁控制的广西外,国民政府下属省区均成立了新运促进会,新运会扩展至21省和南京、上海、汉口、北平四个院辖市,共1355个县,14条铁路,另有海外华侨也成立了19个新运促进会,总计1412个,新运劳动服务团总人数增至495万余人。新运总会还制订了区乡镇新运组织大纲,试图将新运"由城市推广至乡村",并组织了130多人的视察团,分赴江苏、浙江、安徽、河南等省和重要铁路线及沿海、沿江等处视察①。

对于开展新生活运动,蒋介石可谓苦心孤诣,亲力亲为。他不但是新生活运动的发起者和领导人,而且是这场运动的"顶层设计"者。新生活运动发起之初,蒋介石就连续发表多篇演说,阐释开展这场运动的"要义""中心准则""意义"和"目的",同时还亲自修订《新生活运动纲要》《新生活须知》《新生活运动公约》《新生活运动推行方案》等重要文件,对运动的开展进行"制度设计"。在每年的2月19日即新生活运动纪念日,他都要莅临纪念大会会场发表演说或通过广播发表训词,以表明自己对这场运动的高度重视。

在20世纪30年代"内忧外患"的中国,身为党、政、军领袖的蒋介石为什么要介入民众的日常生活,大张旗鼓地在全国开展新生活运动?大陆学界通常的说法是:"新生活运动试图从国民生活的衣食住行基本方面入手,用'礼义廉耻'等封建的伦理纲常、四维八德,与德意日法西斯的统治手段、资本主义国家的某些生活方式相混合,来整治人们的思想,规范人们的言论行动,使之摆脱共产主义和其他民主思想的影响,以维护国民党的政治统治,达到其控制下的国家复兴。"②蒋介石所设计的"新生活",

---

① 周天度、郑则民、齐福霖、李义彬等:《中华民国史》第八卷(上),中华书局2011年版,第358—359页。
② 同上书,第348—349页。

实质上也"为'攘内安外'政策效劳,巩固其独裁专制统治"①。这一正统的观点虽然承认蒋介石通过新生活运动复兴国家的目的,但是更强调其巩固专制独裁统治的动机。在当时的政治格局下,蒋介石发起新生活运动,当然有巩固个人专制独裁统治的一己之私;如果以此而否定或忽视其建设国家、复兴民族的深远愿望,恐怕也失之偏颇。根据蒋介石关于新生活运动的言论,可以发现其发起这场社会运动的内在逻辑:和西方国家及传统中国相比,国人的日常生活粗野卑陋,社会心理是苟且萎靡,"其结果遂使国家纪纲废弛,社会秩序破坏,天灾不能抗,人祸不能弭,内忧洊至,外侮频仍,乃至个人、社会、国家与民族同受其害"。造成这种现状的原因,"厥为'礼义廉耻'不张之故"②。因此,要通过开展新生活运动这种社会教育活动,"使社会人人都能'明礼义,知廉耻,负责任,守纪律'"③,就是要使全国国民,"都能涤除旧污,刷新精神,以复兴我民族而建设现代国家"④。总之,新生活运动不是一般的"改良社会"运动,而是一种迫切的"救亡图存"运动,"我们所倡导的新生活运动,乃是'昨死今生'的运动,亦即一种'起死回生'的运动,是因为国民的精神道德和生活态度实在太不适合于现代,而整个民族的生存亦即发生了严重的危险,因此要想从根本上改造国民的生活,以求民族之复兴"⑤。

  蒋介石在中国发起新生活运动的榜样,是他称之为"现代国民"的"外国人"和德国、日本等"现代国家"。蒋介石认为中国普通人的生活"野蛮不合理",所以要通过新生活运动这场"生活革命"运动,革除每个人乃至整个社会国家旧的思想、行动、习惯、风气,过上"整齐、清洁、简朴、勤劳、迅速、确实"的文明"新生活"。只有这样,我们的国民才能够成为一个"现

---

① 周天度、郑则民、齐福霖、李义彬等:《中华民国史》第八卷(上),中华书局2011年版,第355页。
② 《新生活运动纲要》,载中国第二历史档案馆编:《中华民国史档案资料汇编》(第五辑)第一编《政治》(五),江苏古籍出版社1994年版,第762—764页。
③ 蒋介石:《新生活运动之中心准则》,载萧继宗主编:《革命文献》(第六十八辑),载《新生活运动史料》,"中国国民党中央委员会"党史委员会(台北)1975年版,第27页。
④ 蒋介石:《民国廿四年为彻底实行新生活的一年》,载萧继宗主编:《革命文献》(第六十八辑),载《新生活运动史料》,"中国国民党中央委员会"党史委员会(台北)1975年版,第39页。
⑤ 蒋介石:《新生活运动二周年纪念之感想》,载萧继宗主编:《革命文献》(第六十八辑),载《新生活运动史料》,"中国国民党中央委员会"党史委员会(台北)1975年版,第46页。

代的人",我们的国家才可以建成一个"现代的国家","才可与现代的人和现代的各国并驾齐驱"①。

20世纪30年代前期的中国,民生凋敝,外敌入侵。统治者不致力于改善民生,不宣誓抵御外侮,而是着眼于改变普通人的日常生活方式,显然是缓急不分,本末倒置,严重脱离当时的国情和人民的实际需要、迫切愿望。问题还在于,蒋介石通过新生活运动而培育现代国民、建设现代国家、复兴民族的路径行不通,他没有认识到西方人和西方国家文明、现代、强盛的根本原因,是对自由、民主精神的弘扬,而不是回归到中国固有道德"礼义廉耻"上那么简单。同时,蒋介石区分"新生活""旧生活"标准的"文明"与"野蛮",是西方列强用以为其帝国主义扩张、奴役其他弱小民族提供的合法性说辞。因此,"新生活运动虽然以民族复兴为目的,但其顶层设计有着内在缺陷,将使中国受限于西方所规定的世界秩序,无法真正动员民众,也无法实现真正的民族复兴"②。

不过,新生活运动也确实产生了一些积极效应。这场持续了15年的"生活革命"运动,大致可以分为四个时期。第一个时期即新生活运动发动期(从1934年2月至1935年2月),工作重心是实现社会环境的"规矩"与"清洁"。经过大力宣传、实施和检查,在全国造成了一种健康文明的生活气氛,一定程度上优化了社会环境,改良了社会习俗。"见于行政者,如各省之严禁烟、赌、娼,颇著成效。其在人民,渐具整齐、简洁、朴素之观。……在习惯方面,各地公墓,逐渐增多,即以减少丧葬之奢靡;集团结婚,已见推行,即以减少婚嫁之靡费。凡此种种,皆新生活运动之效果也。"③从1935年3月至1937年7月全面抗战爆发为新生活运动的第二个时期,该期在前阶段"整齐""清洁"的基础上,对国民生活提出了"军事化""生产化"和"艺术化"的更高要求。按照蒋介石的阐释,军事化就是重

---

① 蒋介石:《新生活运动第二期的目的和工作的要旨》,载萧继宗主编:《革命文献》(第六十八辑),载《新生活运动史料》,"中国国民党中央委员会"党史委员会(台北)1975年版,第48—49页。
② 刘文楠:《以"外国"为鉴:新生活运动中蒋介石的外国想象》,载《清华大学学报(哲学社会科学版)》2017年第3期。
③ 《新生活运动一周年》,载《武汉日报》1935年2月19日。

组织、严纪律,生产化就是致力劳动、厉行节约,艺术化就是整齐清洁、谦和确实。"今欲使我国同胞,实现此三化生活之精神,则其具体之办法,第一应实施民众之训练与组织,第二应促进社会合作事业之组织,第三应加紧各种社会教育之普及。"①不可否认,第二期新生活运动的"三化"主题尤其是"军事化",有直接服务于南京国民党政府"安内"政策即围剿工农红军和反蒋势力的意图。但是国民训练与经济建设的开展,客观上也产生了有利于全民族抗战的积极意义。1939 年 2 月 19 日,蒋介石在纪念新生活运动五周年广播讲话中就说,新生活运动"五年前播下的种子,毕竟发生了相当的功效",它"奠立了我民族光明进步现代生活的基础"②。1937年 7 月全面抗战爆发,新运促进总会随国民政府先后迁至武汉和重庆,新生活运动也进入第三个时期。服务抗战是新生活运动在这一时期的基本宗旨。在新运促进总会的指导和组织下,新运系统内先后成立了战地服务团、伤兵之友社、流动宣传团等众多战时服务团体,筹集抗战经费,慰问救助伤兵,进行抗日宣传,为抗战做了大量切实有益的工作,"使新生活运动成为连结全国人民共同抗日的纽带"③。抗战胜利后为新生活运动的第四个时期。1946 年 2 月,新运促进总会从重庆迁回南京,新生活运动在名义上也延续了下来,但是工作乏善可陈,并且成为国民党蒋介石集团发动内战、进行"戡乱精神总动员"的基础,民心尽失,风光不再。1949 年国民党在大陆的统治全面崩溃,新生活运动也"走到了尽头",所以"没有大事声张地便把总会结束了"④。

二、《大公报》对新生活运动的报道

为使新生活运动深入人心,新运组织和国民政府创办专门报刊、编印图书教材、张贴画报标语、播演电影话剧、召开市民大会,动用各种传播手

---

① 蒋介石:《新运周年纪念告全国同胞书》,载中国第二历史档案馆编:《中华民国史档案资料汇编》(第五辑)第一编《政治》(五),江苏古籍出版社 1994 年版,第 774—775 页。
② 蒋介石:《新生活运动五周年纪念训词》,载萧继宗主编:《革命文献》(第六十八辑),载《新生活运动史料》,"中国国民党中央委员会"党史委员会(台北)1975 年版,第 65 页。
③ 董文芳:《蒋介石与新生活运动》,载《山东师大学报(社会科学版)》1999 年第 4 期。
④ 黄仁霖:《黄仁霖回忆录》,传记文学出版社(台北)1984 年版,第 64 页。

段进行宣传。在专门报刊方面,新运总会就先后出版有《新生活运动促进总会会刊》《新运导报》《新运月刊》,新运总会妇女指导委员会出版有《妇女新生活月刊》《首都妇女新运年刊》《妇女新运》,各地新运组织出版的机关刊物则为数更多。

在全国推行新生活运动,当然离不开大众传媒的配合与宣传。南昌新生活运动促进会成立后,连续召开多场记者招待会,请求各报记者多负责任,广事宣传。南昌新生活运动促进会还制定了《新生活运动宣传纲要》,规定要利用报馆和记者"随时发表新生活运动之理论描写生活之实况","尽量刊登新生活运动消息并著社论宣传"[①]。那么,被蒋介石誉为"中国第一流之新闻纸"的《大公报》[②],是如何报道新生活运动的?

《大公报》对新生活运动的报道,首见于1934年2月24日。该日,《大公报》在第三版要闻版刊发了本报记者发自南昌的专电,报道了2月19日蒋介石《新生活运动之要义》演讲要点。同日,《大公报》还刊登了国民党中央通讯社的电讯,内容是南昌新生活运动促进会在2月23日下午招待记者,报告该项运动的意义及计划,请报界予以宣传指导,以及南昌将举行新生活运动市民大会、提灯游行大会的消息。从此,或是出自本报记者采写,或是采用中央社电讯,关于新生活运动的消息、通讯不时出现于《大公报》报端。据不完全统计,1934年至1949年这15年间,《大公报》关于新生活运动的报道不下500篇。这些报道内容主要为三个方面:刊登蒋介石关于新生活运动的重要言论及国民政府发布的推行新运的政令文件;报道新生活运动推行与实施情况;报道每年新生活运动纪念日纪念活动。

1. 刊登新生活运动蒋介石重要言论与政令文件

蒋介石在发起新生活运动之初,发表多次演说来阐释开展这场运动的意义、目的、准则和方法。对于蒋介石的这些演说,《大公报》或全文刊

---

① 转引自向芬:《新生活运动宣传:全民道德运动的幻梦》,载《青年记者》2015年12月上。
② 《大公报》发行满一万号时,蒋介石在贺词中称《大公报》"改组以来,赖令社中诸君子之不断努力,声光蔚起,大改昔观,曾不五年,一跃而为中国第一流之新闻纸"。蒋介石:《收获与耕耘——为大公报一万号纪念作》,载天津《大公报》1931年5月22日。《大公报》由英敛之于1902年6月17日创刊于天津,1925年冬因故停刊。1926年9月1日,吴鼎昌、胡政之、张季鸾以新记公司名义续办《大公报》,史称"新记《大公报》"。本文所讨论之《大公报》,即为新记《大公报》。

登,或报道其精神要点。例如,1934年2月19日,蒋介石在南昌行营发表的《新生活运动之要义》演讲是新生活运动开始的标志。2月24日,《大公报》先报道了蒋的这次讲话要点,然后于3月1日至3日、5日至7日,在第九版"各地新闻"版以《新生活运动 全国国民军事化》为题,分6天全文连载了"蒋委员长之演讲"。

从1935年开始,每年的2月19日是新生活运动纪念日,在纪念日当天或前一天,身为新运促进总会会长的蒋介石照例都要莅临纪念大会会场发表演说,或通过中央广播电台、中央通讯社发表训词、电文,检讨新运工作得失,指示来年工作重心。对于蒋介石每年在新运纪念日发表的这些演说、训词和电文,《大公报》都全文刊载,无一遗漏。例如,1936年2月19日新运二周年纪念日,蒋介石在首都南京新运纪念会发表长篇演讲,《大公报》以《新生活运动第二期目的和工作要旨 蒋在首都新运纪念会之训词》为题,于2月21日至23日连载了演讲全文。1940年2月18日,蒋介石发表新运六周年纪念广播词,第二天《大公报》在第二版要闻版头条刊出广播词全文,并且对蒋提出的新运下年度五项主要工作,列小标题用加大、加粗字体予以强调。

关于新生活运动的重要文件,国民政府发布的推行新生活运动的政令,《大公报》也不吝版面予以登载。《新生活运动纲要》阐释了新生活运动的主旨、认识、目的、内容和方法,为蒋介石亲自修订,是新生活运动的纲领性文件。《大公报》于1934年5月15日全文刊载了《新生活运动纲要(附新生活须知)》,并署名"蒋中正";1943年2月19、21日即新运九周年纪念之际,《大公报》再次刊登了《新生活运动纲要》。1934年6月14日,国民政府通令行政院及直辖各机关,要求"一致按照蒋委员长所著新生活运动纲要"切实推行新生活运动;次日,《大公报》以"专电"形式登载了国民政府的这一政令①。

2. 报道新生活运动推行与实施情况

南昌为新生活运动的发源地。1934年2月26日,《大公报》在第三版

---

① 《推行新生活运动 国府通令各机关》,载天津《大公报》1934年6月15日。

要闻版以特大字号标题刊登本报记者发自南昌的专电《新生活运动　南昌各界积极实行》,称新生活运动促进会成立后,"空气弥漫,省垣各界正积极实行新生活运动"。这场运动在南昌发起后,各地纷起响应,迅速推向全国。《大公报》对南昌开展新生活运动及各地响应的情况,进行了大量报道,仅 1934 年 3 月一个月,《大公报》刊登的消息、通讯就有 10 多篇。例如,3 月 12 日《大公报》刊登专电,报道昨日南昌新生活运动市民大会及会后游艺表演、化妆宣传情况,称其"极尽热闹,为空前盛会",并刊发中央社南京、西安电,称首都南京和陕西省也将成立新运组织,仿照南昌推行新生活运动①。五天后又刊登通讯《提倡新生活运动　南昌市民大会盛况　参加者甚众蒋亲临致词》,称赞南昌举办的这次市民大会"会场秩序之佳,参加人员之整齐,处处表现新生活之实行,诚属空前未有之盛况",并全文登载了会长蒋介石的致词。3 月 23 日,《大公报》发表题为《新生活运动　各地纷起响应情形热闹》集纳新闻,刊登发自太原、汉口、长沙、福州等地的专电,报道各地积极响应新生活运动的"热闹"情形。

对新生活运动带来的新气象、新风尚,《大公报》给予了相当关注。1934 年 4 月 2 日,《大公报》刊发了一条本报记者发自南昌的专电,称南昌近日来无一军人乘坐人力车,"茶楼、妓院、娱乐场所公务人员均告绝迹,男女衣洋服怪装者锐减,裸胸烫发妇女尤难寻觅,似皆为实行新生活运动之成效"②。当然,对新生活运动推行过程中出现的问题,《大公报》也绝不避讳。例如,江苏省会镇江举行新生活运动民众大会和提灯游行,秩序混乱、流于形式,高等法院检察官偕同男女律师、交通部特派员在新生活运动发源地南昌狎妓取乐,"知法犯法,且其行为违背新生活条件",《大公报》都进行了如实报道③。

---

① 《新生活运动空气浓厚　南昌昨开市民大会　京市促进会后日成立　陕西当局决仿照倡导》,载天津《大公报》1934 年 3 月 12 日。
② 《南昌新气象　茶楼妓院公务人员已绝迹　裸胸烫发洋服怪装者锐减》,载天津《大公报》1934 年 4 月 2 日。
③ 《镇江新生活民众大会素描　播音机力弱讲演听不清　万人空巷只为晚间看灯》,载天津《大公报》1934 年 4 月 1 日;《新生活运动之发源地南昌败坏风气案　男女律师检察官竟狎妓取乐由省会公安局移送法院严办》,载天津《大公报》1936 年 3 月 21 日。

3. 报道新生活运动纪念日纪念活动

1935年2月19日是新运实施一周年纪念日,《大公报》在2月18日就刊登各地将举行市民大会的预告新闻,并发表了蒋介石为纪念新生活运动实施一周年而撰写的告全国同胞书。在纪念日当天,《大公报》刊发《新生活运动一周年 各地定今日开大会纪念 官民联合出动实行检阅》《汪院长报告新运之意义》《赣新运总会蒋训话要点》三条电讯,同时发表社评《新生活运动周年感言》。2月20日,又在第三版头条刊发中央社电讯和本报各地专电,报道首都南京、南昌、北平、天津、太原、绥远、济南、青岛、威海、徐州、开封、郑州、洛阳等地的纪念活动,还全文发表了蒋介石在南昌新运纪念会上的致词。

1937年7月全面抗战爆发后,新生活运动工作重心转向战时服务,《大公报》对新运的报道明显减少,但是对一年一度的纪念活动依然十分重视。1944年,新运实施十周年,《大公报》在2月18日先刊发中央社电讯《明日新运十周年 蒋会长今晚八时播讲 各地均将纪念 渝市整洁检查》,然后在2月19日刊发两条中央社电讯,报道陪都重庆将于当日举行新运十周年纪念大会,全文登载蒋介石18日晚在中央广播电台向全国播讲的纪念新运十周年训词,同时还发表了《新生活运动十周年纪念》社评。2月20日,《大公报》又刊发中央社电讯报道昨日陪都纪念会盛况,并把第六版做成"新生活运动十周年纪念特刊",刊登了邹鲁、雷震等政要名流撰写的纪念文章。

从1935年开始,在每年的2月19日即新运纪念日前后,《大公报》都会对新运纪念活动进行集中、重点报道,几成惯例。即使在1948年2月19日,蒋介石国民党政权已风雨飘摇,《大公报》依然刊发了中央社发布的新运十四周年纪念电讯。

三、《大公报》对新生活运动的评论

1934年2月26日,《大公报》在第四版发表了一则题为《新生活运动》的短评,认为"中国实在亟需一种质朴清新的新生活运动",南昌最近发起的新生活运动,"如果实行有效,将要影响全国"。这是《大公报》对新生活运动第一次发表意见。从1934年新运发起到1945年抗战胜利,《大公报》针对新生活运动发表的评论至少有15篇(见下表),并且大多是以本报最重要的评论"社评"的形式见诸报端的。

《大公报》关于新生活运动的主要评论

时间	标　　题	类型	版面
1934.2.26	《新生活运动》	短评	第四版
1934.3.4	《新生活运动的前提》	短评	第四版
1934.3.10	《新生活运动成功之前提》	社评	第二版
1934.3.20	《新生活运动之前途》	社评	第二版
1934.5.15	《民族复兴之精神基础》	社评	第二版
1935.1.18	《发髻问题》	社评	第二版
1935.2.19	《新生活运动周年感言》	社评	第二版
1938.2.19	《新生活运动四周年》	短评	第三版
1939.2.19	《除旧布新》	短评	第三版
1940.2.19	《抗战建国的动力》	短评	第三版
1942.2.19	《全国动员实行战时生活》	社评	第二版
1942.2.20	《时代精神在哪里?》	社评	第二版
1943.2.19	《新生活运动九周年纪念》	社评	第二版
1944.2.19	《新生活运动十周年纪念》	社评	第二版
1945.2.19	《新生年新生活》	社评	第二版

通过这些评论,《大公报》表达了对新生活运动的态度和看法。不过,仔细研读这些评论文章发现,《大公报》对党国领袖蒋介石亲自发起、南京国民政府主导推行的这场全国性"生活革命"运动的态度和看法,在全面抗战爆发前后是有明显不同的。

1. 战前态度

1934年2月,蒋介石在南昌发起新生活运动,《大公报》虽然认为蒋氏是经过深思熟虑、出于满腔诚意,以此来改造国家、复兴民族精神,原则上也认同中国有改革个人生活的必要,但是对这种运动的成效持观望、保留态度。原因主要有两点：其一，"中国社会积弊太深，在高位者倡导之事，往往为推行者所误，或流为具文，或形成压迫，或表里矛盾，或始勤终懈。故往往有用意极好之运动，而终无实际之效果"①。其二，新生活运动在南昌发起后，各地响应迅速，求效心切。"凡一种社会运动，不可求效太急，必先有中心组织，身体力行，诚意热心，感化大众。不然，主持者无信望素著之领袖，听从者为向无组织之大众，漫然号召，旦夕成会，虽形式堂皇，而精诚有缺，如此运动，实效殆尠。"②那么，这场运动应该如何开展才能获得实际效果？《大公报》提出了以下几项建议：

第一，官员和上流社会要以身作则，身体力行。《大公报》在1934年3月4日发表的短评《新生活运动的前提》中就指出，新生活运动的成功需要三个前提，第一就是公务员尤其是高级官吏要以身作则。3月10日，《大公报》在社评《新生活运动成功之前提》中再次强调：新生活运动的主要对象应为中上流社会而非一般乡民，因为中上流社会最缺少礼义廉耻，其私人生活最需要改革；一般乡民所最需要者应为求生运动，还谈不到新生活运动。如果一方面规劝人民重廉耻尚简朴，而文武高官却过着奢侈放荡的生活，则新生活运动收效难矣。所以，此种运动成功的前提，"尤在于最高级社会之首先实行，否则感化之效不彰，纵推行全国，亦表面而已"。

第二，勿舍本逐末，流于形式。南昌发起新生活运动后，举行市民大会、提灯大会以制造声势，检查行人衣冠居家卫生以实现所谓的社会环境"整齐""清洁"。各地效法南昌，一时蔚然成风。《大公报》对这种做法颇不以为然，1934年3月20日发表《新生活运动之前途》社评，指出做事有本末轻重，应该先纠正"烟赌狎邪"这样的重大恶习，而不是整衣冠、端步趋："今者烟赌狎邪，到处流行，市民习惯固非，官场风气尤劣，倘不整饬官箴，涤荡瑕秽，而仅模仿南昌，号召民众，是结果将见整洁衣冠于街头，而乌烟瘴气于内室，舍本逐末得不偿失矣。此一副改革社会之新方剂，又成为奉行功令之点缀品，则可惜甚矣。"在新生活运动一周年纪念日，《大公

---

① 《新生活运动成功之前提》，载天津《大公报》1934年3月10日。
② 《新生活运动之前途》，载天津《大公报》1934年3月20日。

报》又发表社评说,新生活运动实行一年来,在军队、学校和部分都市确实收到了若干成效,但是一般政界似乎生效尚微,"盖奉行形式而忽略精神之故也"①。《大公报》担心新运在推行过程中可能流于形式而难收实效,可谓有先见之明,在纪念新运实行二周年时蒋介石就慨叹:"我们现在到处都可看到新运的标语,而很少看到新运的实效;到处都可看到推行新运的团体或机关,却是很少看得见有多数国民确实受了新生活运动的效果。"②

第三,勿强迫蛮干,劳民伤财。在新生活运动发起之初,《大公报》就指出,新生活运动所提倡之事,"必须不使人民增加费用",不能让人民因参加新生活运动而增加用度③。《大公报》认为,凡经官办之事往往失其固有之精神,这是中国的积习;新生活运动千万不要又成为官吏奉行政令的惯例,"结果或徒增人民烦累,而埋没倡导者之苦心"。有鉴于此,《大公报》主张:(一)吸食鸦片聚众赌博,事关法禁,官方当然可以干预;至于衣食住行等生活习惯的改良,只有因势利导,不可陷于高压。(二)官吏办事,往往过于重视形式的整齐划一,结果招致民怨;衣食住行不可能形式一致,也没有必要一致。(三)官吏办事喜铺张重表面,徒增人民负担,新生活运动切不可铺张表面,劳民伤财④。

更为难能可贵的是,《大公报》借新生活运动提出了革新政治的主张。新生活运动实行一个月,《大公报》就指出:"欲社会一般公私生活革新,必须先有政治的新生活。易言之,须澄清政界,屏绝贪污放纵,非此层办到,社会革新,殆不可成。"因此,军政界自身首先要积极革新,在短期内表现出政治上的新气象。"诚如是行之数月期年,不待宣传,即足使人民真正信仰领袖彼等者之公私生活,确已革新矣。一旦有此精神的基础,则宣传所及,无坚不摧;岂特衣冠礼节,易于改良,即一段社会之重大恶习,皆将因感化而铲除,此即新生活运动成功之道也。"⑤在新生活运动实行一周年

---

① 《新生活运动周年感言》,载天津《大公报》1935年2月19日。
② 蒋介石:《新生活运动二周年纪念之感想》,载萧继宗主编:《革命文献》(第六十八辑),载《新生活运动史料》,"中国国民党中央委员会"党史委员会(台北)1975年版,第45页。
③ 《新生活运动的前提》,载天津《大公报》1934年3月4日。
④ 《新生活运动成功之前提》,载天津《大公报》1934年3月10日。
⑤ 《新生活运动之前途》,载天津《大公报》1934年3月20日。

之际,《大公报》再次发出了要实行"礼义廉耻之政治"的呼声:"吾人愿提出澄清政治之口号,以为全国今后努力之最大目标。吾人之意,中国非将舞弊贪赃藉公营私授受贿赂之事铲除净尽,则国家建设,绝不能有效进展。"①

《大公报》虽然对新运能否收到实效表示怀疑,也通过建议的方式对新运的某些具体做法提出了批评,但是总体上是赞同、支持国民政府开展这项运动的。1934年5月15日,《大公报》全文刊载新运纲领性文件《新生活运动纲要(附新生活须知)》,同时发表题为《民族复兴之精神基础》的社评,希望全国知识分子明耻立志,躬任先锋,培养民族自信精神,拯救国家免于危亡。在社评《新生活运动周年感言》中,《大公报》也呼吁一般国民自动、诚意实行新运所倡导的生活军事化、生产化、艺术化"三化"目标,即使没有新生活运动的名义,"凡欲为国家忠良公民者,本应如此",因为这是个人立身济世所必需,今后立国所必需。

2. 战时态度

全面抗战期间,《大公报》对于新生活运动不再像战前那样总是提出一些批评性建议,甚至借此呼吁政府革新政治,而是不断赞颂蒋介石发动新运来准备抗战的"良苦用心"和新运在抗战建国中所产生的功效。

1938年2月19日是新运四周年纪念日,也是全民族奋起抵御外侮以来第一次纪念新生活运动。《大公报》发表短评《新生活运动四周年》说:礼义廉耻是做人的起码条件,是担负更大责任的基础,蒋先生当年发起新生活运动,"是有严重意义的";蒋先生在新运一周年时提出军事化、生产化、艺术化三个目标,"便可知新运的用意,不仅在提倡清洁整肃的日常生活"。言外之意,蒋介石发起新生活运动的深层动机,是在为日后的抗战作积极准备。在新运六周年纪念日,《大公报》发表短评,称赞新生活运动是"抗战建国的动力",新生活运动所倡导的"见义勇为,明耻教战"精神,也正是我们的抗战精神。"现在抗战已近胜利时,建国正在开始,新生活的精神,将引导我们抗战必胜建国必成之路!"②

---

① 《新生活运动周年感言》,载天津《大公报》1935年2月19日。
② 《抗战建国的动力》,载重庆《大公报》1940年2月19日。

  1942年2月18日,蒋介石通过中央广播电台发表为纪念新生活运动八周年告全国同胞书,要求每一位国民在抗战正处于绝对艰难的阶段,改正生活观念,刷新生活习惯,不分前方后方,不分男女老幼,"一致实行战时生活,发扬战斗精神,造成我们国家为一个统一坚强的战斗体";实行战时生活,就是大家都要"负责任,守纪律,明是非,别公私",从"明礼尚义崇廉知耻"做起,"养成刻苦沉着厚重笃实的精神,切莫稍有浮躁浅薄虚伪苟且的习气"①。次日,《大公报》发表社评《全国动员实行战时生活》,称蒋委员长对全国同胞的这一指示与诫勉"最为适切不移",因为这是时代的要求,国族的需要。2月20日,《大公报》再发社评说,一个时代有一个时代的精神,蒋委员长提倡新生活运动,"用意就在鼓铸一种时代精神"。这篇社评还把蒋介石与孙中山相提并论,说中山先生始终以忠孝仁爱信义和平这些民族道德教育国人,"蒋委员长更以新生活运动来做履践倡导的工夫"②。

  1943年2月19日,《大公报》发表《新生活运动九周年纪念》社评,称赞新生活运动在不知不觉中已经发生了"伟效",成为抗战建国的精神武器,奠立了民族复兴的基础。在新运十周年纪念日,《大公报》又发表《新生活运动十周年纪念》社评,称赞蒋委员长"特以感人的精诚"发动的这场改造国民生活与社会风气的新生活运动,十年以来在潜移默化中确实发生了"涤秽扬清"的作用,"抗战的局面如此艰辛,然而人心振奋,能以精神力量弥补物质凭借之不足者,新生活运动实有大功。"③

  不过,1945年2月19日《大公报》发表的纪念新运十一周年社评《新生年新生活》,其论调与之前颇有不同。这篇社评说,中国几千年来治少乱多,主要是因为政治专制;民国创立30余年,内乱相寻,外患踵至,实质的政治革新其实很少。这次大战孕育出来的新世界汹涌着"民主的潮流",我们这个老民族要在今后求存立,必须"涤除传统的皇权思想、王霸主义,而代以民主思想民主主义"。我们将来要成为维护世界和平秩序的

---

① 蒋介石:《新生活运动八周年纪念告全国同胞书》,载萧继宗主编:《革命文献》(第六十八辑),载《新生活运动史料》,"中国国民党中央委员会"党史委员会(台北)1975年版,第86、89页。
② 《时代精神在那里?》,载重庆《大公报》1942年2月20日。
③ 《新生活运动十周年纪念》,载重庆《大公报》1944年2月19日。

"一等国",关键是各方当前都要以国族利害为最大考虑,不搞私争,不逞意气,真正做到"强固团结"①。在抗战胜利在望、建国成功可期之际,《大公报》借纪念新运发出民主、团结的呼声,是有非同寻常的现实意义的。《新生年新生活》是《大公报》关于新生活运动的最后一篇评论。从此以后,《大公报》对新生活运动的情况仅零星地进行客观报道,不再发表任何评论文章。

四、从《大公报》对新生活运动的态度看其"诤友"角色

吴鼎昌、胡政之、张季鸾 1926 年 9 月开始以新记公司名义续办的《大公报》即"新记《大公报》",基本上与蒋介石国民党政府相始终②。关于《大公报》的角色或者说与蒋介石国民党政府的关系,中国共产党长期以"小骂大帮忙"视之。1949 年 1 月 23 日中共中央致电天津市委,称"大公报过去对蒋一贯小骂大帮忙,如不改组不能出版"③。同年 2 月 27 日,天津《大公报》改组为《进步日报》出版,"代发刊词"《进步日报职工同人宣言》指出,"小骂大捧"是《大公报》的得意手法:它所骂的是无关痛痒的枝节问题,"它所捧的是反动统治者的基本政策和统治国家地位的法西斯匪首,即其所谓'国家中心'。……大公报在蒋介石御用宣传机关中,取得特殊优异的地位,成为反动政权一日不可或缺的帮手。"从此,"小骂大帮忙"成为中共评价《大公报》的基本政治话语。1958 年 9 月 30 日,毛泽东还对吴冷西说:"人们把大公报对国民党的作用叫作'小骂大帮忙',一点不错。"④

不过,20 世纪 80 年代以来,已经有不少老报人、《大公报》后人和新闻传播学者开始为《大公报》"辩诬",认为"小骂大帮忙"之说不符合历史事实,是明显地把党派之争的"站队"作为衡量是非的唯一标准,不是对《大

---

① 《新生年新生活》,载重庆《大公报》1945 年 2 月 19 日。
② 本文在行文中分别使用了"国民政府""国民党政府"这两个概念。"国民政府"指政权名称,"国民党政府"则强调政权性质。南京国民政府实行"训政"即国民党"以党治国",因此"国民政府"亦即"国民党政府"。本部分主要讨论《大公报》与蒋介石国民党政权之间的关系,所以大多使用"国民党政府"这一概念。
③ 中国社会科学院新闻研究所编:《中国共产党新闻工作文件汇编》(上),新华出版社 1980 年版,第 270 页。
④ 吴冷西:《忆毛主席》,新华出版社 1995 年版,第 166 页。

公报》客观科学的评价,呼吁摘掉长期以来压在《大公报》头上的这项十分沉重的"小骂大帮忙"政治帽子①。那么,《大公报》与蒋介石国民党政府之间事实上是一种什么关系?

台湾地区新闻传播学者郑贞铭有言:"传播界是政府的诤友,意指传播界应时常对政府提供'诤言'和意见,期使公共政策的制定更臻于合理和完善的境界。"②《大公报》虽然没有明确用"诤友"一词表明自己与国民党政府的关系,实际上正是充当了"对政府提供'诤言'和意见"的诤友角色。

所谓"诤友",就是能够直言规过的朋友。新闻媒体成为政府的诤友,至少应具备三个前提与表现:第一,新闻媒体具有独立地位,不是政府的"臣属";第二,新闻媒体拥护政府而非反政府;第三,新闻媒体勇于批评政府过失。以此来衡量《大公报》,可以说完全符合。新记《大公报》续刊之日,郑重向社会宣示了"不党""不卖""不私""不盲"的办报方针。其中"不党"就是不从属于任何党阀派系,言论独立,"纯以公民之地位发表意见,此外无成见,无背景。凡其行为利于国者,吾人拥护之;其害国者,纠弹之"。"不卖"是不以言论做交易,不为金钱所左右,不受一切带有政治性质的金钱补助,并且不接收政治方面的入股投资。"不卖"即经济独立是"不党"即言论独立的保障,"欲言论独立,贵经济自存"③。1931年5月22日,《大公报》出满一万号,在纪念社评中不无自豪地说:"自英君敛之创刊,以至同人接办,本社营业,始终赖本国商股,不纳外人资本。同人接办之日,深感于中国独立的言论之亟待养成,故进一步决定以征资独立经营,不为一般之募股。负责同人,并相约不兼任政治上任何之有酬之职务。"④1935年12月,吴鼎昌出任南京国民政府实业部长,即主动辞去大公报社社长之职。新记《大公报》先后刊行过上海版、汉口版、香港版、重庆

---

① 王芝琛:《〈大公报〉与"小骂大帮忙"》,载《黄河》1999年第5期;方汉奇:《为〈大公报〉辩诬——应该摘掉〈大公报〉"小骂大帮忙"的帽子》,载《新闻大学》2002年秋季号;周葆华:《质疑新记〈大公报〉的"小骂大帮忙"》,载《新闻与传播研究》2002年第3期;刘继忠:《建构与争议:新记〈大公报〉'小骂大帮忙'历史标签研究》,载《新闻学论集》第29辑。
② 郑贞铭:《大众传播与中国现代化建设》,载《开放时代》1996年第1期。
③ 《本社同人之志趣》,载天津《大公报》1926年9月1日。
④ 《大公报一万号纪念辞》,载天津《大公报》1931年5月22日。该社评出自张季鸾之手,后被编入《季鸾文存》。

版、桂林版，在抗战中辗转播迁、备历艰危，但是始终秉持"四不"方针，做到了"人不隶党，报不求人，独立经营，久成习性"①。

《大公报》虽然自称"不党"，但是政治上拥护蒋介石国民党政府。作为民营报纸，《大公报》拥护蒋介石国民党政府，既是谋求报纸生存的必然之道，更是张季鸾等新记大公报人"言论报国"或者说"文人论政"思想的体现。言论报国是中国士大夫的优良传统，新记《大公报》总编辑张季鸾是一位有着"浓厚士大夫意识而又深具现代民族国家认同"的报人②，他在《大公报一万号纪念辞》社评中就说，报纸在近代国家尤其是改革过渡时代之国家负有重要使命，中国自甲午战争后言论报国之风大兴，1926年同人接办《大公报》，"亦是继承言论报国之志"。1941年5月，《大公报》获得美国密苏里大学新闻学院荣誉奖章，张季鸾在答谢社评中再次强调：中国的报纸原则上是文人论政机关而非实业机关，这是中国报纸与各国报纸的显著区别；《大公报》虽然按着商业经营，"而仍能保持文人论政的本来面目"③。《大公报》认为，中国复兴的第一步，"即需要形成坚固统一的国家"④，而蒋介石国民党政府至少在形式上实现了国家统一，这是它拥护该政权的主要原因。实际上，《大公报》最初对蒋介石国民党政府并无特别好感，只是其无可替代，只好支持拥护，希望其能够革新兴国："因中国国民之无力，社会各方亦不容有政治组织，国民党政府不肯退，国民无力使之退，且恐退后亦无相当继任之团体与人物，重误国家，遂转而原谅国民党政府，希望国民党政府，拥护国民党政府，甘作阿斗，仍听训诲。"⑤"九一八"事变尤其是卢沟桥事变后，基于拯救民族危亡、抗战建国的需要，《大公报》当然要尊蒋介石为党国领袖、奉国民党政府为"国家中心"了。

《大公报》在政治上拥护蒋介石国民党政府，但是绝不曲意逢迎，更不

---

① 《抗战与报人》，载香港《大公报》1939年5月5日。该社评出自张季鸾之手，后被编入《季鸾文存》。
② 唐小兵：《与民国相遇》，生活·读书·新知三联书店2017年版，第35页。
③ 《本社同人的声明——关于米苏里赠奖及今天的庆祝会》，载重庆《大公报》1941年5月15日。该社评出自张季鸾之手，后被编入《季鸾文存》。
④ 《结束训治欤与继续党治欤》，载天津《大公报》1933年9月7日。
⑤ 《政局之忠告》，载天津《大公报》1933年11月3日。

会文过饰非,而是代表国民恪尽批评监督政府之责。例如,天津《大公报》1933年9月7日发表的社评《结束训政欤继续党治欤》,对国民党政府的腐败无能进行了毫不留情的揭露和谴责。这篇社评指出,百姓无以为生,"呻吟痛楚于兵、匪、水、旱、烟、毒、虫、雹、苛捐、杂税、贪官、污吏、土豪、劣绅、地痞、流氓,重重压迫破坏之下,曾不得一舒喘息",官吏却无恶不作,有的"以若干千万元盖别墅",有的"请专家治园林",有的"以专车事游览",像这种世界古今少有的"敷衍鬼混之政治",终必崩溃。1943年2月1日,重庆《大公报》刊登记者张高峰采写的通讯《豫灾实录》,详细报道了河南特大旱灾灾情。次日,该报又发表《看重庆,念中原!》社评,对比河南灾民惨状,痛斥重庆豪富奢靡生活。蒋介石看完这篇社评后大发雷霆,当晚便以军事委员会的名义勒令《大公报》停刊三日。1944年年底,日军攻入贵州,重庆震恐。12月24日,重庆《大公报》发表《晁错与马谡》社评,要求除"权相"、戮"败将",矛头直指国民党政府军政要员。

综上所述,《大公报》作为民营报纸,言论独立,经济自存,政治上拥护蒋介石国民党政府而勇于批评监督,它与蒋介石国民党政府的关系是"诤友"而非所谓的"小骂大帮忙"。《大公报》的这种"诤友"角色,于其对新生活运动的态度也可见一斑。在新生活运动实施的15年间,《大公报》大量刊登蒋介石关于新生活运动的言论及国民政府发布的推行新运的政令文件,热情报道各地开展新生活运动的盛况和新运带来的新气象新风尚,年复一年周期性、仪式性报道新运纪念日活动,扩大了新生活运动的声势,使民众了解政府开展新生活运动的目的和意义,从而积极响应这场运动。新生活运动发起之初,《大公报》发表评论,呼吁全国知识分子明耻立志,充当培养民族自信精神、拯救国家危亡的先锋,号召一般国民自动、诚意地实行新运所倡导的"三化"目标,做国家的"忠良公民";全面抗战期间,《大公报》对新运在抗战建国中所产生的功效给予了高度肯定。可以说,《大公报》总体上是赞同、支持蒋介石及国民党政府发起、实施新生活运动的。《大公报》对新生活运动持赞同、支持态度,主要是因为蒋介石国民党政府倡导这场运动的动机,与自己的基本主张相契合。"九一八"事变发生后,时论皆谓应立刻对日诉诸一战,《大公报》力排众议,主张"明耻教战",即要让国人明了我们国力弱、元气亏,只能隐忍图强以雪国耻。蒋介石发起新生活运动,实际上就具有"明耻教战"之意。他在《新生活运动之要义》中就表示:我们要"复兴民族,报仇雪耻",首先应从衣食住行等日常生活的革新做起;全国国民的生活如果都能普通地得到革新,"无论是要废除一切不平等条约,无论是要报仇雪耻,复兴我们的民族,都不是什么难事"①。蒋介石后来则更明确地说:"新生活运动在当年发起时的真义,实在就是'明耻教战'的运动,新生活运动的目的,就在造成我们国民能耐苦忍痛,不畏饥寒,不惧强暴,整齐严肃,勤劳简朴的战时生活,使我们整个民族,能在此生存竞争非常的大时代中,奋斗牺牲,而求得进步与发展,使我们国家能获得永久的独立和自由。"②1932年3月"一·二八"事变平息后,《大公报》吁请国民党政府从此开始必须将其政治制度、经济方略一齐从头改革,"社会之风俗,个人之生活,俱须彻底刷新","如是方足救亡与复兴也"③。蒋介石发起新生活运动,正是希望刷新"社会之风俗,个人之生活"而复兴民族、建设现代国家,——至少在名义上是如此。不过,对于党国领袖蒋介石亲自发起、国民党政府主导推行的这场运动,《大公报》并没有一味地吹捧、称颂,而是如实报道新运在推行过程中存在的问题,希望政府官员和上流社会以身作则、身体力行,警示当局避免使新运流于形式、劳民伤财,并且呼吁国民党政府借助新运来革新政治,体现了"不党""不盲"的办报方针,尽到了监督政府的职责。1934年4月5日,身在南昌的蒋介石电复国民政府行政院长汪精卫,指出新生活运动应由简入繁、先公后私、以身作则示人模范、重感化而不事强制,求其普遍而简易④,可能就受到了《大公报》相关评论的启发。至于全面抗战期间《大公报》不再像战前那样批评新运,而是反复赞颂蒋介石当初发动新运的"良苦用

---

① 蒋介石:《新生活运动之要义》,载中国第二历史档案馆编:《中华民国史档案资料汇编》(第五辑)第一编《政治》(五),江苏古籍出版社1994年版,第760、762页。
② 蒋介石:《新生活运动七周年纪念训词》,载萧继宗主编:《革命文献》(第六十八辑),载《新生活运动史料》,"中国国民党中央委员会"党史委员会(台北)1975年版,第75页。
③《长期奋斗之根本义》,载天津《大公报》1932年3月11日。
④《进行新生活有效方法 蒋主张普遍而简易 重感化而不事强制》,载天津《大公报》1934年4月6日。

心"及新运所发生的"伟效",一是新运的确发挥了"明耻教战"的功效,二是维护领袖权威、达成抗战建国的需要。新记《大公报》总编辑张季鸾就说过,他们这帮人本来以英美式的自由主义为理想,信仰言论自由而职业独立,但是包括报纸在内的任何私人事业与国家命运不可分开,"自从抗战,证明了离开国家就不能存在,更说不到言论自由"。在国家危亡关头,"本来信仰自由主义的报业,到此时乃根本变更了性质。就是,抗战以来的内地报纸,仅为着一种任务而存在,而努力,这就是为抗战建国而宣传。所以现在的报,已不应是具有自由主义色彩的私人言论机关,而都是严格受政府统制的公共宣传机关"①。1943年10月20日,胡政之在重庆《大公报》编辑会议上也承认:"我们的报纸与政治有联系,尤其是抗战一起,我们的报纸和国家的命运几乎连在一块,报纸和政治的密切关系,可谓达到了极点。"即便如此,"我们仍把报纸当作营业做,并没有和实际政治发生分外的联系。我们的最高目的是要使报纸有政治意识而不参加实际政治,要当营业做而不单是大家混饭吃就算了事。这样努力一二十年以后,使报纸真能代表国民说话"②。

总之,《大公报》在蒋介石国民党政府治下充当了"诤友"角色。这一角色定位,是以张季鸾、胡政之——中国传统士大夫而受到西方民主自由思想洗礼——为代表的新记大公报人"言论报国"思想的必然体现。在当时的历史背景和政治生态下,《大公报》能够成为政府的"诤友",既合乎情理,也难能可贵。

---

① 《抗战与报人》,载香港《大公报》1939年5月5日。该社评出自张季鸾之手,后被编入《季鸾文存》。
② 王瑾、胡玫编:《胡政之文集》(下),天津人民出版社2007年版,第1080页。

一次清理"资产阶级新闻思想"的运动*

——五十年代初期新闻界思想改造学习运动的回顾与反思

中华人民共和国成立初期新闻界思想改造学习运动,是知识分子思想改造学习运动的组成部分。新闻界通过思想改造学习,检查、批判和清理了"资产阶级新闻观点",确立了中共党报思想在全国新闻宣传领域的指导地位。但是这场运动也存在着无视新闻工作共性和一般规律等问题。

1951年9月至1952年秋,国内有组织、有计划地发动了一场全国性的针对知识分子的思想改造学习运动。以上海新闻界为代表的全国新闻界,也开展了相应的思想改造学习运动。通过这场运动,"资产阶级新闻观点"遭到批判和清理,中共党报思想在全国新闻宣传领域的指导地位得以确立,保证了新闻媒体为中华人民共和国的各项事业发挥强大的舆论支持作用。同时,这场运动也间接导致了私营媒体的消亡,媒体机构由多样而趋向单一。五十年代初期新闻界的思想改造学习运动,对中国新闻事业的走向产生了深远影响。然而,国内关于这场运动的研究重视不够,相关成果少之又少。在这场运动过去60年之际,有必要对其进行审视和反思,为今天的新闻事业改革提供借鉴。

---

* 本文原刊于《新闻记者》2011年第7期。

一、知识分子思想改造学习运动

1951年暑假,刚刚接掌北京大学的马寅初有感于部分职员工作自由散漫,思想水准和主人翁意识不强,组织他们进行政治学习,成效甚好,遂和副校长汤用彤等有新思想的教授商议,准备将政治学习扩大到全校教职员。9月7日,马寅初将这一计划写成书面报告呈送政务院。中央认为这种政治学习对于全国高校都有必要,决定先组织京津地区高校教师进行思想改造学习,待取得经验后再推向全国。为了统一领导这次运动,中央指定由彭真、胡乔木具体负责,并在教育部成立"京津高等学校教师学习委员会",由教育部部长马叙伦任主任委员,京津地区高校负责人马寅初、陈垣、蒋南翔、茅以升任委员。京津地区各高校也相应设立了学习委员会分会。

1951年9月29日下午,周恩来向京津地区高校1700多名教师做了《关于知识分子的改造问题》的报告。在长达五个小时的报告中,周总理现身说法,论述了知识分子进行思想改造的必要性、方法和途径,要求大家通过思想改造逐步从"民族的立场进一步到人民立场,更进一步到工人阶级立场"[①]。周恩来的报告相当于思想改造学习动员,京津高校迅即发动。11月30日,中共中央发出《关于在学校中进行思想改造和组织清理工作的指示》,要求全国所有大中小学校的教职员和高中学校以上的学生,必须立即开始准备有计划、有领导、有步骤地进行初步的思想改造工作。这样,由北京大学发起、针对京津高校教师的思想改造学习运动,发展为全国教育系统的一场运动。

继教育界之后,文艺界、科学界、新闻界等先后加入这场运动,以知识分子为主体的民主党派也不甘落后,积极响应。1952年1月,全国政协常委会召开会议,作出《关于开展各界人士思想改造的学习运动的决定》,要求政协各界人士以自愿为原则,参加思想改造学习运动。至此,思想改造学习运动普遍展开,全国各界知识分子概莫能外,集体"洗澡"。其间,全

---

① 《周恩来选集》(下卷),人民出版社1997年版,第59—71页。

国又开展了反贪污、反浪费、反官僚主义运动,中央要求思想改造学习运动与"三反"运动相结合,在"三反"斗争中解决资产阶级思想问题。知识分子思想改造学习运动由此向纵深发展,到1952年秋才基本结束。

按照毛泽东的说法,大多数知识分子可以为旧中国服务,也可以为新中国服务,可以为资产阶级服务,也可以为无产阶级服务。新中国百废待兴,当然需要大批学有专长的知识分子进入体制,参加建设。如何使知识分子为工人阶级领导的人民民主专政的新中国服务?具有正确的世界观在所必需。毛泽东认为,世界观在现代基本上只有无产阶级与资产阶级两家,而无产阶级世界观显然是唯一正确的世界观。但是,我们现在的大多数知识分子,来自旧社会,出身于非劳动人民家庭,有些人即使出身于工人农民家庭,在旧社会受的也是资产阶级教育,世界观基本上是资产阶级的,他们还属于资产阶级的知识分子。"这些人,如果不把过去的一套去掉,换一个无产阶级的世界观,就和工人农民的观点不同,立场不同,感情不同,就会同工人农民格格不入。"①那么,采取什么方法才能使无产阶级世界观在知识分子的"头脑里生根",完全代替资产阶级的世界观?开展思想改造学习运动无疑是行之有效的方法,对此,中共已经有1942年延安整风运动的成功经验。

因此,中共在五十年代初期发动的这场知识分子思想改造学习运动,"它的目的是要清洗西方的自由主义价值,再给知识分子灌输马克思列宁主义"②。或者说,中共通过对全国知识分子进行思想改造,建立起马列主义、毛泽东思想在意识形态领域的绝对统治地位,用无产阶级世界观完全代替资产阶级世界观。

在这场思想改造学习运动中,中共以社会主导性政治力量,使全国知识分子自觉或被动地转换世界观和政治立场,对于巩固新生政权,无疑是必需的,也取得了积极成效。这场运动之所以能够普遍展开,除了政治力量的推动外,当时大多数知识分子也有希望通过重新学习适应新政权、服

---

① 《毛泽东选集》(第五卷),人民出版社1977年版,第384—385、406—407页。
② [美]R.麦克法夸尔、费正清编:《剑桥中华人民共和国史·革命中国的兴起(1949—1965年)》,中国社会科学出版社1998年版,第247页。

务新政权的要求。同时,这场运动也为新民主主义向社会主义的提前过渡完成了思想上的准备。但是,随着规模的扩大与问题的深入,这场运动逐渐偏离了利用批评与自我批评的民主方法进行自我教育、自我改造的初衷,成为知识分子尤其是来自当年国统区的高级知识分子进行自我批判、自我否定的"赎罪"和"过关"运动,对知识分子群体的文化自信心和精神优越感造成了消极影响。

二、新闻界的思想改造学习情况

与教育界、文艺界、科技界相比,新闻界的思想改造学习运动开始得较晚。其中原因,可能是新中国的新闻工作队伍"革命纯洁性"较高,并且已经进行了学习培训,这一点与其他文教领域旧知识分子居多明显不同。新中国的新闻工作队伍主要由三部分构成:基本队伍是中共原有的新闻宣传干部,其次是吸收和培养的新解放城市中的进步知识青年,第三是经过改造而留用的旧新闻从业者。在这三部分人员中,前两部分是骨干和主流,第三部分为数不多,因为中共对留用旧新闻从业者非常谨慎,专门规定了慎重甄别留用、有步骤使用的原则。根据新闻总署1950年年底的不完全统计,在全国一万多名新闻工作人员中,抗日战争和解放战争中参加革命的占42.5%,平津解放后参加革命的占56.8%;在全国6 700余名编采人员中,曾经在旧时代新闻机构服务两年以上的不足800人,仅占编采总人数的12%[①]。为了使他们担负起中华人民共和国新闻宣传工作的重任,中央号召全国新闻界努力实践列宁提出的"学习、学习、再学习"口号,加强在职新闻干部的学习培训。各新闻机构也积极行动,采取多种方式培养了大批具有马列主义修养、通晓业务的记者和工作人员。

新闻界的思想改造学习运动主要集中在上海,其他地区基本没有大规模展开,这一点也有别于教育界、文艺界和科技界。上海新闻界之所以集中进行思想改造学习,是因为解放后获准继续出版的私营报纸和留用的旧新闻从业者最多。城市解放后,各地军管会并没有全部取消私营新

---

① 方汉奇主编:《中国新闻事业通史》(第三卷),中国人民大学出版社1999年版,第53页。

闻业,而是根据中共中央1948年11月作出的《关于新解放城市中中外报刊通讯社处理办法的决定》,将私营媒体划分为进步、中间和反动三类,反动类予以没收,进步类和中间类向民主政府登记后可以继续出版。所以,五十年代初的媒体格局是公营、私营和公私合营并存。根据新闻总署1950年2月的不完全统计,全国出版的281家报纸中,私营报纸至少有55家,其中华东区24家,总量为各区之首,而华东区的私营报纸又集中在上海,在全国知识分子中有广泛影响的《大公报》《文汇报》也在上海。1950年3月,新闻总署署长胡乔木在全国新闻工作会议上说,全国经过登记的报纸大体上都可以承认是人民的报纸,这在性质上和"国民党时期大资产阶级反动派的报纸以及帝国主义国家的报纸"完全不同。但是私营报纸在理念、业务和经营方面毕竟和党报不同,需要不断学习改造,消除"资产阶级办报思想"。

在全国知识界思想改造学习运动的鼓舞下,解放日报社副社长、上海市新闻工作者协会中共党组书记陈虞孙,于1952年6月起草了《上海新闻界思想改造学习计划(草案)》,上报到上海市委宣传部。该草案对上海新闻界进行思想改造学习提出了明确要求:"以检查与批判新闻工作中的资产阶级作风,树立工人阶级思想领导,在思想提高的基础上,联系到检查贪污、浪费、官僚主义,以改进与提高工作。"[①]7月1日,上海市委宣传部将《上海新闻界思想改造学习计划(草案)》上报中宣部,获得批准。

1952年8月21日,上海新闻界"热烈期待、筹备已久"的思想改造学习运动正式开始,副市长潘汉年、文教委员会主任夏衍、上海市委宣传部部长谷牧亲自参加了动员大会。在动员大会上,谷牧就上海新闻界思想改造的意义、目的、要求、方针、步骤和方法,以及对待思想改造学习运动应有的态度,作了详细的指示。他说:"思想改造学习运动对于新闻工作者具有特殊重大的意义,新闻工作者必须用工人阶级思想把自己武装起来,才能牢牢地掌握人民报纸这个武器,去和一切思想战线上的敌人作斗争,鼓舞群众向人民民主事业的伟大目标前进。上海各报还没有明确地、

[①]《上海市新闻界思想改造情况(1952)》,上海市档案馆藏资料[A22-1-1551],第46页。

坚决地贯彻以工人阶级的思想去团结和教育广大人民群众的方针,许多新闻工作者还没有完全彻底地批判与抛弃腐朽的、旧的办报思想、方针和办法,这与他们的阶级出身、社会教养及未经彻底改造有着密切关系。思想改造学习运动的目的,就在于经过学习文件和检查解放三年来的新闻工作,批判早已破产了的客观主义集纳主义、不注意思想内容玩弄形式花样的形式主义、脱离群众脱离实际的'专家办报'路线、缺乏政治责任心和违反组织性纪律性的自由主义、编辑方针屈服于错误的唯利是图的业务方针,明确工人阶级思想的领导地位。"① 为此,华东学习委员会专门成立了上海新闻界学习分会,由解放日报社社长金仲华担任主任委员,陈虞孙、上海大公报社社长兼总编辑王芸生分任副主任委员。

《文汇报》《大公报》《新闻日报》《新民报晚刊》《亦报》五家私营报纸的编采、经理两部门工作人员参加了这场思想改造学习运动,这几家私营报纸的负责人,都在大小会议上带头做了自我检查,接受大家的批评和帮助。《文汇报》负责人徐铸成说:"在解放前,我在《文汇报》标榜'独立'的报纸……在反动统治下这样标榜是可以的,但我的思想上一直认为超然独立是清高的,应该的,认为办报不能有政治目的。"②《新民报晚刊》社长兼总编辑赵超构,运动一开始就被拎出来作为"资产阶级办报思想"的典型遭到批判。为了争取"过关",他在小组会、大组会、报社大会、上海新闻界学习分会上不断检查,批判自己身上的改良主义、个人主义倾向。

上海新闻界思想改造学习运动轰轰烈烈地进行了两个月,到1952年10月21日才告一段落。关于运动的成效,《文汇报》曾这样报道:"经过学习,批判了错误的办报思想,重要的如:无立场的强调'新闻自由'和'有闻必录'的客观主义,标新立异、华而不实的形式主义,新闻记者是'无冕皇帝'的无政府无组织无纪律的思想作风,以及纯经济观点的'业务第一、广告第一'的错误经营方针等;……在上海新闻工作者中,不仅树立了工人阶级的思想领导,明确了报纸为人民服务的性质与任务和各报分工的必

---

① 《上海新闻界思想改造运动开始》,载《解放日报》《文汇报》1952年8月22日。
② 文汇报报史研究室编:《从风雨中走来》,文汇出版社1993年版,第118页。

要,而且改变了过去长期存在于各报之间抢新闻、抢订户、抢广告等现象;各报之间的合作和各报内部的团结都加强了。"①

上海新闻界的思想改造学习运动基本上反映了当时全国新闻界思想改造学习的情况。

三、总结与思考

根据学习文件和典型人物的检讨书,在新闻界思想改造学习运动中,"有闻必录"的客观主义、缺乏政治责任心和违反组织性纪律性的自由主义、脱离群众脱离实际的"专家办报"路线、"无冕之王"观念、"抢新闻"的做法、标新立异华而不实的形式主义、"业务第一、广告第一"的经营方针,都被视为"资产阶级新闻观点"而遭到批判和清理。通过这场思想改造学习运动,无产阶级新闻观或者说中共在延安整风时期形成的以"党性原则"为核心的党报思想,完全成为中华人民共和国新闻宣传工作的指导思想。

一些私营报纸在旧社会确实存在依靠离奇的社会新闻来吸引读者、唯利是图等问题,对此进行批判无可厚非,清理这些办报思想和方法也是势所必然。但是,用简单的无产阶级新闻观点、资产阶级新闻观点二分法,将专家办报、争抢新闻、讲究形式、注重经营等办报思想和方法,都贴上"资产阶级新闻观点"的标签而予以批判和清理,显然过于武断,也违背了新闻工作的一般规律。新闻工作有阶级性,也有共性和一般规律,并不因资产阶级媒体或无产阶级媒体而有所不同。例如,及时、新鲜是新闻的本质要求,抢新闻是新闻界再普通不过的做法。徐铸成就说过,"新闻"以"新"字领头,就决不是人云亦云的旧闻,时隔三秋的往事。所以,新闻要讲时效性,尽可能快地报道。新闻当然要强调正确真实,但在某种程度上,慢就会挨打。如果出于保证新闻真实性的考虑而禁止抢发新闻还可以理解,否则只能说是无视新闻的本质属性了。1953年3月5日,斯大林明明已经去世,苏联驻上海领事馆已下半旗志哀,我们的宣传部门却不允

---

① 《上海新闻界改革工作胜利告一段落》,载《文汇报》1953年1月18日。

许上海《新民报晚刊》发布新闻。上海党政领导机关在人民广场召开追悼大会,读者拿到当天的《新民报晚刊》一看,还是斯大林病况公报,气得当场撕碎报纸大骂①。

事实上,上述的一些所谓"资产阶级"的办报思想和方法,正说明《大公报》《文汇报》《新民报》等私营报纸新闻丰富及时、言论独立深刻、形式灵活多样,从而在旧社会受到读者欢迎、实现良性运转。这些办报思想和方法,一旦作为"资产阶级新闻观点"被批判和清理,树立无产阶级办报思想、学会党报的办报方法又非朝夕之事,私营报人无所适从,私营报纸曾经的优势不复存在,销路打不开局面,经营陷入困境,也只好主动或被动地进行公私合营、退股公营,最后全部变为公营报纸。可以说,五十年代初期的这场新闻界思想改造学习运动,间接导致了私营报纸的消亡。

新闻界经过这场思想改造学习运动,批判和清理了资产阶级新闻观点,确立了中共党报思想在新闻宣传领域的指导地位,保证了新闻媒体为新中国的各项事业发挥舆论支持作用。但是,这场运动的消极影响也是不容忽视的。由于将一些新闻工作的共性要求冠以"资产阶级新闻观点"加以批判和清理,1954年后又开始全面学习所谓的苏联新闻工作经验,造成我国的新闻机构日趋单一化,新闻宣传日益公式化,"内容枯燥,讨论缺少,语言生涩,形式呆板",广大读者不满意,新闻工作者也感到惭愧。正是因为问题比较严重,以《人民日报》为首的全国媒体,借"双百"方针的东风,于1956年7月开始了一场扩大报道范围、开展自由讨论、改进文风的新闻改革。这场不久即中断的新闻改革,实际上是对五十年代初期新闻界思想改造学习运动及全面学习苏联新闻工作经验引发的问题的自我修正。

因此,我们的新闻工作,无论何时何地,既要坚持正确的新闻思想,也要认同新闻工作的共性,尊重新闻工作的一般规律。

---

① 张林岚:《赵超构传》,文汇出版社1999年版,第196页。

新闻媒体与"黄逸峰事件"[*]

  1953年年初,上海、北京两地新闻媒体展开了一场对华东交通部长兼党组书记、华东交通专科学校校长黄逸峰的批判,黄逸峰一时成为全国知晓的"公众人物"。这是中华人民共和国成立后新闻媒体对党内高级干部第一次"上纲上线"的"集体有意识批判",被批判者因此受到长期不公正待遇。对"黄逸峰事件"的定性非新闻媒体所能,因此该事件是一桩政治事件而非媒介事件。但是,新闻媒体在对这一事件的报道中,违背事实,有失客观与公正,并且有罗织、挖掘罪名之嫌。同时,情绪化、非理性新闻语言随处可见,"反右""文革"报刊文风初露端倪。新闻媒体在"黄逸峰事件"中所扮演的角色,取决于当时大的政治环境。检视这段历史,对新闻媒体在今天如何有效地发挥舆论监督功能,应该具有警戒意义。

一、七次被捕的传奇式共产党员

  黄逸峰,1906年生于江苏东台,原名黄承镜。黄逸峰是他1930年报考暹罗(泰国)华侨新民学校教员时所用的名字,后来一直使用。
  学生时代的黄逸峰即思想进步,倾向革命。1925年8月,他在上海大学加入共青团,10月转入中国共产党。上海工人三次武装起义,黄逸峰均参与其役。特别是在第三次工人武装起义中,他率领商务印书馆工人纠

---

[*] 本文原载于《新闻春秋》第九辑《第三次地方新闻史志研讨会论文集》,复旦大学出版社2009年版。

察队,率先攻下起义总指挥部所在地闸北区第五警察署,于此设立前线指挥所,为起义胜利立下首功。

起义胜利后,蒋介石为准备反革命政变,调北伐军第二师(师长刘峙,政治态度较反动)换防第一师(师长薛岳)驻守闸北。受中共江浙区委指示,时任闸北区人民代表大会主席的黄逸峰发动群众挽留薛岳一师,抵制刘峙二师,但未能成功。刘峙部队进驻闸北后,即将其逮捕。这是他革命生涯中的第一次被捕。因当时国共两党尚未公开破裂,他这次被捕没有遭到多大麻烦,很快被释放。

在"四一二"反革命政变中,周恩来也不幸被国民党军队扣押。黄逸峰得知后,冒险从虎口营救出周恩来,并亲自护送周恩来到江浙区委的秘密机关,交给区委书记罗亦农。为此,时任总书记的陈独秀专门接见了他。

1927年6月,中共江浙区委改组,成立江苏省委。江苏省委调派黄逸峰担任南京地委书记,恢复和重建被破坏殆尽的南京党组织。他到南京后还没有来得及开展工作就被逮捕,关进南京第一监狱。由于黄逸峰的真实身份没有暴露,加之当时蒋介石下野,宁汉合作,国民党政权不稳,他只住了两个月监狱就获保释放。次年2月,江苏省委为发动苏北农民暴动,成立徐州、淮安、扬州、南通四个特委,任黄逸峰为南通特委书记。因内部叛徒告密,他到任伊始又被国民党逮捕。所幸有朋友事先帮助毁灭了暴动嫌疑证据,国民党南京特别法庭以宣传与三民主义不相容主义之罪名,判处他10个月徒刑,关押南京第一监狱执行。这次被捕,黄逸峰身陷囹圄整整一年,身体几乎被搞垮。他的大哥为营救他,家产荡尽。

黄逸峰第四、第五、第六次被捕是在当时的暹罗,吃的是外国官司。1929年3月他刑满释放,在老家南通短期养病后,回到上海江苏省委,任全国铁路总工会秘书长,公开的身份是英商公共汽车公司售票员。因叛徒盯梢,无法存身,他要求组织另派工作。组织上开始怀疑他政治动摇,割断了他与组织的联系。找不到党组织,没有工作,他在上海已无法存身。碰巧,暹罗华侨新民学校在上海招聘教员,他投考被录取。1930年岁暮,万千思绪的黄逸峰挥泪离开了祖国,开始了他流亡南洋的生活。在南洋,他组织进步教职员成立"曼谷学会",创办《沸力周刊》,进行抗日宣传和共产主义宣传,先后遭到暹罗政府三次逮捕,1934年被变相驱逐出境。

从南洋回国后,黄逸峰化名林敏,考入京沪、沪杭甬铁路局机务训练班,毕业后被分配到铁路局机务处任干事。他利用工作之便,组织铁路青年社,创办《铁路青年》,自任社长、主编,领导铁路青年职工开展反贪污和抗日救亡活动。黄逸峰和铁路青年社的活动引起了铁路局国民党特别党部的重视,利诱、威逼他交出铁路青年社,参加他们的组织。黄逸峰软硬不吃,国民党无计可施,于1936年冬又一次在南京逮捕了他。在陈立夫的关照下,他虽然很快获释,但由于拒绝陈立夫劝他加入国民党的"美意",最后被迫离开了铁路局。

从1927年到1936年,黄逸峰七次被捕,住过国民党的大牢,吃过外国人的官司。面对反动派的威逼利诱,他威武不屈,沉着机智,既没有丧失一个共产党员应有的立场,又保全了自己。他愈挫愈奋,从不气馁,每次虎口脱险后即投入新的战斗,即使受到党组织的误解也在所不计,这在革命史上恐怕是极为少见的。

抗战爆发后,黄逸峰辗转来到陪都重庆。他参加了国民党战地党政委员会,被分派到老家苏北,担任鲁苏战区党政分会委员。经叶剑英介绍,他与正在苏中开创根据地的新四军陈毅取得联系。在陈毅的直接领导下,做苏北国民党军政各界和地方士绅的统战工作。他凭借"黄委员"的合法身份,为孤立国民党顽固派、争取国民党地方部队联合抗日,及黄桥决战的胜利屡立奇功。1941年3月,经陈毅等介绍,黄逸峰被批准重新入党,并奉命成立"联抗"部队,担任司令员兼政委。

1947年,鉴于黄逸峰是党内少有的熟悉铁路业务的人才,他被调派到东北铁路部门工作。在东北的两年,他先后担任东北铁路总局副局长、东北人民解放军铁道纵队司令员等职,为修复东北铁路、配合辽沈战役立下了特殊功劳。上海解放后,他负责接收上海铁路。中华人民共和国成立后,出任第一任上海铁路局局长,后调任华东军政委员会交通部部长兼党组书记,同时担任华东交通专科学校校长①。

---

① 关于黄逸峰的传奇经历,参见姜铎:《一个传奇式的共产党员》,上海社会科学院出版社1991年版。

二、风起于青萍之末

正当身处领导岗位的黄逸峰积极投身于新中国建设事业的时候,不料《人民日报》刊登的一封读者来信再次改变了他的命运。

1951年12月3日,《人民日报》"读者来信"栏发表了一篇题为《华东交通专科学校存在混乱现象》的文章,署名"上海华东交通专科学校一群学生"。文章反映华东交通专科学校严重存在以下混乱现象:一,分科不合理;二,学校领导不设法改善简陋的教学设备,却花费巨资营建大礼堂,并在开学典礼时大事铺张浪费;三,由于学校行政领导的松懈,学校至今没有订立爱国公约,很多教师仍用英文讲课,使同学们无法听懂;四,学校行政方面对学生的退学、转学事宜不加过问。

《人民日报》刊登的这封读者来信引起了华东交通专科学校当局的重视。学校当局认为信中反映的情况不符合事实,是故意破坏学校名誉,随即报告给校长黄逸峰。黄逸峰颇为震怒,指示校方追查投稿人,布置师生员工要联名去信《人民日报》,要求予以更正。12月8日,即该信发表后的第五天,学校召开了青年团及积极分子会议。会上黄逸峰斥责投稿人是"破坏分子",号召其坦白检查。会后半个月内,学校青年团、学生会、工会和各班级又召开了会议,批判信件内容,组织学生、职工在联名信上签名,寄给《人民日报》。学生的联名更正信经华东局交通部审查后发出,信中说:"这是个别人为了达到其个人主义的目的所采取的一种不正派的、不利于我们学校的破坏手段。"职工的联名更正信中说:"该函报道内容,与我校真实情况完全不合","所举各节有意歪曲事实,希图达到少数自私者的目的"①。学校行政和党、团的负责人都以工会会员的身份参加了签名,华东交通部和所属机关在学校兼课的干部,也有近三十人在更正信上签了名。

《人民日报》接到更正信后,致函学校党支部,征求意见。1952年1月7日,学校党支部回复《人民日报》(经华东交通部修改),说明学校初办,简陋难免,今后要逐渐改进,同时同意学生会、职工会更正信中的说明及

---

① 《黄逸峰等压制批评、欺骗组织的事实经过》,载《人民日报》1953年1月23日。

要求。

2月,《人民日报》给投稿人去了信,该信被校方截去送往华东交通部。随后,校方布置专人进行侦察,发现信件被福建籍学生薛承凤取走。至此,投稿人的身份真相大白。

学校向华东军政委员会教育部申请开除薛承凤,没有被批准。4月16日,学校召开思想改造大会,把薛列入"恶劣"一类,予以批判,说明其不可改造,意欲通过群众要求的方式将他开除。会前,华东军政委员会教育部、纪律检查委员会不同意采取这种方式开会,但黄逸峰坚持进行。会后,薛在学生中陷于孤立境地,为免于被开除,申请自动退学,然而又不愿离开学校。4、5月份,黄逸峰以学校名义两次签发给薛家长的信,称薛"旧病复发,精神经失常",要求将其领回,或来信委托学校请福建交通厅派人伴送回籍。

1952年6月8日,《人民日报》发表了《华东交通专科学校对读者批评的答覆》,该答覆对薛承凤在批评信中列举的事实逐条予以解释和否定。

薛承凤无奈,把自己在学校的遭遇写信告诉了《人民日报》。《人民日报》编辑部随即将薛的原信转交中共中央华东局办公厅。华东局领导对此事极为重视,第三书记谭震林当即指示华东局纪律检查委员会主持有关部门组成检查组,进行调查。

8月初,检查组进校调查,事情涉及黄逸峰本人。但黄对检查组不予理睬,甚至顶撞。经初步调查,检查组拟给予黄逸峰党内警告处分,并要求他在《解放日报》上公开检讨。个性倔强的黄逸峰拒绝公开检讨,也不听从他人劝告,主动找谭震林反映情况,检讨自己的缺点和错误。事情闹僵后,华东局派组织部负责人赴京向中共中央汇报,请示处理意见。

三、新闻媒体:"集体有意识"的批判

中华人民共和国刚一成立,为巩固党群联系,保障党和国家的民主化,防止党员特别是领导干部居功自傲,滋生官僚主义,在党内外拒绝批评,压制批评,中共中央于1950年4月19日特作出《关于在报纸刊物上展开批评和自我批评的决定》。《决定》要求党的各级领导机关和干部,对于

反映群众意见的批评,必须采取热烈欢迎和坚决保护的态度,反对置之不理、限制发表和对批评者实行打击、报复与嘲笑的官僚主义态度①。为纯洁党的肌体,加强执政党和国家机关的建设,从1951年年底开始,党又在党政机关中相继开展了"三反"(反贪污、反浪费、反官僚主义)和"新三反"(反官僚主义、反强迫命令、反违法乱纪)运动。在这种情况下,黄逸峰的行为无疑是顶风犯事,作为"典型"受到严厉处分是在所难免的了。

1953年1月13日,经华东局批准,华东局纪律检查委员会作出开除黄逸峰党籍的决定,同时建议华东行政委员会呈报中央人民政府,撤消黄的一切行政职务。1月19日,华东局暨上海市委机关报《解放日报》头版头条公布了这一决定,并配发社论《严惩压制民主、欺骗组织的坏蛋分子,为提高党在大规模建设中的战斗力而斗争》。社论称,这个事件的揭发和严肃处理,"是党坚持原则立场、维护党的纪律的严肃性和组织的纯洁性,而与欺上压下对批评者采取打击报复行为的坏蛋分子宣布决裂的重大胜利"。1月20日,《解放日报》发表华东局于1月15日作出的《关于撤消中共华东交通部党组的决定》。该《决定》说,中共华东交通部党组,在黄逸峰操纵下,"欺上压下,互相包庇,混淆是非,与党对抗,严重地违反党的组织纪律",该党组"实质上已堕落变质为黄逸峰个人反抗党的方针政策和打击报复同志的御用工具"。1月23日,《人民日报》发表题为《压制批评的人是人民的死敌》社论和开除黄逸峰党籍的消息,社论把黄作为有"官僚主义和恶霸作风",有"搞独立王国""反抗党的领导和分裂党"倾向的典型予以批判。《光明日报》《文汇报》《解放军报》等大报都相继转发了这篇社论。

紧接着,华东局发布《关于公布黄逸峰事件的通知》,要求所属各地党委组织党员干部认真学习《人民日报》和《解放日报》社论及有关报道。中共中央批转了这份文件,要求各地党刊予以发表,检查干部中类似黄逸峰的事件,择要在报上发表,以推动全党反对领导机关中的官僚主义和下层

---

① 中国社会科学院新闻研究所编:《中国共产党新闻工作文件汇编》(中),新华出版社1980年版,第5—6页。

组织中的命令主义恶霸作风,反对一部分干部目无党纪法纪,不服从党的领导,把自己所领导的单位当作独立王国为所欲为的极端危险的倾向①。于是,上海、北京等城市的报纸连篇累牍地发表文章,声讨黄逸峰的"恶行"。从《解放日报》1953 年 1 月连续发表的一些相关文章的标题,即可略见一斑:

《揭发反党分子黄逸峰的面目》(1 月 21 日);

《广大群众对黄逸峰的反党行为极为愤怒,热烈拥护华东局的英明决定》(1 月 23 日);

《黄逸峰对待干部的"打""拉""赶"三种手段》《黄逸峰沽名钓誉招摇撞骗的卑劣作风》《黄逸峰自吹自擂恬不知耻》(1 月 24 日);

《很多单位中党的组织投函本报,一致要求上级党委召开大会,彻底批判黄逸峰的反党思想》(1 月 25 日);

《揭发黄逸峰把自己的单位变成独立王国的反党思想》《黄逸峰破坏财经制度的恶行》(1 月 28 日);

《华东各地读者继续踊跃来信,严厉声讨压制批评的严重恶行,要求召开大会彻底清算党的死敌黄逸峰的罪恶》《黄逸峰在上海铁路局时做尽坏事》(1 月 29 日);

《华东局接受党内外群众要求,召开交通部总支党员大会,揭发批判黄逸峰反党恶行》(1 月 31 日)。

在媒体的集中轰炸下,黄逸峰顿时成为全国性的新闻人物。

1953 年 2 月 19 日,《解放日报》发表华东局纪律检查委员会副书记胡立教的文章《黄逸峰的反党本质》,对黄的"反党恶行"进行了概括:"就是目无党纪法纪,不服从党的领导,把自己所领导的单位当作独立王国。其具体表现主要有六个方面,即:目无组织,目无纪律;压制批评,绞杀民主;

---

① 《中共中央批转华东局关于公布黄逸峰事件的通知》,载中国社会科学院新闻研究所编:《中国共产党新闻工作文件汇编》(中),新华出版社 1980 年版,第 246 页。

用人唯亲,排除异己;蒙上欺下,两面态度;邀功好名,不择手段;坚持错误,屡教不改。"

3月3日,华东行政委员会根据政务院1月19日的批示,撤消了黄的本兼各职。

四、生命中不能承受之重

客观地讲,黄逸峰在处理学生批评信件这件事上,确实存在压制批评、对批评者打击报复等官僚主义作风,受到适当的党纪政纪处分也是咎由自取。但是,由此被扣上"反党""搞独立王国"的帽子而被开除出党,撤消本兼各职,自己领导的华东交通部党组也被撤消,是他始料不及的。黄逸峰一家原住一幢独立小楼,受到处分后,立即被赶到招待所临时住处;工资也连降四级,近十口之家的生活陷于困顿。

生活的艰难倒在其次,使黄逸峰倍感痛苦的是再次被组织抛弃。1929年他从南京出狱后,党组织怀疑他政治动摇,割断了他与组织的联系。经过十多年的曲折考验,1941年他才重新回到党的怀抱。曾七次入狱、对党和革命矢志不渝的他,在建国之初就因这件不大不小的事情被清除出党,内心的痛苦和委屈可想而知。

1956年4月,毛泽东在《论十大关系》的报告中指出,对于犯错误的同志,"帮助他们改正错误,允许他们继续革命"①。于是,在黄逸峰的申请下,中共上海市委于同年底批准他重新入党。

黄逸峰并不满足于重新入党,而是希望能得到更为公正的处理。他又不断地向党组织提出申诉,请求复查和改变对自己的处分。然而,随之而来的接连不断的政治运动,使他的愿望不可能实现。"文化大革命"期间,他又被迫第三次出党,在运动伊始就被扣上"修正主义分子""共产党叛徒"等大帽子,关进"牛棚",下放五七干校,接受数不清的审查,身心备受摧残。直到1977年12月,他的组织生活才被恢复。

1980年,根据黄逸峰的申诉,中共上海市委组织专门复查组,对1952

---

① 《毛泽东选集》(第五卷),人民出版社1977年版,第283页。

年事件进行认真复查,于同年7月4日写出《关于黄逸峰同志申诉问题的调查报告》。报告的结论为:黄逸峰同志虽有错误,但定为反党分子不妥,开除党籍处分过重,建议撤消华东局当时作出的"关于开除反党分子黄逸峰党籍的决定"。该报告同时上报中纪委。同年12月6日,中纪委作出如下批复:"从复查的结果看,黄逸峰同志的主要错误属实,……但不应定为反党分子,给予开除党籍的处分。鉴于此案已处理多年,黄没有重犯类似错误,工作表现还好,现又病危,同意恢复其党籍。"①当上海市委派专人把1952年事件的复查结论和中纪委批复送至医院交给黄逸峰亲自过目时,躺在病榻上的他老泪纵横,感慨万千:30年前的问题终于得到了公正处理!1987年5月27日,中组部又批复上海市委组织部,同意恢复黄逸峰1941年3月重新入党前的党籍,党龄从1925年10月起连续计算,参加革命工作时间从1925年8月参加共青团时算起。黄逸峰从1925年加入中国共产党,三次被迫出党,两次重新入党,几次恢复党籍,其党内经历之复杂坎坷,在中共党史上实属罕见。

  1953年党对黄逸峰的处理在一定程度上是基于政治上的考虑,是为了推动"三反""新三反"运动而树立的反面典型。因此,"黄逸峰事件"是一桩政治事件而非媒介事件。应该说,对黄逸峰事件的定性非新闻媒体所能。但是,新闻媒体在对这一事件的报道中,有失客观与公正,并且有罗织、挖掘罪名之嫌。例如,在华东局作出开除黄逸峰党籍的决定后,《解放日报》于1953年1月24日第三版,集中发表了三篇从不同角度批黄的文章。这三篇文章的作者都是黄逸峰昔日的交通部下属,对黄的深刻揭露、批判,是否全部出于个人本心,不得而知。《中共中央关于在报纸刊物上展开批评与自我批评的决定》规定:"批评在报纸刊物上发表后,如完全属实,被批评者应即在同一报纸刊物上声明接受并公布改正错误的结果。如有部分失实,被批评者应即在同一报纸刊物上作出实事求是的更正,而接受批评的正确部分。"②报纸对黄逸峰的批评显然有违背事实的地方,但

---

① 转引自姜铎:《一个传奇式的共产党员》,上海社会科学院出版社1991年版,第92页。
② 中国社会科学院新闻研究所编:《中国共产党新闻工作文件汇编》(中),新华出版社1980年版,第7页。

我们遍检当时的报刊,却找不到黄逸峰为自己更正、辩解的文章。另外,在媒体发表的相关文章中,"死敌""恶行""恶霸作风""坏蛋分子"等情绪化、非理性语言随处可见,从这里似乎可看出"文革"报刊文风的影子。

新闻媒体对反面典型的批判与对正面典型的表扬一样,都应该坚持实事求是、客观公正的态度,既不能过分贬低,也不可无限拔高。新闻媒体在"黄逸峰事件"中所扮演的角色,取决于当时大的政治环境,但检视这段历史,对我们的新闻媒体在今天如何有效地发挥舆论监督功能和宣传功能,应该是有所裨益的。

20世纪中国新闻学研究[*]

新闻学是研究新闻传播规律和新闻事业发展规律的一门科学。新闻学研究始于17世纪中叶的德国,19世纪30年代后随着欧美近代大众化报业的兴盛而渐次发达。在社会科学领域,新闻学是一门比较年轻的学科。

我国近代新闻事业落后于西方,新闻学研究也起步较晚。19世纪70年代,一批先进的知识分子在创办近代民族报刊的同时,开始对报刊的性质、功能等进行初步的学理探讨。进入20世纪,我国新闻传播事业日益发达,新闻学研究也相应展开,新闻学从鲜为人知逐渐发展为一门可以和其他门类的社会科学分庭而立的学科。

考察20世纪百年间我国新闻学研究的历史进程,除去"文化大革命"十年(1966—1976)不论,大致可分为四个时期:理论奠基期(1901—1927)、研究多元化期(1927—1949)、理论整合期(1950—1966)、繁荣和深化期(1977—2000)。

一、新闻学研究奠基期(1901—1927)

我国新闻传播事业源远流长,以"邸报"为代表的古代报业有千年历史。受封建王朝新闻统制影响,对新闻事业进行理论研究鲜有其人。19

---

[*] 本文原载于丁淦林主编的《20世纪中国学术大典·新闻学传播学》,福建教育出版社2005年版。注释为编入此集时所加。

世纪中叶以后,随着我国近代民族报业兴起,王韬、郑观应、陈炽等具有改良思想的有识之士开始对报刊的作用进行学理探讨,我国新闻学研究由此萌芽。据目前所见,第一篇论述报刊作用和办报思想的专文,是陈蔼廷的《创设华字日报说略》,载于1871年7月8日的《中外新闻七日报》。改良派视报纸为"通民隐,达民情"的工具,具有反映民众舆论和传播新知、开通民智的作用。改良派还第一次提出采访、报道和言论自由的要求。改良派的新闻观是近代中国资产阶级新闻思想的先声。

19世纪90年代,资产阶级维新派登上政治舞台。维新派创办了《时务报》等一批报刊,鼓动民气,开发民智,以谋求维新事业的实现,中国民族报业进入了第一个繁荣兴盛期。维新派强调报刊的工具性、政治性和党派性,新闻思想与改良派一脉相承,但也有较大发展。

梁启超的新闻思想代表了资产阶级维新派新闻学理论研究的最高成就。1896年8月,梁启超在《时务报》创刊号上发表《论报刊有益于国事》,第一次把报刊称为"耳目喉舌"。戊戌变法失败后,梁启超亡命日本。在日本,梁启超创办了《清议报》和《新民丛报》,发表了多篇新闻学专论。1901年12月发表于《清议报》的《本馆第一百册祝辞并论报馆之责任及本馆之经历》,提出"宗旨定而高,思想新而正,材料富而当,报事确而速"为衡量报刊优良的四大原则[①]。1902年10月发表于《新民丛报》的《敬告我同业诸君》,揭示报馆两大天职为"政府之监督"和"国民之向导"[②],对其戊戌时期的"宣德达情"说进行修正。他还在《舆论之父与舆论之仆》和《国风报叙例》中提出了比较全面的舆论观。20世纪初期梁启超的新闻观,比较接近西方自由主义新闻思想。梁启超对新闻学理论的研究和建树,为中国资产阶级新闻学理论奠定了基础。

由于历史原因,以孙中山为代表的资产阶级革命派的新闻思想与维新派同出一源,但在理论建树上没能超越维新派,不过更具革命性和战斗性。

---

① 梁启超:《本馆第一百册祝辞并论报馆之责任及本馆之经历》,载《清议报》1901年12月,第100册。
② 中国之新民(梁启超):《敬告我同业诸君》,载《新民丛报》1902年10月,第17号。

20世纪初,我国出版了几部西方新闻学著作译本。其中日本学者松本君平的《新闻学》最为著名,是迄今所见中国第一部新闻学译著,1903年由商务印书馆出版。该书构架合理,内容丰富,包括新闻理论、新闻业务和欧美各国新闻事业史。松本君平的《新闻学》深受美国新闻学理论影响,在理论部分,他阐述了新闻事业的性质和作用,还复述了西方国家将新闻记者称为"第四种族"的四个等级理论,并阐述了新闻媒介对舆论的影响力。另一部较有影响的新闻学译著是美国人休曼(Edwin L. Shumon)的《实用新闻学》,1913年由上海广学会出版。

在中国新闻学术史上,最先向国人介绍西方新闻学理论的是来华传教士。随后,改良派和维新派在阐述自己的办报思想、尝试进行新闻理论研究时,也引述了一些西方新闻学理论观点,但大多是片言只语,不成系统,理论研究也没有上升到新闻学学科的高度。以松本君平的《新闻学》为代表的这批译著的出版,标志着西方新闻学理论在中国的传播进入了一个新阶段,为我国新闻学理论研究系统化、学科化起到了示范和促进作用。

20世纪20年代初,《泰晤士报》社长北岩、密苏里大学新闻学院院长威廉等相继来华演讲、讲学,美国学者开乐凯的《新闻学撮要》、安杰尔的《新闻事业与社会组织》也分别被戈公振、张友松翻译出版,西方自由主义新闻学观点、理论进一步在中国传播,对中国新闻学研究产生了一定的影响。

在译介西方新闻学著作的同时,我国一些青年学子也开始远赴国外研读新闻学。民国成立后,新闻教育和新闻学研究逐渐引起有识之士的重视。1918年,北京大学首先开设了新闻学课程,由曾赴美国研习新闻学的徐宝璜主讲。同年10月14日,在校长蔡元培倡议下,北京大学成立了新闻学研究会。这是我国第一个有组织的对新闻学这门学科进行系统研究的团体。新闻学研究会以"研究新闻学理,增长新闻经验,以谋求新闻事业之发展"为宗旨①,聘请徐宝璜、邵飘萍担任导师讲述新闻理论和实务,出版了我国第一个新闻学刊物《新闻周刊》。北京大学新闻学研究会的成立,说明新闻学作为一门独立学科已在部分国人的观念中初步形成。

---

① 方汉奇主编:《中国新闻事业通史》(第二卷),中国人民大学出版社1996年版,第97页。

新闻学研究会虽然只存在了两年,但对我国新闻学研究的倡导功不可没。20年代,北京、上海一些高校相继设立新闻系科,新闻学教育在我国真正兴起。据统计,1920年至1927年,我国高校新闻系科有72所之多。其中比较著名的有:上海圣约翰大学新闻系(1920年成立)、北京平民大学新闻系(1923年成立)、燕京大学新闻系(1924年成立)、复旦大学新闻学系(1929年成立)。大学新闻系科的成立,为培养新闻人才,促进新闻学在我国的传播和研究,贡献厥伟。

1919年,北京大学出版部出版了徐宝璜的《新闻学》,这是中国人自撰的第一部理论新闻学专著,蔡元培誉其为"在我国新闻界实为'破天荒'之作"①。该书篇幅不长,但简明扼要,条理明晰,理论架构相当科学,内容包括新闻理论、新闻业务和经营管理等诸方面,论述涉及新闻媒介(新闻纸)的性质、作用、新闻定义、新闻价值等新闻理论的基本问题,广告处理、新闻社组织经营等管理问题,及编、采、评等业务问题。

徐宝璜《新闻学》中的观点虽大多源于西方,但能密切联系当时中国新闻界的实际状况。书中也有一些不全同于西方的观点,如把新闻定义为"乃多数阅者所注意之最近事实也"②,概括新闻纸的职务为"供给新闻、代表舆论、创造舆论、输灌知识、提倡道德、振兴商业"等。书中对新闻与意见应该分离、新闻工作者应重视心理学研究的论述,尤具有理论意义。在我国新闻学研究史上,徐宝璜占有重要的地位——第一个在大学讲授新闻学课程;第一个参与创办新闻学研究团体;第一个出版新闻学专著。因此,徐宝璜被誉为中国"新闻界最初的开山祖"③。

继徐宝璜《新闻学》之后,20世纪20年代又有几部中国人撰写的新闻学专著出版。1922年,任白涛的《应用新闻学》由上海亚东图书馆出版,这是国人自撰的第一部实用新闻学著作。1923年,京报馆出版了邵飘萍的《实际应用新闻学》,这是国人自撰的第一部新闻采访学专著。1927年,戈

---

① 蔡元培为徐宝璜《新闻学》所作之序,参见徐宝璜:《新闻学》,中国人民大学出版社1994年版,第6页。
② 徐宝璜:《新闻学》,中国人民大学出版社1994年版,第10页。
③ 方汉奇主编:《中国新闻事业通史》(第二卷),中国人民大学出版社1996年版,第99页。

公振的《中国报学史》由商务印书馆正式出版,这是我国最早的一部系统论述中国报刊发展史的专著,新闻史是一门学问,由此确立。此外,邵飘萍的《新闻学总论》、蒋裕泉的《新闻广告学》、蒋国珍的《中国新闻发达史》也在这一时期先后出版。

至1927年,新闻学的三个组成部分——理论新闻学、新闻实务、新闻史都有国人自撰的专著出版。大学纷纷设立新闻系科,新闻学教育也在我国真正展开。国人自撰新闻学专著的出版和大学新闻系科的设立,说明新闻学作为一门独立学科的地位已经在我国确立,科研成果也具有了坚实的积淀。因此,我们把戈公振《中国报学史》出版的1927年作为中国新闻学研究奠基期的发端。

二、新闻学研究多元化期(1927—1949)

1927年至1949年,中国革命斗争风起云涌,民族矛盾严重激化。在激烈的政治、军事斗争中,形成了共产党、国民党两大政治营垒和其他一些政治势力。在此历史背景下,新闻学研究呈现出多元化特点,几种不同的新闻思想、新闻理论并存,构建着各自的学理基石和框架。

1. 以党报理论为核心的无产阶级新闻学理论

五四运动后,尤其是中国共产党成立之后,马克思主义在中国得到广泛传播。中国共产党在创立之初,就注重对马克思、恩格斯新闻观点尤其是列宁的报刊思想和苏联党报经验的介绍,同时十分重视党对新闻事业的领导,强调党的报刊服从党的事业的党性原则,尝试建立自己的党报理论,中国共产党党报理论由此萌芽。

随着中国无产阶级新闻事业的兴起,用马克思主义观点指导研究新闻学的工作也开始了。1922年2月李大钊在北京大学新闻记者同志会上的演讲辞,较早用马克思主义观点分析新闻事业的一些问题。大革命时期,毛泽东写的《〈政治周报〉发刊理由》用马克思主义观点阐述了新闻工作"用事实说话"的基本原则[①]。瞿秋白、恽代英、肖楚女等也发表了不少论述报刊在

[①]《毛泽东新闻工作文选》,新华出版社1983年版,第5页。

革命斗争中的任务和作用、批判资产阶级新闻观点和办报思想的文章。

1926年,列宁的《党的组织与党的出版物》(当时译为《论党的出版物与文学》)被翻译成中文,刊载在《中国青年》上。20世纪20年代末,列宁关于党报性质作用的著名论断"报纸不仅是集体的宣传员和集体的鼓动员,而且是集体的组织者"被介绍到我国,成为中国共产党报刊工作的指导思想,对党的新闻事业影响至巨。

大革命失败后,中共在上海和苏区相继创办了报刊、通讯社等新闻媒体,在宣传战线上与国民党反动派展开斗争,无产阶级新闻学理论在不断探索中向前发展。1930年8月15日,《红旗日报》发刊词《我们的任务》,第一次明确地提出:"报纸是一种阶级斗争的工具。"该发刊词并明确提出党报既是党的"机关报",也是广大人民群众反帝反国民党的"喉舌",这是党的报刊党性与人民性相统一的较早阐述。毛泽东、瞿秋白在这一时期都曾就如何办好党报发表过一些重要意见。

1931年10月,进步新闻工作者成立的"中国新闻学研究会"在左联报纸《文艺新闻》上办《集纳》副刊(后扩版为《集纳批判》),尝试建立无产阶级新闻学,可惜因形势严峻,未能如愿。

全面抗战时期,中共在国统区和延安先后成功地创办了《新华日报》《解放日报》和新华通讯社、延安人民广播电台等著名媒介,党的新闻事业走向兴盛。1942年至1945年,在延安整风运动的推动下,《解放日报》发表了几十篇社论和文章,阐述党报的性质、作用,党与党报的关系;新闻的本源及真实性;党的新闻工作作风等一系列重大理论问题。中国共产党党报理论至此成熟。

1942年3月16日,中共中央宣传部为改造党报发出通知,指出"报纸是党的宣传鼓动工作最有力的工具",党报的主要任务是宣传贯彻党的政策,反映党的工作和群众生活。要使各地党报成为名副其实的党报,就必须使"党报编辑部与党的领导机关的政治生活联成一气"①。4月1日,《解

---

① 《中宣部为改造党报的通知》,载中国社会科学院新闻研究所编:《中国共产党新闻工作文件汇编》(上),新华出版社1980年版,第126页。

放日报》发表《致读者》社论，宣布全面改版。在社论中首次明确地把"党性、群众性、战斗性和组织性"概括为党报的四大品质。社论还强调《解放日报》不仅要成为真正战斗的党的机关报，同时也要成为天下人的报，即党性与人民性相统一的报。这一思想后来在1947年1月11日《新华日报》社论《检讨与勉励》中得到了更深刻的阐释。1942年9月22日，《解放日报》在社论《党与党报》中提出了"全党办报"的重要思想，这一思想后来发展为"全军办报""大家来办报"。1945年5月16日，《解放日报》发表社论《提高一步》，提出要把党的三大作风精神贯彻于党的新闻工作中，成为新闻工作的作风。

1943年9月1日，陆定一在《解放日报》发表《我们对于新闻学的基本观点》一文，用马克思主义观点阐明新闻的本源是"物质的东西"，是"事实"，新闻的定义就是"新近发生的事实的报道"，批判了新闻本源问题上的唯心主义"性质说"和法西斯新闻理论，指出只有为人民服务、与人民密切相联的报纸，"才能得到真实的新闻"，回答了"新闻如何才能真实"这一重要理论命题。这篇文章奠定了无产阶级新闻学的理论基石，代表了当时无产阶级新闻学研究的最高成就。

解放战争时期，以《晋绥日报》反"客里空"为契机，中国共产党重点进行了对不真实新闻的揭露批判，重申"新闻要真实"这一本质要求。在革命战争即将胜利的1948年，毛泽东、刘少奇分别对党的新闻工作者发表了重要谈话。4月2日，毛泽东发表《对晋绥日报编辑人员的谈话》，提出："报纸的作用和力量，就在它能使党的纲领路线，方针政策，工作任务和工作方法，最迅速最广泛地同群众见面。"①无产阶级报纸的战斗风格是生动、鲜明、尖锐，毫不吞吞吐吐。10月2日，刘少奇发表《对华北记者团的谈话》，强调党的新闻工作是党联系群众的"桥梁"，新闻媒介不仅要宣传党的路线方针政策，还要运用新闻手段反映群众的意见、情绪、要求。新闻工作者要真实、全面、深刻地反映党的政策在群众中的执行情况，允许

---

① 《毛泽东新闻工作文选》，新华出版社1983年版，第149页。

党的新闻工作者考察党的政策是否正确①。毛泽东、刘少奇的谈话丰富了无产阶级新闻学理论,为党的新闻工作从农村转向城市,从革命战争阶段转向国家建设阶段确立了原则。

以党报理论为核心的中国无产阶级新闻学理论的形成和成熟,不仅丰富了马克思主义宝库,而且指导、规定着党和新中国新闻工作的实践,因此具有十分重要的理论和实践意义。

2. 国民党三民主义新闻学理论

1927年4月,国民政府定都南京,不久完成国家形式上的统一。南京国民政府很快形成以中央通讯社、《中央日报》、中央广播电台为核心的全国新闻事业网。

南京国民政府成立之初,表面打着"为民众利益""做民众喉舌"的旗号,许诺保障新闻言论自由,实际上施行的是"以党治报"的新闻统制政策。"九一八"事变之后,由于中国共产党新闻事业和其他进步新闻事业的兴盛,国民党效法法西斯"国家至上"原则,进行所谓的"民族主义的新闻建设",实行"科学的新闻统制"②,取缔异己报刊,加强自身的控制力量。在此背景下,国民党在新闻学方面不可能有实质的理论建树。

全面抗战中后期,国民党政府所辖西南地区相对平静。在此特殊环境下,为给新闻事业提供理论支点,蒋介石和一些国民党报人开始对新闻事业的性质、作用和经营管理等进行研讨,逐渐形成三民主义新闻学理论。

1940年,蒋介石在中央政治学校新闻专修班上进行了两次讲话,即《今日新闻界之责任》和《怎样作一个现代新闻记者》。蒋介石在讲话中说,新闻事业和新闻记者在"抗战建国"的事业中负有重任,是国家的"喉舌"和民众的"导师"。蒋介石主张新闻事业主要目的在于政治宣传,而商

---

① 刘少奇:《对华北记者团的谈话》,载复旦大学新闻系新闻史研究室编:《中国新闻史文集》,上海人民出版社1987年版,第370—380页。
② 国民党中央宣传委员会新闻科报告《本党新闻政策之确立与发展》,载《新闻宣传会议记录》1934年3月。

业经营只是达到宣传目的的手段,不能轻宣传而重经营,本末倒置①。蒋介石还提出迅速、确实、面向经济建设是党报新闻言论应遵循的方针,新闻工作者应具"唯救国救世之抱负,兴日新又新之兴趣"的职业道德②。《中央日报》社长程沧波则从国民党党报管理体制的弊端和当时新闻从业人员困苦的生活状况出发,提出"党报企业化经营"的思想。

1939年9月30日,中央政治学校新闻系主任马星野在《青年中国》创刊号上发表了长篇论文《三民主义的新闻事业建设》,就民族主义、民权主义、民生主义和新闻事业的关系分别作了详尽论述,明确提出"三民主义新闻思想"这一概念。马星野认为,西方自由主义新闻事业和苏联式新闻事业都不符合我国国情,中国应建立具有自己民族特色的新闻事业。

3. 邹韬奋人民报刊理论

邹韬奋从1926年接手主编《生活》周刊,至1944年逝世,在近20年的新闻生涯中,主编、创办了7个很有影响的报刊。邹韬奋不仅是杰出的报刊活动家,也是著名的报刊政论家、理论家。在新闻实践中,他继承我国民主报刊的优良传统,汲取无产阶级新闻理论营养,较早树立了为人民办报的进步思想。

邹韬奋把为人民大众服务作为自己办报刊的目的。报刊要成为人民的"好朋友",以读者利益为中心,言论要完全作人民的喉舌,新闻要完全作人民的耳目,从而达到服务人民大众、促进社会进步的最终目的。邹韬奋在经办《生活》周刊获得成功之后,把再办一张"真正人民的报纸"作为自己平生最大的愿望。他在筹划《生活日报》时,即把《生活日报》定位为一张"真正人民的报纸"。邹韬奋认为,这张报纸必须是反映全国大众的实际生活的报纸,必须是大众文化的最灵敏的触角,是大众"一天不可缺少的精神食粮"③。

邹韬奋认为报刊的基本任务是"领导与反映"。1941年1月,他为祝贺《新华日报》创刊三周年作《领导与反映》一文,着重阐述了这一观点。

---

① 参见蔡铭泽:《论抗日战争时期国民党人的新闻思想》,载《新闻与传播研究》1998年第2期。
② 《蒋委员长对中国新闻学会之贺电》,载重庆《中央日报》1941年3月16日。
③ 《韬奋文集》(第3卷),生活·读书·新知三联书店1955年版,第80页。

他认为人民报刊的基本任务一方面在领导社会,一方面在反映社会大众的公意,这样才能起到代表社会大众真正利益并在此立场上"教育大众、指导大众"的作用。

邹韬奋主张报刊要有自己的个性和特色,提倡把"有益"与"有趣"结合起来,寓教育于趣味之中。1936年创办《生活日报》时,他系统地阐述了人民报刊所应具备的特点:广博的言论;统一性(言论、新闻、附刊思想一致);广泛性(反映人民群众多方面生活);研究化(帮助读者了解新闻背景,发表参考资料)和文字大众化等①。

邹韬奋在新闻文风、新闻从业者职业道德精神、经营管理和新闻教育等方面,都有精到的论述。邹韬奋的新闻理论来源于实践,指导着实践,没有高深玄奥的学理,但大言不辩,更具有令人信服的力量和实践意义。在风雨如磐的30年代,邹韬奋的新闻实践和人民报刊理论是对中国共产党新闻事业和无产阶级新闻学理论的有益帮助和补充。

4. 张季鸾资产阶级新闻学理论

张季鸾是我国现代著名的资产阶级报人,也是资产阶级新闻学理论研究的代表性人物。1926年张季鸾和吴鼎昌、胡政之接办《大公报》,倾力擘画,苦心经营,把《大公报》办成了最具影响力的民营报纸。在《大公报》复刊社论《本社同人之志趣》中,张季鸾提出了"不党、不卖、不私、不盲"的办报方针。"不党"就是等视各党;"不卖"即言论不为金钱左右;"不私"谓报纸不私用,向全国开放,为公众喉舌;"不盲"是不盲从、不盲信、不盲动、不盲争②。1943年9月,《大公报》把"不私不盲"定为社训。

张季鸾主要秉承了西方自由主义报刊理论,崇尚言论自由、经济独立、开放报馆、代表舆论的办报原则。但是,张季鸾的理念也有不同于西方自由主义新闻学的地方,例如他强调报纸要对国家忠诚(尤其是战时),要责任和权利并重。他特别重视中国报纸"文人论政"的传统。1941年5月15日,张季鸾为致谢密苏里大学新闻学院赠予《大公报》1940年度外国

---

① 参见方汉奇主编:《中国新闻事业通史》(第二卷),中国人民大学出版社1996年版,第594页。
② 《本社同人之志趣》,载《大公报》1926年9月1日。

报纸荣誉奖章,亲撰社评《本社同人的声明》,指出中国报业与西方各国的显著不同是:各国的报是作为一种大的实业来经营,而中国报原则上是文人论证的机关,不是实业机关。《大公报》是中国资产阶级报业试图成为"第四权力"的富有成效的尝试。张季鸾的报刊理论对拓展我国新闻学研究园地,具有一定的积极意义。

1927年至1949年,有两个全国性的新闻学研究组织成立。一为中国青年新闻记者学会,1938年成立于武汉,曾出版《新闻记者》月刊;另一个是1941年成立于重庆的中国新闻学会,出版有《中国新闻学会年刊》。这一时期,出版新闻类书籍150种左右,其中属于理论新闻学方面较著名的有:黄天鹏辑著"逍遥阁新闻学"丛书、《新闻学名论集》、《新闻学论文集》,管翼贤辑著《新闻学集成》,任毕明著《战时新闻学》,储玉坤著《现代新闻学概论》,萨空了著《科学的新闻学概论》,恽逸群著《新闻学讲话》,马星野著《新闻自由论》等。

三、新闻学理论研究整合期(1949—1966)

1949年,中华人民共和国成立,我国新闻事业进入了一个新的历史时期。10月19日,中央人民政府政务院成立新闻总署,统一管理全国新闻事业(1952年新闻总署撤消,归中宣部领导)。通过对反动报刊、通讯社的接管和改造,对私营新闻机构进行公私合营,逐步形成了中央、地方相结合,报刊、广播和通讯社多种媒体分工合作的全国规模的无产阶级新闻事业网。延安时期成熟的以党报理论为核心的无产阶级新闻学理论,理所当然地成为新中国新闻事业的指导思想。新闻学理论研究统一于马克思主义理论范畴之内。

1950年3月,新闻总署署长胡乔木在全国新闻工作会议上提出,要从联系群众、联系实际、开展批评和自我批评三个方面改进报纸工作,并且对如何加强评论工作和副刊工作提出了具体意见。新闻界就上述问题展开讨论,发表了一批论文。

1954年7月,中共中央通过《关于改进报纸工作的决议》。决议肯定了党的报刊已经成为宣传贯彻党的路线方针政策、联系和教育广大人民群众的有力武器，同时也指出了不足和需要改进之处：许多报纸党性和思想不强，联系实际和联系群众不够密切，关于马列主义理论宣传和党的生活宣传薄弱，评论薄弱，新闻报道公式化、概念化、迟缓、冗长、不通俗，反映人民群众多方面活动不够等。决议指出造成这些缺失的原因是各级党委对党报领导不够，强调以后要加强领导，减少错误①。

1956年4月，党中央提出"双百"方针。5月，刘少奇分别同新华社等中央媒体负责人谈话，发表了关于新闻工作的重要意见。7月1日，《人民日报》发表《致读者》社论，宣布从扩大报道范围、开展自由讨论和改进文风等方面进行改版，全国各地报纸和广播也随之纷纷效法。新闻事业的生机焕发带来了新闻学研究的活跃，复旦大学、中国人民大学新闻系的一些教师对新闻学理论研究和报纸改革工作提出了不少有益见解，还就不同意见展开了争鸣和讨论。

在1957年的"反右"斗争和1958年的"大跃进"中，由于"左倾"错误的影响，新闻学研究工作走了弯路。

1961年，中共八届九中全会通过了"调整、巩固、充实、提高"的方针，对前一段"左倾"错误进行初步纠正，提出大兴调查研究之风和实事求是作风，新闻学研究工作又回到正确的轨道上来。1966年，"文化大革命"爆发，新闻学研究工作被迫中止十年之久，在学术研究史上出现了令人惨痛的空白荒芜期。

1949年至1966年，新闻学理论研究领域建树不多，比较有代表性的是刘少奇的新闻思想和王中的新闻学理论研究成果。

1956年和1961年，刘少奇分别对新华社、中央广播事业局和人民日报社的主要领导进行了几次重要谈话。这几次谈话集中体现了这一时期他的新闻思想。在处理党的媒体与党的领导机关关系方面，刘少奇主张要把坚持原则性和坚持纪律性结合起来：新闻媒体一方面要坚持纪律性，服从党的领导，另一方面也要坚持原则，敢于向党委反映问题，提出意见。

---

① 《中共中央关于改进报纸工作的决议》，载中国社会科学院新闻研究所编：《中国共产党新闻工作文件汇编》（中），新华出版社1980年版，第319—329页。

他还主张媒体政策宣传要和实际(党的中心工作)保持一定距离,避免犯理解肤浅、宣传过分集中、在理论或操作上出现指导思想偏差的错误。刘少奇认为,国家建设时期与革命战争年代不同,新闻报道在有立场的前提下,力争客观、公正、真实、全面,新华社要成为世界的"消息总汇"。刘少奇建议党领导的媒体之间平等竞争,对党的新闻体制进行一些改革,以适应新形势的需要[1]。刘少奇的新闻思想无疑是正确的,纠正了毛泽东新闻思想的一些偏差,可惜在当时的政治环境下,无法得到真正贯彻。

王中是中华人民共和国成立后在新闻学研究领域颇有成就的学者。1956年,王中撰写出《新闻学原理大纲》初稿,1957年他对此初稿进行了修改。在《新闻学原理大纲》中,王中就新闻学的一些基本问题发表了独到的见解,涉及新闻理论、实务等诸多问题,其中"读者调查"一项为前人所未论及。这一时期王中还发表了一些谈话,撰写了几篇论文,阐述了自己对新闻学的看法,理论体系虽不完备,但观点令人瞩目。王中认为,报纸具有"两重性":一重是宣传工具,一重是商品,报纸要在商品性的基础上发挥宣传工具的作用。王中分析,新闻事业的产生与发展,同社会需要与社会条件密切相关,从而提出新闻事业是社会产物的"社会需要论"。王中强调办报要根据读者需要("读者需要论"),提出按经济特区办报的主张[2]。王中对报纸"两重性"的阐述和社会需要论、读者需要论的提出,反映了他对新闻事业客观规律的尊重。

1949年至1966年,全国出版新闻类图书近90种,大多是业务类书籍,新闻理论方面的书籍较少。1958年,中国人民大学出版社出版了本校新闻系编辑的《列宁论报刊》和《马克思、恩格斯论报刊》,为研究马克思主义经典作家的新闻思想提供了诸多便利。值得一提的是,中华人民共和国成立初期,我国翻译、出版了一批苏联新闻学论著。这批译著的出版对我国新闻学研究工作既有借鉴和促进作用,也产生了教条主义影响。

---

[1] 中共中央文献研究室编:《刘少奇年谱》(下卷),中央文献出版社1996年版,第367—368、370、518—519页。
[2] 《王中文集》,复旦大学出版社2004年版,第3—18页。

四、新闻学研究繁荣深化期(1977—2000)

"文化大革命"十年中,林彪、"四人帮"两个反革命集团操纵新闻媒体,把其作为"全面专政"的工具,我国新闻事业遭到严重扭曲和摧残。在《把新闻战线的大革命进行到底》的错误指导下,马克思主义新闻学的基本原理被全盘否定,封建法西斯新闻谬论甚嚣尘上,新闻学研究园地百花凋零,一片荒芜。从1966年5月至1976年10月,新闻类图书只出版过20余种,大多是新闻单位内部编印,且多为具体业务方面之作,没有什么理论价值。

1976年10月,"四人帮"被彻底粉碎。新闻界通过拨乱反正,肃清"左倾"流毒,逐渐步入正轨。新闻学理论研究在继承优秀理论成果基础上,广采博收,不断深化,呈现出欣欣向荣的繁荣局面。

1. 邓小平、江泽民新闻思想

邓小平是我国改革开放的总设计师。在现代化建设的实践中,邓小平高瞻远瞩,运筹帷幄,形成了建设有中国特色的社会主义理论。邓小平新闻思想是其中的重要组成部分。在新闻要讲真话、新闻事业的党性原则、群众路线等方面,邓小平继承了毛泽东新闻思想的基本观点。在新的历史条件下,邓小平强调新闻工作的指导思想要从以阶级斗争为纲转变到为经济建设这个中心服务,要为经济建设创造良好的新闻舆论环境,要大力宣传发展社会生产力、改革开放和安定团结的政治局面,正确处理发展、改革、稳定的关系。邓小平指出新闻宣传工作不要"左""右"摇摆,特别强调良好的新闻舆论环境对形成安定团结政治局面的重要性[①]。这些观点是对毛泽东新闻思想的发展,也包含了对毛泽东晚年错误思想的修正。

江泽民是党的第三代领导集体核心。江泽民在继承毛泽东、邓小平新闻思想的同时,结合改革开放中新闻工作的新情况提出了一些新的观点。这些观点集中在1994年、1996年他在全国宣传工作会议上的讲话和

---

① 《邓小平文选》(第二卷),人民出版社1994年版,第255、363—365页。

接见解放军报社师以上干部讲话及视察人民日报社时的讲话。江泽民认为,新闻作为一种意识形态,作为宣传教育、动员人民群众的一种舆论形式,总是直接或间接地反映我们党和国家的政治立场、政治主张和政治观点,因此,在党的新闻工作中,"必须坚持鲜明的党性原则",必须实行"政治家办报"。江泽民充分认识到新闻舆论的重要地位和作用、新闻工作与党的事业的休戚与共的关系:"舆论导向正确,是党和人民之福;舆论导向错误,是党和人民之祸。党的新闻事业与党休戚与共,是党的生命的一部分。"①因此,他特别强调要"以正确的舆论引导人"。江泽民十分重视新闻队伍建设,他要求新闻从业人员要"政治强,业务精,纪律严,作风正"。

邓小平、江泽民的新闻思想继承、发展了毛泽东新闻思想,恢复了用马克思主义观点、方法研究新闻学的优良传统,是新时期新闻学研究的指导思想。

2. 新闻学研究队伍壮大,研究团体增多

长期以来,由于我国新闻界重实务轻理论研究,新闻教育事业又相当薄弱,所以新学研究人才匮乏,经"文革"摧残更显得稀少零落。1978年,中国社会科学院成立了新闻研究所(现为新闻与传播研究所)。随后,人民日报社、新华社等中央媒体和部分地方媒体、地方社科院都相继成立了新闻研究机构,进行新闻学理论研究和新闻志书的编纂工作。截至2002年,全国共有50余家这种类型的新闻研究机构。新闻学研究机构的设立推动了一批专业的新闻学研究队伍形成。

改革开放后,新闻教育事业逐渐繁荣,新闻学研究生教育也有长足发展。到2002年为止,全国有新闻传播学硕士点30多个,博士点5个,博士后流动站1个,研究基地3个。新闻学教育事业的发达,不但形成了一支稳固而强大的新闻学教师队伍,也造就一大批新闻学研究的年轻人才和潜在的后备力量。改革开放20年来,理论研究与实务探讨相结合,我国新闻学研究形成了由高等院校、社科院和新闻媒体等几支相辅相成的稳定的专业研究队伍,并且这支队伍还在不断壮大。

---

① 《江泽民文选》(第一卷),人民出版社2006年版,第564页。

1980年以来,我国从中央到地方成立了很多新闻学术团体。1980年2月,北京新闻学会宣布成立,这是中华人民共和国成立以来的第一个新闻学会。8月,在"文革"中被迫停止活动的中华全国新闻工作者协会恢复活动。北京新闻学会成立之后,天津、上海等全国大部分省、市、自治区都相继成立了新闻学会。1984年,在全国各地新闻学会基础上成立了中国新闻学会联合会(1989年后停止活动)。1984年11月,全国高等院校新闻系联合成立了中国新闻教育学会。中国广播电视学会、中国新闻史学会也分别于1986年和1992年成立。众多的新闻学术团体定期或不定期召开会议,研讨问题,交流经验,为新闻学研究提供了组织保证,有力地推动了新闻学研究的发展。

3. 新闻学期刊种类繁多

改革开放以来,新闻研究、教学单位和新闻媒体单位编辑出版了种类繁多的期刊、丛刊,据统计,现有新闻专业刊物40余种。这些刊物的出版为新闻学论文的发表和理论交流提供了广阔的园地。另外,大型的新闻资料工具书从20世纪80年代初也相继出版,具有代表性的有《中国新闻年鉴》(1981年起逐年出版)、《中国广播电视年鉴》(1986年起逐年出版)、《中国大百科全书·新闻出版卷》(1990年出版)。先后出版的辞书有甘惜分主编的《新闻学大辞典》、冯健主编的《中国新闻实用大辞典》、刘建明主编的《宣传舆论学大辞典》、赵玉明等主编的《中外广播电视百科全书》等。这些工具书的出版为新闻学研究提供了不少便利。

4. 新闻学研究领域扩大,内容深化

1980年5月,西北五报新闻学讨论会在兰州召开。这次会议是粉碎"四人帮"后第一个全国性大型新闻学术讨论会。这次会议针对新闻学理论问题展开学术争鸣,提出要首先清除阻碍新闻学研究进一步发展的"新闻无学论",拉开了新时期新闻学研究的帷幕。

继西北五报新闻学讨论会之后,在全国范围内对新闻学的许多问题展开了热烈的讨论和争鸣。如报纸的性质问题;新闻真实性问题;新闻价值问题;党性与人民性、新闻与宣传的关系问题;新闻的定义、新闻的倾向性、新闻媒介的商品性问题;舆论监督与新闻侵权、新闻法制与新闻职业道德问题;新闻策划问题;第四媒体的兴起与传统媒体的关系问题;报业集团化问题;等等[1]。这些问题涉及新闻学的逻辑起点（新闻的定义）、新闻学的基本理论范畴和市场经济下媒体的任务、作用、特征等方方面面，争论的广度和深度是前所未有的。这些争论对澄清新闻学基本理论问题,建立合理的新闻学理论框架和新形势下新闻媒体如何发挥应有作用大有裨益。

新时期的新闻学研究,一方面向纵深发展,一方面不断拓展研究领域,新闻学与传播学、哲学、政治学、社会学、舆论学、心理学、美学、管理学等学科交叉渗透,形成了新闻社会学、新闻伦理学、新闻文化学等综合学科、交叉学科和边缘学科。随着新媒体的兴起和壮大,新闻学研究对象也由以报刊为主扩大为包括广播、电视、通讯社和互联网在内的整个新闻传播事业。

新时期新闻学研究获得了丰硕成果。据《中国新闻学书目大全》不完全统计,1979年至1987年,我国出版新闻学书籍达950余种。1987年至今,估计应在1 000种以上。新闻学论文则数以万计。比较著名和有代表性的新闻学论著有:甘惜分的《新闻理论基础》（中华人民共和国成立后第一部公开出版的以马克思主义观点阐释新闻现象的新闻学原理专著）、《新闻论争三十年》,穆青的《新闻散论》,郭超人的《喉舌论》,梁衡的《新闻原理的思考》,林枫的《新闻改革理论探索》,孙旭培的《新闻学新论》（偏重新闻自由和新闻立法的探讨）,刘建明的《现代新闻理论》,陈力丹的《精神交往论》,童兵的《马克思主义新闻思想史稿》,张骏德、刘海贵的《新闻心理学》,刘智的《新闻文化论》,徐光春的《哲学与新闻》,颜建军的《第四产业大崛起》,姜秀珍的《新闻统计学》等。徐培汀和裘正义合著的《中国新闻传播学说史》,从新闻学术研究史的角度考察了先秦至1949年10月各个时期有代表性的新闻传播学著作,并分别作出了学术评价。

5. 新闻学研究方法更新完善

以前,我国新闻学研究多停留在逻辑推理、理论阐释的层面上,方法

---

[1] 徐培汀:《新闻传播学研究50年》,载《新闻窗》1999年第5期。

比较单一,说理有余而实证不足,影响了理论的说服力和学科的科学性。改革开放后,伴随着西方传播学的介绍和本土化,传播学研究注重受众调查、定量分析的实证研究方法也被引介到我国,并逐渐被我国研究者所接受。1982年6月至8月,由北京新闻学会发起,中国社会科学院新闻研究所、人民日报社、工人日报社、中国青年报社等新闻单位组成北京新闻学会调查组,对北京市居民读报、听广播、看电视的情况进行了一次抽样调查。这是新时期我国第一次规模较大的受众调查。随后几年,我国新闻单位和研究机构又进行了多次全国规模的受众调查,并撰写了调查报告。现在,我国新闻学研究已形成了问卷抽样调查、数据统计、内容分析等定量分析与比较研究、综合研究、逻辑推理等定性分析并重的、较完善的研究方法。

我国对新闻事业进行学理研究只有百余年,新闻学学科建立还不足百年。在20世纪的新闻学研究中,既获得了丰硕成果,也走了不少弯路,有值得永远记取的教训。1997年,国务院学位委员会将新闻传播学列为一级学科,下设新闻学、传播学两个二级学科。这说明新闻传播学在人文社会科学范畴中的学术地位得到了进一步的公认。相信在一代代学人的辛勤耕耘下,21世纪的我国新闻传播学研究园地一定会繁花似锦,硕果累累。

舆论监督三十年历程与变革[*]

改革开放30年来,由于党和政府的大力倡导与支持,我国新闻媒体的舆论监督功能日益彰显。但是,新闻媒体在实施舆论监督时也出现了监督不力、监督不易、监督错位等问题。创新媒介体制,健全新闻传播法制,加强新闻职业道德和专业主义教育,应成为进一步改善和加强舆论监督的着力点。

回顾30年来的中国新闻传播业,"舆论监督"无疑是"关键词"之一。欧美国家没有"舆论"(public opinion)和"监督"(supervision)这样的固定搭配,"舆论监督"完全是我国独创的特色词语。当然,并不能因此说欧美国家的新闻媒体没有舆论监督活动。事实上,这些国家新闻媒体的舆论监督功能相当强劲,他们的新闻媒体是独立于立法、司法、行政三权之外的"第四权力"。舆论监督,简言之,就是公民通过新闻媒体对公共事务的批评与建议,是公民言论自由权利的体现,人民参政议政的一种形式。舆论监督的本质主体是人民大众,实施主体是新闻工作者和新闻媒体,监督的主要对象是国家机关及其工作人员,采取的方式是事实的披露与意见的言说。

一、舆论监督的三个阶段

改革开放以来,我国新闻媒体在实施舆论监督方面,大致经历了三个

[*] 本文原刊于《当代传播》2009年第4期。

阶段：(一)恢复五十年代初期报刊批评的优良传统，正式提出"舆论监督"的概念(1978—1988)；(二)以《焦点访谈》为代表的中央级权威媒体、以《南方周末》为代表彰显新闻人良知的专业媒体和新兴都市报多维监督，舆论监督实施主体和监督模式更加多样(1989—2001)；(三)新媒体成为舆论监督最为活跃的实施主体。对于公共事件，往往是新媒体首先介入，传统媒体随后跟进，新媒体与传统媒体形成舆论监督的合力(2002年至今)。

1. 从"报刊批评"到"舆论监督"(1978—1988)

我们党一贯重视报刊的批评、监督功能，在延安整风时期，就将这种功能概括为"战斗性"，与"党性""群众性""组织性"并列为党报的四大品质。1950年4月，中华人民共和国刚刚成立，中共中央即发出《关于在报纸刊物上展开批评与自我批评的决定》，要求在报刊上展开对党和政府工作中一切错误和缺点的批评与自我批评，以巩固党与人民群众的联系、保障党和国家的民主化、加速社会进步。1954年7月，中共中央政治局又通过《关于改进报纸工作的决议》，将报刊批评上升到党性、党内民主和党的领导强弱的高度来看待。在党和政府的大力倡导、支持下，新闻媒体在建国初期出现了第一个批评监督的黄金期。

1957年以后，新闻媒体上批评与自我批评的声音开始渐渐弱化。"文革"10年间，报刊批评开展得如火如荼，但众声喧哗，群魔乱舞，走向了问题的反面。十一届三中全会后，中共中央通过《关于当前报刊新闻广播宣传方针的决定》(1981)、《关于改进新闻报道若干问题的意见》(1987)等文件，又一次强调要积极、正确地运用报刊批评与自我批评的武器，促进四化建设和改革开放。新闻宣传工作批评与自我批评的优良传统得以恢复，批评性报道在报刊、广播等媒体上逐渐增多，社会效应日益彰显。

经济体制改革的深入必然要求政治体制进行相应的改革。1987年10月中共十三大的召开，不仅推动了国家政治体制改革，而且对新闻事业的发展也具有重要意义。会议报告指出："要通过各种现代化的新闻和宣传工具，增加对政务和党务活动的报道，发挥舆论监督的作用，支持群众批评工作中的缺点错误，反对官僚主义，同各种不正之风作斗争。"这是党在正式文件中第一次使用"舆论监督"概念。从此，党和政府的正式文件在论及新闻媒体的批评、监督功能时，一般都使用"舆论监督"，而很少再用"批评与自我批评"的概念。

2. "焦点访谈"的威权·《南方周末》的良知·都市报的强势（1989—2001）

1989年"政治风波"后，党中央提出"以正面宣传为主""坚持正确舆论导向"的新闻宣传工作方针，新闻媒体上的批评报道相对减少。但是党和政府依然重视舆论监督，党的十四大、十五大政治报道均提到要重视传播媒介的舆论监督，发挥舆论监督的作用；十五大政治报道还将舆论监督与党内监督、法律监督、群众监督并列为社会主义民主监督制度的一个重要组成部分。党和政府逐渐把舆论监督纳入到具有中国特色的总的监督机制和体系中来考量，一系列政治报告对舆论监督作用的重视和肯定，无疑对新闻媒体开展舆论监督是一种有力的推动和保护。

为使新闻媒体正确发挥舆论监督功能，中央规定了以下几条原则：（一）舆论监督的根本前提和出发点是，新闻工作者必须坚定地站在党和人民利益的立场上，反映广大人民群众的呼声、愿望和要求；（二）新闻单位反映的问题必须真实准确；（三）媒体要选择人民群众普遍关心而又有条件解决的问题作公开报道；（四）新闻舆论监督必须在宪法和法律的范围内进行，新闻单位和新闻工作者也应接受党和人民的监督[①]。

由于党和政府的重视、支持与人民群众的迫切需要，20世纪90年代，舆论监督逐渐成为新闻媒体经常性的工作。这一时期，形成了以《焦点访谈》为代表的中央级权威媒体，以《南方周末》为代表彰显新闻人良知的专业媒体和新兴都市报多维监督的局面，舆论监督实施主体和监督模式更加多样。

作为中央电视台1994年推出的新闻评论类栏目，《焦点访谈》因密切关注社会热点焦点问题，敢于针砭时弊而迅速成为领导重视、群众欢迎的舆论监督"尖兵"，成为中央级媒体开展舆论监督的典范。以《焦点访谈》

---

① 李瑞环：《坚持正面宣传为主的方针——在新闻工作研讨班上的讲话》（1989年11月25日），载《中国新闻年鉴》（1990），中国社会科学出版社1990年版，第11页。

为代表的中央级媒体所进行的监督,是一种自上而下的权威性监督,有地方性媒体难于"复制"的典型特征:第一,监督主体有很高的行政级别;第二,它的监督基本上是自上而下而不是平级的监督;第三,这种监督基本上要依托于高级领导的重视和批示,有行政的支援才能够顺利进行;第四,即使是自上而下的权威监督,也依然会随着政治的松紧变化而变化。这种监督本质上是体制内部的自上而下的行政权力的延伸,是一种行政的"自我治理技术"[①]。

《南方周末》没有强势的权力背景,它对社会问题的热切关注和批评主要来自新闻从业者的良知和新闻专业理念,"让无力者有力,让悲观者前行"[②]。由于它的生存受益于所在地地方政府的开明,因此其监督呈现出"本地监督缺位、异地监督主攻"的特色。

20世纪90年代中后期都市报的异军突起,给我国新闻界带来了勃勃生机。都市报需要用发行量、广告额等市场指标来证明自己,必须关注现实,强势出击,来赢得读者和广告客户。因此,新创办的都市报几乎都成为舆论监督的生力军。"90年代中后期,都市报作为党委机关报的'子报',除了在经济上对'母报'进行反哺之外,其市民性也为党报调控舆论提供了空间和渠道。这样,都市报挟'母报'所赋予的权威,以其相对独立的形式,为开展舆论监督提供了便利。"[③]

3. 传统媒体与新媒体形成舆论监督合力(2002年至今)

进入新世纪以来,党和政府更加重视新闻舆论监督,将其视为建设社会主义民主政治的重要途径。2004年2月颁布实施的《中国共产党党内监督条例(试行)》,要求"党的各级组织和党员领导干部应当重视和支持舆论监督,听取意见,推动和改进工作"。在党内法规层面上,专门就舆论监督问题作出规定,这在我们党的历史上还是第一次。2005年4月,中共中央办公厅又发布《关于进一步加强和改进舆论监督工作的意见》,对新

---

① 张治安:《中国语境中舆论监督的生态特征》,载《复旦青年》2007年11月19日。
② 《总有一种力量让我们泪流满面》,载《南方周末》1999年1月1日。
③ 陈力丹、闫伊默:《论我国舆论监督的制度困境》,载《南通大学学报(社会科学版)》2007年第2期。

闻舆论监督在当前政治、经济、社会生活中的重要作用进行了深刻分析，并根据新闻舆论监督的基本规律和作用机制提出了加强和改进这一工作的指导性意见。2007年10月召开的党的十七大，政治报告中首次明确人民的知情权、参与权、表达权、监督权，并强调"发挥好舆论监督作用，增强监督合力和实效"。

2002年以后，互联网走出低谷，其新闻媒介的属性愈益彰显。更具意义的是，网络成为民意表达的最重要载体。2007年民意频频置顶（帖子被固定置于论坛页面顶部）：最牛钉子户事件、山西黑砖窑事件、"周老虎"事件、厦门PX项目事件，这些事件之所以成为公共事件并得到妥善解决，无不受益于网络民意。互联网政治已经成为社会主义民主政治的新形式。"互联网改变了人们的生活，也深刻改变了政治生态环境，为民主政治的发展提供了新的方式和渠道。人们将民众通过网络参政议政、政要通过网络与民众互动的现象，称之为互联网政治。"① 与网络等新媒体的活跃、敏锐形成反差，传统媒体舆论监督出现弱化。就像范以锦先生所言，对于公共事件，常常是网络等新媒体率先介入，然后才是传统媒体跟进，最终网络等新媒体与传统媒体形成舆论监督的合力②。

二、舆论监督的三个困境

30年来，在党和政府的支持下，我国新闻媒体积极展开了对国家政治、经济、文化、社会生活等方方面面事务的批评与建议，推动了实际问题的解决，为国家政治民主化和端正党风政风、形成良好的社会风气起到了重要作用，也为新闻媒体自身树立了良好的社会形象。但是，新闻媒体在实施舆论监督时也遭遇了不少困境，出现了不少问题，主要表现为监督不力、监督不易和监督错位。

1. 监督不力

新闻媒体的社会功能，首推"监视环境"。监视环境是指"新闻媒介准

---

① 沈宝祥：《领导干部要适应"互联网政治"的发展》，载《学习时报》2007年6月18日。
② 范以锦：《传统媒体更应搞好批评报道》，载《南方周末》2008年10月9日。

确地、客观地反映现实社会的真实情景,再现周围世界的原貌及重要发展的功能。……在发挥这个功能时,新闻媒介经常向我们发出某些即将到来的危险的预告,向我们提供有关经济、公众与社会的重要新闻等,帮助我们确定自己所处时代的社会环境"[1]。新闻媒体尤其要及时、准确、客观地告知公众即将到来的危险和潜伏的问题,使公众有应对它们的心理准备与举措。这可以称作新闻媒体监视环境功能中的"预警功能",美国著名报人普利策把新闻记者比喻为站立船头的"瞭望者",传播学大师施拉姆把新闻媒体比喻为"社会雷达",就是指新闻媒体具有并且应该发挥这种预警功能。

预警功能也就是新闻媒体的舆论监督功能。公众通过新闻媒体的监测、预告,认知社会生活中潜伏的危险和问题,从而形成全社会的舆论压力,促使它们得到及时、恰当的解决。同时,因新闻媒体的预警而形成社会舆论压力,促成问题在初始状态即得到解决,可以大大降低社会成本。

然而,我国新闻媒体的预警功能相当低弱,对一些重大问题,在其发生、发展阶段"缺位""失声",没有起到监测和预告作用;等到问题坐大而暴露,成为众矢之的,新闻媒体才群起围攻,大加挞伐。这种事后监督,虽然有助于问题的公正解决,但是已无法弥补该问题对社会所造成的巨大危害。马克思说,"报刊按其使命来说,是社会的捍卫者,是针对当权者的孜孜不倦的揭露者,是无处不在的耳目,是热情维护自己自由的人民精神的千呼万应的喉舌。"恩格斯也指出,报刊的"首要职责"是"保护公民不受官员逞凶肆虐之害"[2]。近五年来,人民法院所判处的罪犯中,原县处级以上公务员有4 500余人,同比上升77.52%,促进了反腐倡廉建设。但是,在这些职务犯罪中,被新闻媒体预警过、由于新闻媒体的监督曝光而受到惩治的并不多。例如原浙江省政府秘书长冯顺桥腐败案,涉案人员之多、时间之长,世所罕见,但我们的新闻媒体并没有监测到,最后还是遭到报复的开发商反咬一口,该案才露出冰山一角。在众多的官员腐败案中,我

---

[1] 李良荣:《西方新闻事业概论》,复旦大学出版社1997年版,第86页。
[2]《马克思恩格斯全集》(第六卷),人民出版社1961年版,第275、280页。

国的新闻媒体可以说反应迟钝滞后,监督疲软无力。

　　监督不力还表现在新闻媒体所监督的对象层级较低。在我国,新闻媒体都有相应的党、政级别。政策规定或现实使然,新闻媒体只能够监督、批评比自己级别低的党政机关及其工作人员。新闻媒体在监督、批评时所表现出的"低身段",越来越引起公众的不满。

　　2. 监督不易

　　首先,新闻记者采访批评性信源困难重重。面对当事机关或官员,精明者对来访记者"热情接待,全程陪同",表面上欢迎监督,背后对记者采访处处掣肘;颟顸者公开抵制采访,封锁消息,没收、毁坏采访设备。2004年3月,"李树彪住房公积金案"被媒体曝光,湖南郴州市纪委、宣传部共同下发《关于接受新闻采访、提供新闻线索及新闻发布的有关规定》,提出"四个不准":在未经市纪委或市委宣传部的批准下,各单位一律不准接待市外媒体记者;不得通报重大案件、突发事件的进展情况;不得对外提供新闻线索;不得随意召开新闻发布会。时任郴州市委书记的李大伦在一次党政联席会议上公开说:"如果媒体来曝光,就把他们的照相机、摄像机砸了再说!"①限制记者人身自由,甚至暴力残害记者的事情也时有发生,辽宁西丰警方进京拘传《法人》记者事件、《中国贸易报》记者兰成长被殴致死事件,便是明证。其次,批评稿件、节目刊播难。被批评者动用各种关系"打招呼""施压力",千方百计阻止稿件、节目刊播。同时,批评稿件、节目难过审查关,一篇好稿件或一档好节目,往往因为层层把关,一拖再拖,最后成了"明日黄花"②。最后,批评性内容传播难。报纸如果登载有批评某地方的文章,在当地就可能被强行收购,《南方周末》被一些地方强行收购、禁止发行的遭遇已经发生过多次。

　　3. 监督错位

　　一方面,一些记者丧失职业道德,收受当事者"封口费",造成"有偿不闻",监督缺位。2002年6月22日,山西省繁峙县一金矿发生特大矿难,

---

① 《湖南郴州"舆论监督奖"出台前后》,载《南方周末》2007年1月15日。
② 参见任贤良:《舆论监督的现状、问题与解决方法思考》,载《中国记者》2005年第7期。

包括新华社山西分社4名记者在内的11名记者,收受当地负责人和矿主馈送的现金和金元宝,对事故隐而不报。2008年10月,真假记者排队领取山西霍宝干河煤矿发放的"封口费"的场面,再次让整个中国新闻界蒙羞。更有甚者,一些记者以媒体"曝光"相要挟,主动向对方索取贿赂。《中华工商时报》浙江记者站站长孟怀虎,在2003年5月至7月间,利用自己记者站站长、记者的身份,以发表批评报道、曝光相要挟为手段,向多家企业索要巨额钱款。

另一方面,一些记者和媒体在对案件审判进行监督时,超越司法程序,抢先对案情作出判断,对涉案人员作出定性、定罪、定量刑甚至胜诉或败诉等结论,即"新闻审判",形成一种足以影响法庭独立审判的舆论氛围,从而使审判在不同程度上失去了应有的公正[①]。在我国,传媒影响司法审判已是不容忽视的事实,这一问题确实也已经引起了法学界和新闻传播学界的关注。

三、消解困境的三项举措

我国的新闻媒体在实施舆论监督时,为什么会遭遇监督不力、监督不易、监督错位等困境和问题?有学者指出:"党政规制的拘泥和固守束缚了舆论监督的发展;新闻传播法制建设的相当滞后,使舆论监督得不到法律法规的充分保障;记者违反职业道德规范的事件时有发生,对舆论监督形成一种内在的制约。"[②]这一论断鞭辟入里,可以说道出了问题的症结所在。因此,创新媒介体制,健全新闻传播法制,加强新闻职业道德和专业主义教育,应为使舆论监督走出困境并发扬光大的三个着力点。

1. 创新媒介体制

当代中国正在进行深刻的社会转型,社会转型期伴生的大量问题,需要新闻媒体去监测、督促;民主、权利意识不断提升的公众,对新闻媒体"社会雷达"的角色也充满期待。但是,在现行媒介体制下,媒介属性单

[①] 魏永征:《新闻传播法教程》,中国人民大学出版社2002年版,第114页。
[②] 陈力丹、闫伊默:《论我国舆论监督的制度困境》,载《南通大学学报(社会科学版)》2007年第2期。

一,新闻媒体自主性程度低,制约、束缚了新闻媒体发挥其舆论监督功能。可以说,我国新闻媒体预警功能低弱,监督层级低下,根本原因就在于媒介属性单一、新闻媒体自主性程度低。建国初期我国报刊在批评监督方面的表现就是一个例证。1950年4月,中共中央作出的《关于在报纸刊物上展开批评与自我批评的决定》赋予了报刊比较独立的地位,规定独立批评权责统一制度,符合新闻批评规律,使全国报纸在1951年、1952年出现了一个批评监督的高潮。到了1953年,中宣部规定"党报不得批评同级党委","这一规定意味着报纸批评不是只看在宪法和党章面前的是非如何,而是首先看这种是非属于哪个级别的。这一规定也在事实上堵塞了当地人民利用新闻媒介批评当地党委的可能性。这种规定为后来的中央犯路线错误而得不到舆论监督的情况的出现,提供了可能性"[①]。

作为政治体制改革的一个重要环节,媒介体制改革势在必行,已经成为有识之士的共识。30年来,渐进释放媒体巨大的产业功能是我国新闻业改革力度最大的地方,而对传媒体制,则一直把它作为"存量"放置起来,几乎没有触及。作为"存量"部分的"舆论监督",始终被置于执政党的领导、控制之下,稍有变动都十分审慎。这种新闻舆论管理方式与当代中国社会转型的独特路径有关。渐进式的改革路径决定了中国的改革需要在确保政治、社会稳定的前提下适度释放改革能量。在这一背景下,社会舆论稳定就成为题中应有之义。舆论监督涉及执政党和政府、媒体、公众等多方关系,事关国家安全、社会与舆论安全,牵一发而动全身。因此,在时机和制度准备还不充分的情况下,往往倾向于采取比较保守的策略[②]。这种策略已经不能适应新形势下舆论监督的需要。在30年渐进式改革、媒体产业功能获得释放之后,我国的新闻改革已经进入"闯关"时期,需要在制度层面有所突破。而制度的突破,要看现有制度对改革要求的承受力,当然也要看社会的推动力。笔者认为,经过30年改革开放,我国现有制度应该能够承受公营媒体的存在;可以适当允许公营媒体的创办,丰富

[①] 孙旭培:《建国初期宣传报道与报纸批评的特点》,载中国社会科学院新闻研究所编《新闻研究资料》(第47辑),第31页。
[②] 张涛甫、童兵:《当代中国舆论监督的动力分析》,载《现代传播》2007年第3期。

我国的媒介属性,使我国新闻舆论监督的主体趋向多元。我国现有制度当然更应该能够承受新闻媒体的相对独立性。有效监督的前提就是合理分权与监督主体的独立性,没有合理分权和监督主体的独立性,就无所谓对权力的制约和监督。但是,长期以来,我国的监督工作存在不少误区,其一就是讳言"分权",这主要来自我们对西方"三权分立"的过分警惕甚至恐惧。实际上,在我国的人大制度下,权力机关(立法机关)、行政机关和司法机关从来就是分设或分立的,最终统一于人大这一权力机关,只是在运行上发生了"三合一"或"三位一体"("三权集中于党委一身")的情况。由于我们讳言"分权",讳言监督与被监督的"异体性",使监督者常常被置于被监督的控制之下,导致监督疲软甚至失效①。因此,首先要解放思想,然后通过制度设计来提升我国新闻媒体的相对独立性,从而释放其舆论监督功能。总之,媒介体制的创新考验着我们的改革勇气和智慧。

2. 健全新闻传播法制

近几年,我国立法在涉及新闻传播活动时,已经开始向有利于舆论监督的方面倾斜。2007 年 6 月,提交全国人大常委会审议的《突发事件应对法(草案)》二审稿,将一审稿中有关新闻媒体不得"违规擅自发布"突发事件信息等规定予以删改。这一立法善意对新闻从业者来说犹如一缕"阳光",等于替媒体开展舆论监督作了有限的松绑。而 2007 年 4 月 24 日公布、2008 年 5 月 1 日起开始实施的《政府信息公开条例》,通过立法来明确政府在信息公开上的责任,确立公民享用政府信息的权利,对新闻媒体监督公权力无疑提供了法律保障。一些地方人大出台的地方性法规,如《深圳市预防职务犯罪条例》(2004)、《浙江省预防职务犯罪条例》(2006),均专列条款强调新闻媒体对职务犯罪的舆论监督作用。另外,一些地方政府也纷纷出台激励措施或制定制度,把舆论监督作为推动"善政"的工具。2007 年 1 月,湖南郴州市人民政府发出年度一号文件《关于进一步支持新闻媒体工作的意见》,宣布郴州设立"舆论监督奖"来支持媒体开展工作。2008 年新年伊始,新一届云南省政府上任即推出两项"舆论监督新规":

---

① 王贵秀:《中国式监督的八大误区》,载《北京日报》2008 年 5 月 14 日。

发布《省政府部门及州市行政负责人问责办法》，将新闻媒体的舆论监督纳入对行政首长进行"问责"的依据之一；修订《云南省人民政府工作规则》，新增"省政府及各部门要接受新闻媒体的舆论监督"的规定。云南省政府并成立"吸纳诤言办公室"，设立"云南诤言奖"，鼓励对政府行为进行监督①。

遗憾的是，我国到目前还没有专门的《新闻法》。新闻立法吵嚷了30年，至今仍付阙如；因为没有《新闻法》这样的骨干法律，我国的新闻传播法还没有形成部门法律体系。"唯法律主义"当然过于绝对，《浙江省预防职务犯罪条例》明文规定"新闻媒体依法对预防职务犯罪工作和国家工作人员履行职务的情况进行舆论监督"，也没能使新闻媒体监测到省府秘书长冯顺桥等官员大面积、长时间职务犯罪。但是，作为成文法国家，制定《新闻法》《舆论监督法》等专门法律，对保护记者采访权、保障新闻媒体开展舆论监督，肯定是有助益的，至少使那些试图抓捕记者、杀害记者的人有所畏惧。2008年3月"两会"期间，全国人大代表、西南政法大学教授易敏利教授就疾呼，舆论监督需要法律或者行政制度的坚定支持，才能真正发挥监督和制约作用。根据当前中国国情，他建议为舆论监督提供法制保障可以分三步走：第一步，制定相应的行政法规；第二步，就新闻记者的权利和义务、新闻工作的相关法律责任等，制定相关的具体法律，以规范行业从业人员的权利和义务，保障新闻监督顺利实施；第三步，展开对新闻媒体民间化问题、新闻自由原则、舆论监督主体和监督对象等问题的研究，在条件成熟的情况下，制定符合中国国情的新闻法律法规，从而体现现代法治国家对舆论监督的常规化制度性安排②。

3. 加强新闻职业道德和专业主义教育

《记者行为原则宣言》（国际新闻记者联合会1954年通过）声明：因接受贿赂而发表消息或删除事实，是一种严重的职业罪恶。《中国新闻工作者职业道德准则》也规定：新闻工作者不得以任何名义索要、接受或借用

---

① 《"舆论监督新规"能否助推"透明政府"？》，载《解放日报》2008年2月20日。
② 《为"舆论监督"提供法制保障》，载《报刊文摘》2008年3月10日。

采访报道对象的钱、物、有价证券、信用卡等；不得利用职务之便谋取私利。但是，一些记者抵挡不住金钱的诱惑，置职业道德信条于不顾，收受贿赂，"有偿不闻"，默许事主隐瞒事实或者与事主合谋隐瞒事实。30年来，我国新闻业实施的是"事业单位，企业化经营"的双轨制运作模式，新闻媒介既没有完全脱离计划经济体制控制，也没有完全实现市场经济转向。这种情况为记者腐败、话语权寻租提供了便利与动力。同时，由于对记者腐败、话语权寻租监管不力，变相助长了这种不良风气。至于"新闻审判"问题，主要是一些记者的专业素养不高，他们虽然出于正义和公心来监督司法审判，但是忽视了客观、公正、平衡等专业信念，对案件做出倾向性报道，影响司法公正。"在市场经济与法制社会中，中国新闻工作者实施舆论监督应该解决的一个基本问题是角色的定位。与之相关的有报道的立场、观点和方式的问题。专业主义要求新闻工作者采取'客观公正'的立场如实报道新闻事实，这种态度符合'实事求是'的原则。同时，客观性要求新闻工作者在报道中避免明显的立场，这也是聪明的策略。"[①]

如果说媒介体制的不灵活和新闻传播法制的不完善导致新闻舆论监督无力、监督不易的话，"有偿不闻""新闻审判"等舆论监督错位问题，则主要来自新闻界自身内部的原因——新闻职业道德和专业主义水准不高。因此，对新闻工作者、"准"新闻工作者（主要指大专院校新闻传播专业学生）加强新闻职业道德和专业主义教育，在他们内心培育出一种对新闻职业道德信条的敬畏与对新闻专业主义理念的自觉信守，是新闻界反求诸己、走出舆论监督困境的可行之法。

---

① 郭镇之：《舆论监督、客观性与新闻专业主义》，载《电视研究》2000年第3期。

下编

新闻传播法规与职业伦理

采访权与政府信息公开*

——从我国首例记者起诉政府部门信息不公开案件谈起

2006年4月,上海《解放日报》政法部记者马骋为了对一新闻事件进行深入采访,向上海市城市规划管理局传真了采访提纲,该局没有予以答复。随后,他又以挂号信的形式向该局寄送了书面采访提纲,再次遭到拒绝。无奈之下,马骋向上海市黄浦区人民法院提起行政诉讼,要求法院判决上海市城市规划管理局按照《上海市政府信息公开规定》,向其提供由自己申请应当公开的政府信息。上海市黄浦区人民法院经过认定,于6月1日正式受理此案。这是国内首例新闻记者起诉政府部门信息不公开的案件。一周后,马骋突然以"放弃对被申请人的采访申请"为由,撤回了诉状①。

这一案件引起了国内外媒体的广泛关注,众多媒体纷纷予以报道或评论。公众反应也异常热烈,不少人通过媒体发表了自己的看法。江西省检察院检察官杨涛6月3日在"西祠胡同"上发帖说,作为记者的马骋起诉上海市城市规划管理局,具有积极的双重破冰意义:一方面,他的诉讼是在争取记者的采访权利;另一方面,他的诉讼也是在争取公民的知情权利②。司法部研究室副研究员、《中国司法》杂志副总编刘武俊认为,这

---

* 本文原刊于《新闻记者》2006年第10期。
① 《上海记者起诉市规划局信息不公开》,载《中国青年报》2006年6月2日;《上海记者起诉市规划局信息不公开案突然撤诉》,载《法制日报》2006年6月8日。
② 上医医国(杨涛):《记者起诉规划部门的破冰意义》,西祠胡同,http://www.xici.net/Media/JSMedia/JSTV/b244669/d38314567.htm。

起记者状告政府部门"信息不公开"的行政诉讼案,彰显了公民政务知情意识的觉醒和政务知情权的诉求①。

在我国,新闻记者采访政府部门应该公开的信息而被拒绝,马骋绝非是第一人,但他是第一个勇敢地站出来,诉诸司法维护采访权利的新闻记者。令人遗憾的是,作为原告的马骋,以"息讼"的方式结束了这起诉讼,使我国首例新闻记者起诉政府部门信息不公开的案件,没有能够成为保护记者采访权、促进政府信息公开的有借鉴意义的司法范本。

一、采访权的界定及其法律属性

1. 采访权的界定与权源

"采访"一词在汉语语境里已经形成了公众普遍认知、接受的语义:新闻记者采集、访查新闻事实的活动。因此,采访权是新闻记者在法律允许的范围内,自主选择采访对象和采访方式进行自主调查,以获取新闻事实材料的权利。采访权的权利主体应该是新闻记者而非所有公民②。在现代社会,一般公民当然有采集信息的权利,这种权利我们可以用国际上通用的"知情权"(right to know)而不是"采访权"来指称,方不引起概念上的混乱。

言论自由权是人的"天赋权利"和政治权利,并逐渐得到世界上绝大多数国家宪法、法律的保障,这是近代以来世界范围内政治文明和社会进步的重要标志之一。言论自由权包括表达权(right to express)和知情权(right to know)两大权利。在这两大权利中,知情权尤为重要,因为公众如果没有对社会事务、信息的知悉与占有,就不可能发表理性的见解,言论自由权也就不能充分而完备地实现。因此,当美联社社长肯特·库柏在1945年明确提出知情权后,这一权利得到了绝大多数国家的承认,并被《联合国宪章》等国际公约确认为人类的基本权利之一。

---

① 刘武俊:《司法个案督促政府信息公开》,载《法制日报》2006年6月12日。
② 事实上,采访权的真正权利主体应该是新闻媒体(法人),新闻媒体依法设立后即获得采访权。记者享有采访权,是因为其获得了记者资格认证并服务于一定的新闻媒体。记者进行采访活动不是以其个人身份而是代表相应的新闻媒体。由于记者是采访权的具体实现者,所以习惯上把记者视为采访权的权利主体。

新闻记者作为一般公民,当然享有知情权;根据新闻传播业的职业特性,又可以推衍出新闻记者的采访权。因此从法理上分析:采访权来源于知情权,而知情权从属于言论自由权;采访权是公民言论自由权的合理演绎。在我国现行法律体系里,知情权还不是法定权利,但不能由此说这种权利在我国没有合法性基础。我国《宪法》除明确规定中华人民共和国公民有言论、出版自由(第35条),进行科学研究、文学艺术创作和其他文化活动的自由(第47条)外,还规定人民有管理国家事务、经济和文化事业、社会事务的权利(第2条),公民有向任何国家机关和国家工作人员提出批评和建议的权利(第41条)。这些规定实际上已经包含公民的知情权;公民如果不享有知悉国家、社会事务的权利,所谓的参政议政权也就无法落到实处。因此,知情权在我国虽然还不是法定权利,却是可以从《宪法》的规定中推理出来的权利。既然知情权可以从《宪法》规定中合理推出,作为知情权演绎权利的采访权,其合法性自然不证自明。

2. 采访权的法律属性

我国的新闻机构虽然说是由党和政府主办,但不是国家权力机关。记者也不是国家公务员,记者与采访对象之间的关系,是一种平等的协商关系,任何记者都不能强迫采访对象接受采访。因此,采访权不具有国家强制力,认为采访权是公权力显然失当。

采访权可以说是记者的一项私权即民事权利,如果记者强行采访关系他人隐私的事项,就可能要承担民事甚至刑事责任。同时,采访权也是记者的职业权利,采集、访问信息是记者全部职业活动的前提,没有采访权,也就没有所谓的记者职业。但是,采访权又不是一般意义上的民事权利或职业权利。理论上讲,每个公民都享有知情权,只要愿意,尽可以去探询法律所允许的各种信息。但是,精力、机会、技能等诸多因素限制了公众自我获知信息的效能。事实上,公众获知信息的主渠道是以采集、传播信息为职业的大众传媒——大众传媒大大降低了公众获知信息的成本,使大家足不出户尽知天下之事。而大众传媒的信息源来自记者日复一日的采访活动。可以这样说,记者充当着"拟态公众"的角色,在帮助甚至是"代替"公众实现其知情的权利。

记者的采访权是一般公民实现宪法直接或"潜在"保护的公民言论自由权、知情权和监督权的前提与保障。因此,采访权是公法上的权利,是一项受宪法保护的特殊权利。"它的特殊在于它直接与宪法规定的公民言论自由权、监督权和由宪法推导出来的知情权密切相关,是这三项宪法权利实现的基础。"①

　　不可否认,新闻媒体以其所拥有的资源,能够对政府、组织、个人产生影响力和支配力。不过,从法律属性上看,媒介权力不是公权力即国家权力,而是社会权力。所谓"社会权力",是"社会主体以其所拥有的社会资源对社会的支配力。社会资源包括物质资源与精神资源,还包括各种社会群体、社会组织、社会势力对社会的影响力。这些社会资源可以形成某种统治社会、支配社会进而左右国家权力的巨大力量"②。社会权力先于国家权力而存在。按照马克思主义的观点,社会发展到一定阶段,出现私有制和阶级后,产生了凌驾于社会之上的国家,国家将全部社会权力"吞食"掉,从此只有国家有权力,社会主体不再拥有权力。随着资本主义和市场经济的发展,市民社会逐渐与国家分离,国家与社会二元化,社会主体重新拥有权力,资本即为市民社会的主要社会权力。近代以来,国家向民主化法治化不断迈进,国家权力在不断地、逐渐地向社会让出地盘,由国家权力内部的分权,发展到国家向社会分权。在多元的现代社会,众多的非政府组织、社团组织成为重要的权力源,国家(政府)虽然仍然是治理社会的主导力量,但已不是在所有领域都是唯一的权力中心,很多社会事务已由社会组织运用其社会资源与社会权力来治理。

　　人类的社会权力复归于社会,还权于民,是现代国家民主化的发展和人类社会的历史趋势。在我国,国家权力与社会权力的根本利益是一致的,但是代议制政体的先天不足,国家权力某些部位难以完全避免的异化(如权力专横、腐败),无不需要社会权力去弥补、监督。构建"大社会,小政府"——逐渐缩小国家权力,扩大社会权力,就是我国改革开放的一个

---

① 周甲禄:《论采访权的法律属性及其实现》,载《湖北社会科学》2004 年第 10 期。
② 郭道晖:《论国家权力与社会权力》,载《法制与社会发展》1995 年第 2 期。

重要目标。我国的新闻机构由党和政府主办,与西方资本主义国家的媒介设立制度、"第四权力"有本质的区别。但是,我国新闻媒体的社会组织性质是不能否认的。既然是社会组织,就拥有社会权力。就目前而言,社会力量还没有进入我国的新闻出版领域。不过,正如著名法学家江平先生所言,社会权力在我国的扩大是有步骤的,新闻出版也"应当是社会权力最终进入的领域"①。基于记者与新闻媒体之间的雇佣关系,记者不是以其个人身份进行采访活动,而是代表了相应的新闻媒体,所行使的采访权实际上是新闻媒体的社会权力。从这个角度来说,采访权是一种社会权力。

综上所述,采访权具有比较复杂的法律属性:就记者个体而言,它是记者的民事权利或职业权利;就采访权与公民言论自由权、知情权、监督权的关系而言,它更是一项受宪法保护的公法权利;就新闻媒体的社会组织性质及影响力而言,它又是一种社会权力。

二、政府信息公开——相对于记者采访权的特定义务

毫无疑问,政府机构是采访权的权利相对人。但是,作为采访权的权利相对人,政府机构与一般公民显然不同。一般公民没有接受记者采访的法定义务,只负有不妨碍、干涉、阻挠记者进行正常采访的义务。政府机构则不然:政府机构是采访权的特定义务主体,有责任向记者提供除国家秘密、商业秘密、个人隐私等法律保护之外的各种信息,无权拒绝记者正当的采访要求。这一论断的法理依据在于:政府受民众委托、经民众选举而产生,是服务民众的公共机构;政府机构所生产、掌握的信息绝大多数属于公共信息而非私人信息,与公众利益密切相关,应该让公众知悉和使用;政府机构生产、掌握的信息成本来自税收,政府信息本质上是一种"公共财产"和"公共资源",其所有权人为社会公众,政府机构有责任、义务向公众开放信息;政府机构是公民知情权的义务主体,而公民的知情权主要依靠记者的采访权来实现,因此政府机构负有向记者提供信息的特

---

① 江平:《社会权力与和谐社会》,载《中国社会科学院研究生院学报》2005年第4期。

定义务。

政府信息公开不仅仅是政府机构义务层面的问题,政府信息公开的直接意义是公民知情权得以真正、充分实现。政府机构是最大信息源,生产、占有着大量信息。据有关方面统计,我国约80%的社会信息资源掌握在政府部门手中。可以说,知情权的核心是公民对政府生产、占有的信息的知悉、获得和使用;没有政府机构的信息公开,公民知情权的真正、充分实现就无从谈起。以公民知情权的真正、充分实现为逻辑起点,政府信息公开对国家政治民主化、政府自身的合法性与公信力更具有非同寻常的意义:

第一,政府信息公开有助于提升民众政治参与能力,从而推动政治民主。政治民主是政治现代化的重要标志,而衡量一个国家政治生活的民主化发展水平,民众参与国家管理的程度和质量无疑是一个重要标尺。如果民众对政府活动茫然不知、知之甚少,或对国家政策产生误解,参与国家事务管理的程度和质量就大打折扣。因此,民主的前提是政府机构及时、准确、充分地公开信息。美国司法部长在说明《情报自由法》(1966)时这样写道:"如果一个政府真正地是民有、民治、民享的政府,人民必须能够详细地知道政府的活动。没有任何东西比秘密更能损害民主,公众没有了解情况,所谓自治,所谓公民最大限度地参与国家事务只是一句空话……当政府在很多方面影响每个人的时候,保障人民了解政府活动的权利,比任何其他时代更为重要。"①

第二,政府信息公开有助于公民权利、社会权力制衡国家(政府)权力。一方面,国家(政府)权力需要监督和制约,没有监督、制约的权力极易被权力行使者滥用、腐败,损害民众、社会的利益。孟德斯鸠说过:"一切有权力的人都容易滥用权力,这是万古不易的一条经验,有权力的人们使用权力一直遇到有界限的地方才休止。"②另一方面,公民拥有监督、制约国家(政府)权力的权利和权力。按照社会契约论的观点,国家(政府)

---

① 转引自丁先存:《论美国的政府信息公开制度》,载《情报科学》2001年第3期。
② [法]孟德斯鸠:《论法的精神》(上册),张雁深译,商务印书馆1961年版,第154页。

及其权力,是公民相约将自己的自然权利"让渡"出来而产生的;公民在"让渡"权利的时候,保留了监督国家(政府)及其权力的权利。该学说虽然是一种理论假设,但确实为公民监督、制约国家(政府)权力提供了法理依据。关于"以社会权力制衡国家权力",已如本文上一部分所述。"阳光是最好的防腐剂",政府机构将自己的活动公之于众,增强政府行为的透明度,接受公众、社会的监督,国家(政府)权力的滥用、腐败现象就不会滋生和蔓延,一旦发生也易于察觉和纠正。

第三,政府信息公开是政府合法性、公信力的保障。政府信息不公开,垄断、保密信息,增加信息获知成本,民众就会对"神秘政府"报以冷漠和不信任,导致政府决策缺乏民意基础,最终造成政府合法性、公信力的下降。正如斯蒂格利茨所言:"我们应当明了,这样的保密背后蕴藏的是行将终结的全能主义的政府理念。这样的保密观念不仅与民主价值背道而驰,也损害了民主过程;这样的保密观念的前提预设是管理者与被管理者之间的彼此不信任,同时又进一步加剧了彼此的不信任。"①

因此,世界上不少国家通过专门立法建立了政府信息公开制度,以法律强制力,规定信息公开是政府机构不可推卸的责任与义务,政府信息以公开为原则、不公开为例外,确保公民能够自由、便利、充分地获取和利用政府信息。例如,美国先后出台了《信息自由法》(1966)、《联邦隐私权法》(1974)和《阳光下的联邦政府法》(1976),这三部法律从不同角度对公民知情权予以确认和保障,共同构成了美国的政府信息公开法律制度。为适应信息时代公众对政府信息的需求,美国又陆续出台了《电脑匹配和隐私权保护法》(1988)、《电子情报自由法》(1996)等,对之前的法律规定进行补充和修改。

在我国,一些地方政府虽然出台了政府信息公开的规章,如《广州市政府信息公开规定》(2002)、《上海市政府信息公开规定》(2004),但是面向全国的国务院行政法规《政府信息公开条例》、纳入全国人大常委会立

---

① [美]约瑟夫·斯蒂格利茨:《自由、知情权和公共话语——透明化在公共生活中的作用》,宋华琳译,载《环球法律评论》2002年秋季号。

法规划的专门法律《政府信息公开法》,仍在审议或制定之中,政府信息公开法律制度还没有真正建立起来。政府信息公开在我国还不仅仅是一个立法问题,更是一个理念转变问题。我国一直把政府信息公开定位为政府工作方式、工作作风的一项举措,义务、责任理念比较淡薄。所以,建立政府信息公开制度,首先需要认识纠偏,即在理念上把政府信息公开从政府工作方式、工作方法转变到政府义务与责任上来。当然,理念的转变最终需要法律的确认和体现。

政府的官僚制特征使其具有保守信息秘密、不主动公开信息的本能倾向。政府的这种本能倾向,原因主要有两个:"其一是政府保密有利于掌握信息控制权,能够为自由裁量权的行使提供更多便利,可以带来更多的控制力和寻租机会;其二是政府出于推卸责任或逃避问责的本性会本能地倾向于保守信息秘密。"①因此,即使建立了政府信息公开制度,公众与政府之间事实上仍然存在着严重的信息不对称。消解公众与政府间的信息不对称,有赖于政府机构的积极作为,如发布政府公报、实施新闻发言人制度等,更需要公众自身向政府机构的主动诉求。具有专业技能、以采集新闻为职业的记者向政府机构采访新闻,通过大众传媒予以发表,大大降低了每个公民亲自诉求政府信息的成本,最大程度地实现了政府信息的自由流通和信息平等。记者是"拟态公众",政府机构保障记者的采访权就是保障了公众的政务知情权。

侵犯采访权的行为有显性和隐性之分。限制记者人身自由,殴打记者,显然是侵犯记者采访权的行为。记者可以利用人身权法对侵权行为人提起指控,通过保护自己的人身权达到保护采访权的目的,这类情况在我国已不乏案例。政府机构拒绝接受记者采访,不向记者公开法律允许范围内的政府信息,是否也属于侵犯记者采访权的行为?答案是肯定的。只不过这种侵权行为是隐性的、"软暴力"行为,上海市城市规划管理局拒绝接受记者马骋采访即属此类行为。由于采访权在我国不是法定权利,从我国《宪法》规定中虽然可以推理出采访权是受其保护的公权利,但是

---

① 朱炜:《论政府信息公开的宪政基础》,载《理论月刊》2005年第2期。

我国还没有建立违宪审查或宪法诉讼制度，所以马骋在寻求司法救济时，只好起诉对方违反了《上海市政府信息公开规定》的有关规定，无法诉求采访权或宪法权利。

因此，在我国，建立违宪审查或宪法诉讼制度，加快政府信息公开立法（尤其要明确政府机构信息不公开的问责程序）和新闻立法，发挥新闻行业协会组织的社会权力功能，是保护记者的采访权、从而实现全体公民知情权的关键，也是建设法治、民主国家的必然需要。一旦记者的采访权像马骋那样受到政府机构的隐性侵犯，记者即可以从新闻行业协会组织内部获得力量支持，在政府体系内部寻求行政救济，更能够通过行政诉讼甚至宪法诉讼获得司法救济。

新闻敲诈,该当何罪?*

新闻敲诈是指真假记者以媒体曝光威胁、要挟当事人,从而非法获取公私财物的行为。实施新闻敲诈情节严重则构成犯罪:假记者实施新闻敲诈构成敲诈勒索罪;"以国家工作人员论"的职业记者利用其职务便利进行新闻敲诈,侵害了新闻传播的正常秩序和新闻媒体的公信力,按照刑法"想象竞合犯"理论,应以刑罚更重的受贿罪论处。对于新闻敲诈行为既要依法惩治,也要不断完善新闻管理体制机制,从根本上防止其发生和蔓延。

2013年4月,最高人民法院、最高人民检察院发布《关于办理敲诈勒索刑事案件使用法律若干问题的解释》,对于利用或者冒充新闻工作者等特殊身份进行的敲诈勒索,规定了更为严格的司法标准。2014年3月,中宣部、国家新闻出版广电总局、公安部、中国记协等九个部门联合印发通知,决定在全国范围内深入开展"打击新闻敲诈和假新闻、打击假媒体假记者站假记者"专项活动,以防止其扩散蔓延,推动形成健康的新闻传播秩序。针对新闻敲诈予以专项打击在我国尚属首次,说明这一问题积弊深重,已经成为"社会公害",严重干扰基层工作,危害群众利益,严重侵蚀新闻媒体权威性和公信力,必须通过集中整治的方式才可解决。4月8日、10日,国家新闻出版广电总局接连通报了两起新闻敲诈案,吊销《中国特产报》出版许可证,撤销中国经济时报社河南记者站,涉案记者被移送

---

* 本文原刊于《新闻记者》2014年第7期。

司法机关追究刑事责任。6月18日,国家新闻出版广电总局再次通报了8起新近查办的新闻敲诈和假新闻事件,《南方日报》《河南青年报》等8家新闻机构的相关违法违规人员被查处,显示了主管机关整治新闻行业这一"毒瘤"的决心。

一、新闻敲诈,为何泛滥

2014年4月22日,国家新闻出版广电总局在"打击新闻敲诈和假新闻专项行动工作汇报会"上通报:因涉及新闻敲诈、有偿新闻和假新闻等问题,2013年以来,全国共有216家违规报刊被查处,49个记者站和14 455个记者证被注销;查办"假媒体、假记者站、假记者"案件258起,收缴各类非法报刊151.3万余份[①]。新闻敲诈、假新闻问题泛滥成灾,由此可见一斑。

所谓新闻敲诈,是指真记者、假记者以媒体曝光威胁、要挟当事人,从而非法获取公私财物的行为。这种以占有他人财物为目的的行为,不但违背新闻职业道德,而且轻者违法,重则犯罪。为什么真假记者置职业道德、法律法规于不顾,趋之若鹜,并且屡屡能够得逞?这要从新闻敲诈的实施者和受害者两方面去分析。

《中国新闻工作者职业道德准则》第四条中明确规定:坚决反对和抵制各种有偿新闻和有偿不闻行为,不利用职业之便谋取不正当利益,不以任何名义索取、接受采访报道对象或利害关系人的财物或其他利益。相信我们的职业记者对这一规定耳熟能详,也认同其包含的道德价值。不过对于常人而言,道德的恪守以维持生存为前提,如果基本生活朝不保夕,突破道德底线以谋求生存也就不足为奇了。我国新闻媒体自20世纪80年代以来实行"事业单位、企业化管理",市场运营,自负盈亏。全国报纸近2 000家、期刊近万家,真正盈利者实为少数,大多数报刊处于亏损状态。像《中国特产报》这样的行业、专业报刊,观念和体制落后,不要说与网络等新兴媒体竞争了,就是与传统权威媒体竞争已明显处于劣势,发行寥寥,广告稀缺,导致恶性循环,难以为继。在这些媒体工作的员工生活艰难,

---

① 《因新闻敲诈、虚假新闻等问题200余家报刊被查处》,载《人民日报》2014年4月23日。

一些道德观念不强的记者就利用手中的批评监督权利,被动收受"封口费"而"有偿不闻",或者寻找借口敲诈勒索利害关系人,索取不正当钱财。

新闻敲诈的实施主体除职业记者外,还有不少冒充记者身份的"假记者"。这些假记者招摇撞骗,肆意敲诈,甚至充当利害关系人的保护伞。因为被敲诈者自身多有问题而不敢举报,假记者"现形"被抓的情况往往出于偶然;即使被抓,也不会犯"冒充国家工作人员"的罪名,一般被处以行政拘留,获释后照样重操旧业。由于当假记者的收益远远大于其风险,遂蔚然成风,不绝于道。有些假记者还勾结真记者合谋实施新闻敲诈——谋取非法利益时由假记者出面,敲诈不成再由真记者出面施压,迫使当事人俯首就范。

真假记者进行新闻敲诈之所以屡试不爽,与受到敲诈的一方有莫大关系。从目前公布的案例来看,被真假记者敲诈者多为偏远地区的基层行政部门和确有问题的企业及其负责人。那些偏远地区的基层行政部门,信息闭塞,一旦遇到新闻敲诈,不论真假记者(实际上也难辨记者真假),往往抱着息事宁人的态度,花小钱将其"礼送出境"。俗话说,"苍蝇不叮无缝的蛋"。一些企业及其负责人,确实存在违法经营、贪污腐败等情事,被真假记者抓住把柄,以媒体曝光相威胁。这些企业及其负责人只好"花钱消灾",被狠敲竹杠也不敢报案,使敲诈者更加肆无忌惮。可以说,被敲诈方息事宁人的处事作风和花钱消灾的心理特征,助长了新闻敲诈之风。

二、新闻敲诈,该当何罪

实施新闻敲诈,如果情节严重则构成犯罪,《中华人民共和国刑法》(以下简称《刑法》)规定的相关罪名有敲诈勒索罪、受贿罪、强迫交易罪。至于如何定罪量刑,要看犯罪主体的身份、犯罪手段和犯罪情节。新闻敲诈行为的实施主体比较复杂,既有持有记者证的职业记者[①](包括在编和

---

① 新闻出版总署2009年8月发布的《新闻记者证管理办法》明确:新闻记者是指新闻机构编制内或者经正式聘用(签有劳动合同),专职从事新闻采编岗位工作,并持有记者证的采编人员;经新闻机构正式聘用从事新闻采编岗位工作且具有一年以上新闻采编工作经历的人员也可以申领记者证。

非在编)及新闻单位临时雇佣的没有记者证的工作人员,也有冒充记者身份的一般社会人员即"假记者"。如果实施主体不同,即使犯罪行为类似,构成的罪名及刑罚也不一样。

1. 敲诈勒索罪

我国现行《刑法》第274条规定:"敲诈勒索公私财物,数额较大或者多次敲诈勒索,处三年以下有期徒刑、拘役或者管制;数额巨大或者有其他严重情节的,处三年以上十年以下有期徒刑,并处罚金;数额特别巨大或者有其他特别严重情节的,处十年以上有期徒刑,并处罚金。"从该条规定可知,敲诈勒索罪的构成要件有三项:

(1) 行为人具有非法占有他人财物的目的;

(2) 行为人实施了以威胁或者要挟的方法勒索财物的行为;

(3) 敲诈勒索的财物数额较大或者多次实施敲诈。

如果是一般社会人员冒充记者对利害关系人进行敲诈,这种行为以非法占有为目的,威胁或者要挟对方就范而强行索取公私财物,符合敲诈勒索罪的构成要件,应以敲诈勒索罪论处。

索取财物的数额及敲诈次数、情节是影响敲诈勒索罪定罪量刑的主要因素。最高人民法院2000年5月发布的《关于敲诈勒索罪数额认定标准问题的规定》明确:敲诈勒索公私财物"数额较大"以1千元至3千元为起点;"数额巨大"以1万元至3万元为起点。2013年4月,最高人民法院、最高人民检察院又发布《关于办理敲诈勒索刑事案件使用法律若干问题的解释》,将敲诈勒索"数额较大""数额巨大"的认定标准分别提高到2千元至5千元以上、3万元至10万元以上,30万元至50万元以上则属于"数额特别巨大"。该司法解释还规定:两年内敲诈勒索三次以上者,应当认定为《刑法》第274条规定的"多次敲诈勒索";"利用或者冒充国家机关工作人员、军人、新闻工作者等特殊身份敲诈勒索","数额较大"的标准可以按照规定标准的50%确定,索要财物达到"数额巨大""数额特别巨大"规定标准的80%,可以分别认定为《刑法》第274条规定的"其他严重情节""其他特别严重情节"。新闻工作者通过国家的考核获得职业身份,从事专门的新闻采访报道工作,担负着维护社会公平正义的职责。如果利用或者冒充这一特殊身份进行敲诈勒索,侵害的不仅仅是他人的财产权,而且严重损害了各级党委、政府部门领导下的新闻媒体的公信力。该司法解释将"新闻工作者"列为敲诈勒索罪的特殊主体,并规定了更为严格的司法标准,是契合新闻工作者的职业特性的。

根据相关法律及司法解释,一般社会人员冒充记者进行新闻敲诈,如果索取金额达到"数额较大"标准的50%即1千元以上或者两年内敲诈勒索三次以上,即构成敲诈勒索罪。关于量刑标准,最高人民法院2013年12月发布的《关于常见犯罪的量刑指导意见》予以了具体规定:

(1) 达到数额较大起点的,或者两年内三次敲诈勒索的,可以在一年以下有期徒刑、拘役幅度内确定量刑起点;

(2) 达到数额巨大起点或者有其他严重情节的,可以在三年至五年有期徒刑幅度内确定量刑起点;

(3) 达到数额特别巨大起点或者有其他特别严重情节的,可以在十年至十二年有期徒刑幅度内确定量刑起点。在量刑起点的基础上,可以根据敲诈勒索数额、次数、犯罪情节严重程度等其他影响犯罪构成的犯罪事实增加刑罚量,确定基准刑。

2. 受贿罪

在我国的司法实践中,对于假记者实施新闻敲诈构成敲诈勒索罪没有异议,而职业记者的新闻敲诈行为属于何种犯罪,检察机关、法院的认识并不一致,甚至出现过犯罪行为类似而定罪不同的情况。

2006年2月,《中国工业报》驻河南记者站常务副站长陈金良以发表批评报道相威胁,向当事方索要2万元活动经费,被检察机关以敲诈勒索罪提起公诉,郑州市金水区法院却以受贿罪判处其有期徒刑1年,缓刑2年。

"孟怀虎案"的定性与判决则更为复杂。2006年9月,《中华工商时报》浙江记者站站长孟怀虎因为利用其记者身份,以发表批评报道、曝光相要挟等手段向多家企业索要数额不等的钱款,被杭州市上城区检察院以受贿罪和强迫交易罪提起公诉。杭州市上城区法院认为孟怀虎的行为不构成受贿罪和强迫交易罪,但他以非法占有为目的,对被害人实施威胁或要挟的方法,强行索取他人财物,数额巨大,构成敲诈勒索罪,遂以敲诈勒索罪一审判处其有期徒刑7年。上城区检察院认为一审判决定性不准,适用法律不当,向杭州中院提起抗诉。抗诉理由为:

第一,孟怀虎是国有媒体在编记者,不同于一个自由撰稿人,他手中所掌握国家赋予的新闻记者的采访调查权利、发表批评报道揭露丑恶的权利,不能与普通读者的投稿权利混为一谈。

第二,孟怀虎虽然没有为他人谋取利益照样构成受贿罪,因为"为他人谋取利益"并不是索贿型受贿罪成立的必备要件。孟怀虎凭借本人的职权对他人利益的直接制约关系,主动向他人索取财物,以为他人造成麻烦或者使其遭受某种损失相要挟,迫使对方就范,这种行为属于索贿型受贿,应从重处罚。

第三,虽然从手段上看孟怀虎的行为符合敲诈勒索罪的特征,但是他的行为同时也具备了受贿罪的构成要件。实施一个犯罪行为,同时触犯数个不同罪名,所触犯的罪名又不存在逻辑上的从属或者交叉关系,这种情形属于刑法理论上的"想象竞合犯"。对于想象竞合犯,公认的司法处断原则是"从一重处断"。在本案中受贿罪相对敲诈勒索罪来说是重罪,因此对孟怀虎的该部分犯罪行为应以受贿罪论处。[1]

2007年4月,杭州中院以受贿罪终审判处孟怀虎有期徒刑12年。

2013年以来判决的几起典型新闻敲诈案件,不同地方法院对涉案记者的定罪也不一样:《今日早报》记者金侃群、《都市快报》记者朱卫、《杭州日报》记者杨剑被定为受贿罪;《西部时报》记者马玉华和田华、《证券时报》记者罗平华却被定为敲诈勒索罪[2]。

---

[1] 《记者孟怀虎敲诈案二审:检察机关抗诉一审结果》,搜狐网,http://news.sohu.com/20070228/n248416542.shtml。
[2] 《新闻出版广电总局公布8起典型新闻敲诈案件》,新华网,http://www.xinhuanet.com//video/2014-04/01/c_126339780.htm。

敲诈勒索和索贿行为都以非法占有他人财物为目的,司法机关在定罪时确实容易混淆。但是敲诈勒索罪和受贿罪是两种不同性质的犯罪,在我国《刑法》中,敲诈勒索罪的类罪名为"侵犯财产罪",受贿罪的类罪名则是"贪污贿赂罪"。两者的区别主要有三个方面:

(1) 犯罪主体不同。受贿罪的犯罪主体是国家工作人员,为特殊主体。我国《刑法》第385条规定:国家工作人员利用职务上的便利索取他人财物,或者非法收受他人财物为他人谋取利益,构成受贿罪。敲诈勒索罪的犯罪主体为一般主体,即达到刑事责任年龄、具有刑事责任能力的自然人就可以构成。

(2) 犯罪手段不同。受贿罪是利用职务便利索取或非法收受他人财物,敲诈勒索罪是以威胁、要挟等手段强行索取他人财物。行为人是否利用职务便利是二罪的本质区别。

(3) 侵害的客体不同。受贿罪侵害的客体主要是国家工作人员职务行为的不可收买性,敲诈勒索罪侵害的客体则是公私财物的所有权[①]。

那么,职业记者实施新闻敲诈构成犯罪,究竟属于"敲诈勒索罪"还是"受贿罪"? 或者说是否应以更为严厉的受贿罪定罪量刑[②]?

这首先要看职业记者是否符合受贿罪的犯罪主体资格。我国《刑法》第385条规定受贿罪的犯罪主体为国家工作人员即"国家机关中从事公务的人员",不过第93条又规定:国有公司、企业、事业单位、人民团体中从事公务的人员,其他依照法律从事公务的人员,以国家工作人员论。我国的新闻单位虽然不是真正意义上的国家机关,职业记者所从事的工作属于公务行为则是无疑的,再考虑到我国党政管办媒体这一独特的新闻体制,职业记者肯定应该"以国家工作人员论",也符合受贿罪的犯罪主体资格。

---

① 周其华:《中国刑法罪名释考》,中国方正出版社2000年版,第885页;何立荣:《受贿罪与邻近犯罪界限辨析》,载《法制与经济》2006年第2期。

② 我国《刑法》第386条规定受贿罪的量刑幅度为:受贿10万元以上者处10年以上有期徒刑或者无期徒刑,情节特别严重者处死刑;受贿5万元以上不满10万元者处5年以上有期徒刑,情节特别严重者处无期徒刑;受贿5千元以上不满5万元者处1年以上7年以下有期徒刑,情节严重者处7年以上10年以下有期徒刑。索贿的从重处罚。与敲诈勒索罪相比,对受贿罪的刑罚明显更严重。

其次，职业记者进行新闻敲诈，当然是利用了采访报道新闻的职务便利，即使不存在为他人谋取利益之情事，也照样构成受贿罪。因为通过新闻敲诈的方式索取公私财物，属于索贿型受贿，而"为他人谋取利益"不是索贿型受贿罪成立的必备条件。

最后，职业记者进行新闻敲诈，侵害的是我国新闻传播的正常秩序和新闻媒体的公信力，比一般的敲诈勒索行为情节更为严重，社会危害性更大。按照刑法"想象竞合犯"理论，对此科以更重的"受贿罪"而不是"敲诈勒索罪"，也是加大了对这种犯罪行为的惩治力度。因此，持有记者证的职业记者，不管是新闻单位在编记者或是正式聘用的非在编记者，只要实施新闻敲诈构成犯罪，一般应以受贿罪论处。

至于新闻单位临时雇佣的没有记者证的工作人员进行新闻敲诈构成犯罪，可以按《刑法》第163条规定的"非国家工作人员受贿罪"定罪量刑："公司、企业或者其他单位的工作人员利用职务上的便利，索取他人财物或者非法收受他人财物，为他人谋取利益，数额较大的，处五年以下有期徒刑或者拘役；数额巨大的，处五年以上有期徒刑，可以并处没收财产。"2008年10月发生的真假记者在山西霍宝干河煤矿排队领"封口费"事件，涉案的《中国乡镇企业》杂志社工作人员张向东等就被法院判为非国家工作人员受贿罪，而假冒《法制日报》记者的刘小兵则被判为敲诈勒索罪。

3. 强迫交易罪

市场经济本来是平等民事主体之间发生的经济关系，应当遵循自愿、平等、公平的交易原则。然而在我国的传媒市场，新闻单位工作人员以媒体曝光相威胁、强迫利害关系方订阅报刊或在自家媒体上投放广告的情况时有发生。这种行为的实施者没有直接强行索取公私财物中饱私囊，当然构不成敲诈勒索罪或受贿罪，但是违背了利害关系方的意愿，也破坏了市场经济公平竞争的秩序，情节严重照样构成犯罪，可按《刑法》第226条规定的"强迫交易罪"定罪量刑。强迫交易罪是以暴力、威胁手段强买强卖商品，强迫他人提供服务或者强迫他人接受服务的犯罪行为。该罪犯罪主体为一般主体，单位和个人都可以构成。如果新闻单位指使其工作人员强迫利害关系方购买媒介产品或广告版面、时段，情节严重的就构成单位犯强迫交易罪,除对新闻单位判处罚金外,新闻单位直接负责的主管人员及直接责任人员依照个人犯本罪的规定承担法律责任。

三、新闻敲诈,如何防治

新闻敲诈现象的存在,不仅严重侵蚀了我国媒体的权威性和公信力,实际上也毒化了整个社会环境、社会风气和社会秩序,即使对实施者科以重刑,这种行为对我国新闻行业乃至整个社会造成的恶劣影响在短期内仍难以消除。因此,对新闻敲诈严惩不贷的同时,更要防患于未然,不断完善我们的新闻管理体制机制,从根本上防止这种行为的发生和蔓延。

1. 新闻机构责无旁贷,严格内部管理

相比于一般假记者,职业记者即新闻采编人员进行新闻敲诈得逞的可能性更大,并且直接损害所属媒体乃至整个新闻行业的声誉。我国的新闻媒体均有主管机关,但是媒体主管机关不可能对每一位职业记者实施有效管理,作为直接用人单位的新闻机构,管好自己的职业记者就显得尤为重要。事实上,国务院新闻行政管理部门也是将管理职业记者的责任归属于新闻机构的。例如新闻出版总署2009年8月公布的《新闻记者证管理办法》规定:新闻机构须履行对所属新闻采编人员资格条件审核及新闻记者证申领、发放、使用和管理责任,对新闻记者的采访活动进行监督管理,对有违法行为的新闻记者应及时调查处理;"新闻记者与新闻机构解除劳动关系、调离本新闻机构或者采编岗位,应在离岗前主动交回新闻记者证,新闻机构应立即通过'全国新闻记者证管理及核验网络系统'申请注销其新闻记者证,并及时将收回的新闻记者证交由新闻出版行政部门销毁"。但是据网友爆料,2013年江苏邳州电视台125名持证记者中,竟包括当地房管局局长、卫生局局长等官员。该问题经媒体曝光后,邳州电视台回应说,这些持有记者证的官员曾是电视台的领导,但在调离新闻工作岗位后记者证没有及时注销[1]。这种情况在我国绝非孤例,相关新闻机构显然没有尽到管理责任。

---

[1]《江苏邳州多名官员被曝持有记者证》,载《南方都市报》2013年4月16日。

关于新闻采编人员为经营谋利操纵新闻报道,以批评曝光为由强迫当事方订阅报刊、投放广告或提供赞助,借舆论监督进行敲诈勒索等问题,中宣部、国务院新闻行政管理部门先后发布的《关于新闻采编人员从业管理的规定》(试行,2005)、《关于进一步规范新闻采编工作的意见》(2011)、《关于加强新闻采编人员网络活动管理的通知》(2013)等规章无不明令禁止,并规定了相应的惩治办法。各新闻机构也大多制定有本部门新闻采编规范,对上述违规违法行为予以禁止。因此,新闻机构管理自己的职业记者并非无章可循,关键在于要严格照章办事,而不是让这些规章制度徒具空文。

鉴于新闻敲诈的实施者多为新闻机构的地方派出机构及其雇员,新闻机构尤其要注意对记者站等地方派出机构的管理,认真执行新闻出版总署2009年8月公布的《报刊记者站管理办法》,严禁记者站等地方派出机构擅自聘用工作人员,严禁广告、发行人员从事新闻采编业务。当然,新闻机构更要把好人员入口关和教育培训关。新闻机构应通过严格的内部自我管理,净化新闻队伍,提升从业者的道德水准,规范新闻采编行为,从源头上防止新闻敲诈的发生。

2. 新闻行政部门切实履行职能,加强行业监管

实际上,一些新闻机构往往违反相关规定,擅自设立驻地方机构和网站、网站区域频道,给新闻采编人员和驻地方机构下达发行、广告、赞助等经营创收指标,承包、租赁、转让媒体刊号版面及播出频道频率等,为一些人从事新闻敲诈提供平台和身份,甚至纵容、迫使、指使自己的员工进行新闻敲诈或强迫交易,影响极为恶劣。在这种情况下,期望新闻机构自我"消毒"已不现实,这就需要新闻行政管理部门切实作为,依法治理,除吊销相关记者的记者证、将其列入不良从业记录外,还要要求违规新闻机构停业整顿或吊销其出版许可证,并追究负责人的失职、渎职之责。如果姑息放任或惩治不力,新闻敲诈之风势仍难遏止。

从新闻行政管理部门公布的案例看,经营不善的行业、专业报刊及媒体记者站是新闻敲诈的"重灾区"。新闻出版总署2005年9月公布的《报纸出版管理规定》《期刊出版管理规定》明确规定,如果报刊出版质量长期

达不到规定标准或者经营恶化资不抵债,则不予通过年度核验,由新闻出版总署撤销其"出版许可证",所在地省市新闻出版行政部门注销登记,自第二年起停止出版。以部门规章的效力明确建立报刊出版的市场退出机制,这在我国报刊出版史上是第一次。《报刊记者站管理办法》也明确规定了记者站退出机制。然而,现实中很少有报刊、记者站被退出媒体市场。一些报刊已经严重亏损,主管单位也早已不再拨款供养,但作为某个主管单位的下属,再难也不能关闭。为了生存,出版单位给员工下达经营创收指标,员工自己也设法生财,新闻敲诈、强迫交易随之发生。因此,新闻行政部门要切实落实媒体市场退出机制,让那些难以为继的报刊、管理混乱的记者站退出媒体市场,杜绝发生新闻敲诈的可能性。

同时,新闻行政管理部门应加强对新闻记者证的管理,完善新闻采编人员不良从业行为记录登记制度,防止职业记者或者他人利用记者证实施敲诈勒索,限制和禁止存在严重违法问题的新闻采编人员继续从事新闻采编工作。记者证是我国新闻记者职务身份的有效证明,为其从事新闻采编活动的唯一合法证件,由原新闻出版总署依法统一印制并核发。《新闻记者证管理办法》对记者证的申领、核发、使用和管理进行了明确规定,但是在日常管理中依然存在不少漏洞。例如,《消费日报》河北记者站记者蔡国海因在蔚县"7·14"矿难中收受封口费,于2009年9月被石家庄市裕华区法院判处有期徒刑3年,缓刑5年。然而到2010年1月,还能够在"全国新闻记者证管理及核验网络系统"(中国记者网)中找到蔡国海的名字,他仍是《消费日报》河北记者站记者,其记者证竟然通过了2009年年度核验[①]。今年,新闻出版广电总局通过全国统一培训考核,换发新的记者证。新闻行政管理部门应以换发记者证为契机,查漏补缺,依法加强对记者证申领、核发、使用、年度核验、注销吊销等各个环节的管理,防止记者证被不当持有和使用。

针对近年来我国新闻采编队伍中存在的虚假新闻、有偿新闻以及其他利用新闻采访活动谋取不正当利益等问题,新闻出版总署于2011年5

---

① 《河北蔚县矿难10多名记者收取封口费获刑》,载《中国青年报》2010年2月1日。

月公布了《新闻采编人员不良从业行为记录登记办法》,尝试在全国建立新闻采编人员不良从业行为记录登记制度。这一制度,对净化我国新闻采编队伍、遏制新闻违法活动、加强新闻采编队伍的诚信体系建设,无疑具有重要意义。但是新闻采编人员不良从业行为的审核认定、记录登记、定期通报等问题,还需更加具体和规范,使之真正成为一项兼具操作性与合法性的制度。

3. 完善举报投诉制度,发挥社会监督效能

在利益驱动之下,职业记者难免会突破道德底线,假记者又无处不在、防不胜防,因此仅靠新闻从业者道德自律和新闻机构内部管理、新闻行政部门行业监管,不可能高效防治新闻敲诈,必须调动社会力量来监督新闻传播行业。原新闻出版总署建立的"全国新闻记者证管理及核验网络系统",对社会机构和公众鉴别记者身份真假已发挥显著功效。各级新闻行政管理部门、记者协会、新闻道德评议机构和各类新闻机构,还要进一步完善举报投诉制度,包括畅通举报投诉渠道、公示受理处理结果、保护举报人投诉人隐私等,充分发挥社会监督的"啄木鸟"作用,使实施新闻敲诈的真假记者和新闻机构败露现形,受到应有的惩治。

新闻敲诈使舆论监督"污名化",不仅严重侵蚀新闻媒体的权威性和公信力,而且危害整个社会,通过专项治理予以坚决打击非常必要。但是也要特别警惕一些单位或个人以打击"新闻敲诈"为名,行打击正当舆论监督之实。希望不要因此而影响新闻界开展正当舆论监督的信心和积极性。

我国对互联网的基本态度及互联网新闻信息传播立法*

构建网络空间命运共同体,尊重网络空间主权,互联网已成为思想文化信息的集散地和社会舆论的放大器,网络空间不是"法外之地",同步推进网络安全与信息化十分必要。我国对互联网的这些基本认知与态度决定了我国的互联网新闻信息传播法制内容和管理体制。我国已形成互联网新闻信息传播法律体系,其核心制度是经办互联网新闻信息服务施行许可制。建议明确规定"互联网信息传播自由权",适当放开"门户网站"的新闻采编权,经办网络自媒体可施行"事后追惩制"。

1969年互联网技术诞生于美国。1994年我国接入国际互联网,第二年向全社会开放使用。中国互联网络信息中心(CNNIC)发布的第40次《中国互联网络发展状况统计报告》显示:截至2017年6月,我国网民规模已达7.51亿,互联网普及率为54.3%,超过全球平均水平4.6个百分点。我国在接入国际互联网之初,就尝试通过立法对其实施法治化管理。2014年10月,党的十八届四中全会通过的《中共中央关于全面推进依法治国若干重大问题的决定》进一步强调,我国要加强互联网领域立法,依法规范网络行为。基于对互联网的基本认知与态度,我国的互联网领域立法尤其重视对互联网新闻信息传播行为的规范,目前已形成以《网络安

---

* 本文原刊于《新闻爱好者》2017年第12期。

全法》为骨干,《互联网信息服务管理办法》《互联网新闻信息服务管理规定》等行政法规、部门规章为辅助的互联网新闻信息传播法律体系,为依法治网、依法办网、依法上网提供了法律依据。当然,我国的互联网新闻信息传播法律制度还需要仔细考量与完善,确保互联网在法治轨道上健康运行。

一、我国对互联网的基本认知与态度

理解我国在互联网领域的立法旨趣、法律规定以及由此而形成的互联网新闻信息传播管理体制,首先要弄清楚我国在国家层面对互联网的基本认知与态度。可以说,国家对互联网的基本认知与态度决定了我国的互联网新闻信息传播法制内容和管理体制。

1. 构建网络空间命运共同体

首先,我国承认互联网的全球开放性、共享性和共治性,倡导构建"网络空间命运共同体"。2015年12月,由我国政府倡导、国家互联网信息办公室和浙江省人民政府联合主办的第二届世界互联网大会在浙江乌镇举行,其主题就是"互联互通、共享共治——构建网络空间命运共同体"。国家主席习近平在大会开幕式主旨演讲中指出,网络空间是人类共同的活动空间,世界各国应该加强沟通、扩大共识、深化合作,共同构建网络空间命运共同体。为建设和维护人类的"共同家园",习近平提出了全球互联网发展治理的"四项原则"——尊重网络主权、维护和平安全、促进开放合作、构建良好秩序[①]。

2. 尊重网络空间主权

我国主张互联网在全球应互联互通、共享共治,同时也强调各国在网络空间拥有主权,认为《联合国宪章》确立的主权平等原则和精神同样适用于网络空间,"我们应该尊重各国自主选择网络发展道路、网络管理模式、互联网公共政策和平等参与国际网络空间治理的权利"[②]。为维护我国的网

---

① 习近平:《在第二届世界互联网大会开幕式上的讲话》,新华网,http://www.xinhuanet.com/world/2015-12/16/c_1117481089.htm。
② 同上。

络空间主权,全国人大常委会2016年11月通过的《国家安全法》第二十五条,第一次以法律的形式明确提出了"网络空间主权"的概念。这体现了我国对网络空间主权——国家主权在网络空间的延伸、反映的高度重视。

3. 互联网已成为"思想文化信息的集散地和社会舆论的放大器"

2008年6月20日,时任中共中央总书记、国家主席胡锦涛在考察人民日报社时就指出,"互联网已成为思想文化信息的集散地和社会舆论的放大器"①。进入21世纪以来,互联网在我国确实已经成为各种信息的积聚、发散之地,更成为网民集结舆论的平台。一些热点焦点事件或突发事件往往由网络首先曝光,传统媒体随之跟进,迅速形成全国性舆论。网民通过互联网不但集聚和扩散信息与意见,而且放大社会舆论,诱发实际行动。互联网已成为"思想文化信息的集散地和社会舆论的放大器"这一论断,是我国治理网络空间的基本依据之一。

4. 网络空间不是"法外之地"

互联网技术是把"双刃剑",既便于公众充分自由地发表言论,也为违法犯罪行为提供了便利。网络空间当然不应该成为"法外之地",而要自由与秩序并重、权利与义务明晰。习近平在第二届世界互联网大会开幕式主旨演讲中就指出:网络空间虽然是虚拟的,但运用网络空间的主体是现实的,网络空间不是"法外之地",既要提倡自由也要保持秩序,"大家都应该遵守法律,明确各方权利义务。要坚持依法治网、依法办网、依法上网,让互联网在法治轨道上健康运行"②。2016年4月19日,习近平在网络安全和信息化工作座谈会上再次强调:网络空间生态良好符合人民利益,生态恶化不符合人民利益,我们要本着对社会负责、对人民负责的态度,依法加强网络空间治理③。

5. 同步推进网络安全与信息化

以互联网技术为代表的信息革命又一次促进了生产力的质的飞跃。

---

① 胡锦涛:《在人民日报社考察工作时的讲话》,载《人民日报》2008年6月21日。
② 习近平:《在第二届世界互联网大会开幕式上的讲话》,新华网,http://www.xinhuanet.com/world/2015-12/16/c_1117481089.htm。
③ 习近平:《在网络安全和信息化工作座谈会上的讲话》,载《人民日报》2016年4月26日。

为顺应全球信息革命的潮流,李克强总理在2015年《政府工作报告》中,首次明确提出我国要制定"互联网＋"行动计划,就是把互联网的创新成果与经济社会各领域深度融合,形成更广泛的以互联网为基础设施和创新要素的经济社会发展新形态。同年7月1日,国务院出台《关于积极推进"互联网＋"行动的指导意见》,以加快推动互联网与各领域的深度融合和创新发展。

我国在积极利用互联网技术推动经济社会信息化的同时,也充分认识到互联网给民众利益、社会公共利益尤其是国家安全带来的潜在威胁。有鉴于此,中共中央于2014年2月27日成立以习近平为组长的网络安全和信息化领导小组,统筹协调我国各个领域的网络安全和信息化重大问题,推动国家网络安全和信息化法治建设。同日,习近平主持召开了该小组第一次会议并发表重要讲话。他强调,"没有网络安全就没有国家安全,没有信息化就没有现代化",网络安全和信息化是一体之两翼、驱动之双轮,必须统一谋划、部署、推进和实施①。以安全保障发展、以发展促进安全,安全和发展同步推进,这是我国建设、运用和管理互联网的根本原则。

二、我国互联网新闻信息传播主要法律法规

我国在互联网领域的立法基本上与互联网的发展同步。1994年5月我国计算机信息网络正式接入国际互联网,而在当年2月国务院就发布了行政法规《计算机信息系统安全保护条例》。截至目前,国家立法机关、行政管理部门制定、发布的互联网专门法律、行政法规、部门规章和规范性文件、司法解释,共有两百多部(件)。我国在修订旧有法规或制定新法规时,也会对原有相关条款进行修改、补充,或针对互联网制定专门条款,以适应网络传播环境下的司法或管理需要。例如,2015年8月全国人大常委会通过的《刑法修正案(九)》,在《刑法》第二百九十一条中就新增了

---

① 《中央网信领导小组成立》,人民网,http://politics.people.com.cn/n/2014/0228/c70731-24487426.html。

一款:"编造虚假的险情、疫情、灾情、警情,在信息网络或者其他媒体上传播,或者明知是上述虚假信息,故意在信息网络或者其他媒体上传播,严重扰乱社会秩序的,处三年以下有期徒刑、拘役或者管制;造成严重后果的,处三年以上七年以下有期徒刑。"

我国早期的互联网立法偏重于技术系统安全,进入新世纪以来则注重于信息内容尤其是新闻信息内容的安全。新闻信息本来是众多信息中的一个类别,然而我国在进行互联网立法时,把新闻信息从其他信息中单列出来予以特别规定,足见我国对互联网新闻信息传播的重视程度。我国出台的专门的互联网新闻信息传播法律法规及直接相关的法律法规,主要有以下几部(件)。

1. 法律及司法解释

《关于维护互联网安全的决定》,全国人大常委会 2000 年 12 月 28 日通过。该法律性文件主要明确了危害互联网运行安全、信息安全的各种犯罪行为。

《关于加强网络信息保护的决定》,全国人大常委会 2012 年 12 月 28 日通过。该法律性文件重在对公民个人身份、隐私等电子信息的保护。

《网络安全法》,全国人大常委会 2016 年 11 月 7 日通过,2017 年 6 月 1 日起施行。《网络安全法》整合、优化了原来散见于各种法律法规中的相关规定,是我国第一部全面维护网络安全的基础性法律,也是我国第一部内容比较完备的网络传播法律。

《关于办理利用信息网络实施诽谤等刑事案件的司法解释》,2013 年 9 月 9 日最高人民法院、最高人民检察院联合公布。该司法解释确认网络传播可构成诽谤罪、寻衅滋事罪、非法经营罪。

2. 行政法规

《互联网信息服务管理办法》,2000 年 9 月 25 日国务院公布实施。该行政法规是我国互联网信息传播管理的基础性法规,是国家主管部门制定互联网规章尤其是互联网新闻信息传播规章的主要依据。2011 年 1 月 8 日国务院公布《关于废止和修改部分行政法规的决定》,仅对其第二十条的文字进行了细微修改。2012 年 6 月,国家互联网信息办公室、工业和信息化部公布了《互联网信息服务管理办法(修订草案)》,公开向社会征求意见。该行政法规目前仍处于修订阶段,国务院还没有公布实施新的《互联网信息服务管理办法》。

3. 部门规章

早在1997年,中央就明确规定国务院新闻办公室为网络新闻宣传的归口管理机构。2000年4月,国务院新闻办公室成立网络新闻管理局,专门管理网络新闻传播事务。2011年5月4日,我国又成立国家互联网信息办公室,整合了以前我国互联网"政出多门"的多头管理体制,进一步加强了对互联网信息传播的管理。

上述行政主管机关先后发布的部门规章主要有:《互联网站从事登载新闻业务管理暂行规定》(国务院新闻办公室、原信息产业部2000年11月联合发布)、《互联网新闻信息服务管理规定》(国务院新闻办公室、原信息产业部2005年9月联合发布)、《即时通信工具公众信息服务发展管理暂行规定》(国家互联网信息办公室2014年8月发布)、《互联网新闻信息服务管理规定》(国家互联网信息办公室2017年5月发布)。

三、我国互联网新闻信息服务经办制度

1. 互联网新闻信息及服务

互联网新闻有广义和狭义之分。广义的互联网新闻是指通过互联网发布的各种信息,狭义则专指互联网上的新闻类信息[①]。2000年11月国务院新闻办公室、原信息产业部联合发布《互联网站从事登载新闻业务管理暂行规定》,专门对网站从事登载新闻业务进行规范,应是就狭义的互联网新闻即新闻类信息而言。该《暂行规定》明确:"本规定所称登载新闻,是指通过互联网发布和转载新闻。"2005年9月国务院新闻办公室、原信息产业部联合发布的《互联网新闻信息服务管理规定》,第一次对互联网新闻及互联网新闻信息服务进行了明确界定。其第二条规定:"本规定所称新闻信息,是指时政类新闻信息,包括有关政治、经济、军事、外交等

---

① 钟瑛:《论网络新闻的伦理与法制建设》,载《新闻与传播研究》2000年第4期。

社会公共事务的报道、评论,以及有关社会突发事件的报道、评论。本规定所称互联网新闻信息服务,包括通过互联网登载新闻信息、提供时政类电子公告服务和向公众发送时政类通讯信息。"2017年出台的新《互联网新闻信息服务管理规定》关于"新闻信息"的定义,与2005年的旧规定表述相同,只是不再有"是指时政类新闻信息"的限定;"互联网新闻信息服务"则改为"包括互联网新闻信息采编发布服务、转载服务、传播平台服务"。

根据上述规定可知:我国对互联网新闻的界定,重在强调其时政性和公共性;互联网新闻不但指关于公共事务、社会突发事件的新闻报道,也包括相关评论文章。互联网新闻信息服务的主体,则从早期发布或转载新闻业务的新闻网站、门户网站,扩大到各种互联网站、应用程序和网络自媒体。

2. 许可制/备案制

2000年9月国务院发布的《互联网信息服务管理办法》,把互联网信息服务分为经营性和非经营性两类,国家对经营性互联网信息服务实行许可制度,对非经营性互联网信息服务实行备案制度。可见,在经办制度方面,我国当初对互联网的管理要宽于报刊、广播、电视等传统媒体。

不过,《互联网信息服务管理办法》同时规定:从事新闻、出版等互联网信息服务,在申请经营许可或者履行备案手续前,应当依法经有关主管部门审核同意。2000年11月国务院新闻办公室和原信息产业部联合发布的《互联网站从事登载新闻业务管理暂行规定》则进一步明确:在我国互联网站从事登载新闻业务实行许可(审批)制度。该部门规章把我国的互联网站分为新闻网站和综合性非新闻单位网站,不管是新闻网站还是综合性非新闻单位网站,从事登载新闻业务均需报请国务院新闻办公室批准。

2005年9月国务院新闻办公室、原信息产业部联合发布的《互联网新闻信息服务管理规定》,又把互联网新闻信息服务单位分为三类:(1)新闻单位设立的登载超出本单位已刊登播发的新闻信息、提供时政类电子公告服务、向公众发送时政类通讯信息的互联网新闻信息服务单位;(2)非新闻单位设立的转载新闻信息、提供时政类电子公告服务、向公众发送时政类通讯信息的互联网新闻信息服务单位;(3)新闻单位设立的登载本单位已刊登播发的新闻信息的互联网新闻信息服务单位。设立第一类、第二类互联网新闻信息服务单位必须经国务院新闻办公室审批;设立第三类向省级以上政府新闻办公室备案即可。

3. 许可制

2017年5月,国家互联网信息办公室发布了新《互联网新闻信息服务管理规定》,将原来并行的许可制、备案制调整为统一的许可制。该部门规章把互联网新闻信息服务分为采编发布服务、转载服务、传播平台服务三类,均施行许可制。其第五条规定:"通过互联网站、应用程序、论坛、博客、微博客、公众账号、即时通信工具、网络直播等形式向社会公众提供互联网新闻信息服务,应当取得互联网新闻信息服务许可,禁止未经许可或超越许可范围开展互联网新闻信息服务活动。"其审批程序为:申请主体为中央新闻单位(含其控股的单位)或中央新闻宣传部门主管的单位,由国家互联网信息办公室受理和决定;申请主体为地方新闻单位(含其控股的单位)或地方新闻宣传部门主管的单位,由省、自治区、直辖市互联网信息办公室受理和决定;申请主体为其他单位,经所在地省、自治区、直辖市互联网信息办公室受理和初审后,由国家互联网信息办公室决定。国家或省、自治区、直辖市互联网信息办公室决定批准的,核发《互联网新闻信息服务许可证》。和旧规定相比,除将微博、微信等自媒体纳入监管并且统一实行许可制外,新规定把互联网新闻信息服务的最高主管部门由国务院新闻办公室调整为国家互联网信息办公室,同时也下放了部分审批权力,即地方新闻单位从事互联网新闻信息服务,由所在地省级互联网信息办公室受理和决定。

四、思考与建议

以《网络安全法》为骨干,《互联网信息服务管理办法》《互联网新闻信息服务管理规定》等行政法规、部门规章为辅助,我国已经形成了互联网新闻信息传播法律体系,为依法治网、依法办网、依法上网提供了法律依据。不过,在立法理念、立法质量和由此而形成的互联网新闻信息服务经办制度等方面还需要进一步考量与完善,确保互联网在法治轨道上健康运行。

1. 明确规定"互联网信息传播自由权"

作为国家法律体系的一个组成部分,新闻传播法应该是保护新闻传播自由、规范新闻传播活动的法律。鉴于新闻传播自由对"人的自由发展"、政治民主化的重要促进作用,在立法理念上,新闻传播法首先应该保护新闻传播自由,其次才是对非法新闻传播活动进行限制。马克思就曾直言不讳地指出,"没有新闻出版自由,其他一切自由都会成为泡影"。因此,"新闻出版法就是对新闻出版自由在法律上的认可"①。

早在 1998 年 5 月,联合国教科文组织即把互联网这一新兴的信息传播工具命名为继报刊、广播、电视之后的"第四媒体"。随着互联网技术的发展与应用,时至今日,互联网的新闻媒体属性已不需争论。并且,网络媒体为公众获取信息、传播信息、发表意见提供了一个充分自由的巨大平台。可以说,网络媒体的兴起使公众的新闻传播自由获得了前所未有的实现。从法律门类来看,互联网新闻信息传播法律应该属于新闻传播法,当然要体现权利(自由)优先、义务(责任)伴随的立法原则。习近平在第二届世界互联网大会开幕式主旨演讲中就指出,网络空间既要提倡自由也要保持秩序,自由是秩序的目的,秩序是自由的保障。我国现行的互联网新闻信息传播法律法规,虽然不乏授权性规定即保护公民、法人依法使用网络的权利与保障网络信息依法有序自由流动的规定,例如《网络安全法》第十二条、新的《互联网新闻信息服务管理规定》第十三条之规定,但更多的是禁止性规范,即公民、法人在使用网络时应该承担的种种义务。

互联网信息(包括新闻信息)传播自由权当然属于我国《宪法》第三十五条规定的公民言论、出版自由权利。不过,在我国的互联网法律体系中,还没有关于互联网信息传播自由权的明确规定。2001 年全国人大常委会修正的《著作权法》第一次以法律的方式确立了"信息网络传播权",

---

① 《马克思恩格斯全集》(第 1 卷),人民出版社 1995 年版,第 201、176 页。

即以有线或者无线方式向公众提供作品,使公众可以在其个人选定的时间和地点获得作品的权利。国务院于2006年也出台了相应的行政法规《信息网络传播权保护条例》(2013年修订后重新公布)。然而,《著作权法》中所谓的"信息网络传播权"主要是计算机网络著作权意义上的民事权利,并非信息传播意义上的公民权利。因此,建议我国在制定新的互联网法律或修订原有法律时,明确提出"互联网信息传播自由权"这一概念,使其成为一项法定权利,并对"互联网信息传播自由权"予以具体规定,确保公民依法、充分使用互联网进行信息传播与交流。

2. 适当放开门户网站的新闻采编权

为了保障互联网新闻信息安全与品质,防止网络传播危害国家安全、社会公共利益和公民、法人的合法权益,我国的相关法律为互联网新闻信息服务提供者在信息发布审核、公共信息巡查、应急处置等方面设定了相当严格的义务和责任。

相比于应尽的种种义务与责任,我国法律赋予互联网新闻信息服务提供者的权利则明显要少。门户网站尤其是综合性门户网站,毫无疑问已经成为新闻信息的重要发布平台;中国互联网络信息中心历年的调查报告也显示,网络新闻在我国一直是互联网的三大应用之一。然而根据《新闻记者证管理办法》(原新闻出版总署2005年、2009年先后发布),我国行政主管机关不向网站核发新闻记者证。新闻网站可以依托传统媒体申领的新闻记者证从事新闻采编发布,门户网站等其他网站只能进行新闻转载。2014年10月,国家互联网信息办公室、新闻出版广电总局联合下发《关于在新闻网站核发新闻记者证的通知》,决定在已取得互联网新闻信息服务许可一类资质并符合条件的新闻网站中,按照"周密实施、分期分批、稳妥有序、可管可控"的原则核发新闻记者证。所谓"一类资质"新闻网站,就是2005年的《互联网新闻信息服务管理规定》所划分的第一类互联网新闻信息服务单位,门户网站不在核发新闻记者证之列。《新闻记者证管理办法》规定,在我国境内从事新闻采编活动,须持有国务院行政主管机关核发的新闻记者证。门户网站不具有申领新闻记者证的资质,自然就没有新闻采编权。2017年的《互联网新闻信息服务管理规定》

第六条也明确：申请互联网新闻信息采编发布服务许可的，应当是新闻单位（含其控股的单位）或新闻宣传部门主管的单位。非新闻单位、新闻宣传部门主管的单位经办的互联网站，只有新闻转载权，没有新闻采编发布权。

长期以来，我国的门户网站只有新闻转载权而没有采编权，只能充当新闻的"搬运工"而无法"生产"新闻。这一问题制约了门户网站的新闻信息传播功能，也不符合门户网站已经成为公众获知新闻信息的重要入口的现实。因此，可以考虑适当放开门户网站的新闻采编权，比如尝试先在几家著名的综合性门户网站核发新闻记者证，以观成效。只要条件具备、制度健全、管理到位，相信综合性门户网站会正确使用其新闻采编权，在新闻信息传播方面发挥更大的作用。

3. 经办网络自媒体可采用"事后追惩制"

关于从事互联网新闻信息服务，我国本来施行许可制或备案制这两种不同的经办制度。2017年5月2日，国家互联网信息办公室发布新的《互联网新闻信息服务管理规定》，将互联网新闻信息服务分为采编发布服务、转载服务和传播平台服务三类，均施行许可制，并通过核发《互联网新闻信息服务许可证》的方式来落实这一制度。我国对互联网新媒体的管理又回到了传统媒体的管理模式。

2017年5月22日，国家互联网信息办公室又发布了《互联网新闻信息服务许可管理实施细则》，其中第四条对互联网新闻信息三类服务的含义进行了解释："采编发布服务，是指对新闻信息进行采集、编辑、制作并发布的服务；转载服务，是指选择、编辑并发布其他主体已发布新闻信息的服务；传播平台服务，是指为用户传播新闻信息提供平台的服务。获准提供互联网新闻信息采编发布服务的，可以同时提供互联网新闻信息转载服务。获准提供互联网新闻信息传播平台服务，拟同时提供采编发布服务、转载服务的，应当依法取得互联网新闻信息采编发布、转载服务许可。"

根据上述规定，互联网站为用户传播新闻信息提供平台服务是需要获得许可的。那么，普通用户在互联网平台上开设微博、微信等自媒体发布或转载新闻信息,需不需要获得许可？根据新的《互联网新闻信息服务管理规定》第五条的规定,至少从字面上理解,用户通过网络自媒体发布或转载新闻信息也是需要获得许可的。在我国,个人微博、微信等网络自媒体数以亿计,如果也施行许可制,其管理成本、管理难度是不可想象的。实际上,新的《互联网新闻信息服务管理规定》及实施细则对此也没有明确要求,说明许可制也不是针对网络自媒体的。为避免公众误解和执法偏差,建议明确规定对网络自媒体施行事后追惩制：用户不必获得事先许可即可以通过网络自媒体自由发布或转载新闻信息,但是用户应对其发布或转载的新闻信息内容负责,如果被查实内容违法,需承担相应的法律责任。可以说,对网络自媒体施行事后追惩制而非事先许可制是实事求是的做法,也是符合互联网技术特质和网络传播逻辑的。

互联网新媒体使公众的言论自由权获得了前所未有的实现,同时也为违法、有害信息的传播打开了方便之门。如何最大程度地发挥新技术革命赐予信息传播的便利,同时又保护国家、社会、个人的合法权益不受侵害,这是网络传播环境下世界各国都面临的新问题。互联网新闻信息传播立法的基本原则就是在自由与秩序之间找到一个最佳平衡点,既不可放任不管或失之宽松,也不能因噎废食而过于严苛。孟子有言："徒善不足以为政,徒法不能以自行。"互联网新闻信息传播具有迅捷性、互动性、开放性和虚拟性等特点,仅靠法律制度是难以收到理想成效的。因此,我国在进行互联网新闻信息传播法制建设的同时,也要加强网络伦理、网络文明建设,法治与自律结合,共筑"天朗气清、生态良好"的网络空间。

汶川大地震报道中的伦理问题*

在汶川大地震中,我国记者和新闻媒体的良好表现有目共睹,世人称誉,但是也存在一些不顾及灾难当事人内心感受、忽视人文关怀等有违新闻职业伦理的行为。敬业而善良的记者为什么会做出这种行为?一方面,突发灾难情境本来就对新闻职业伦理形成冲击;另一方面,我们的新闻职业伦理意识也不够强。应加强新闻职业伦理教育,修订《中国新闻工作者职业道德准则》,建立灾难事件报道资源共享机制,使新闻职业伦理成为我国新闻工作者和媒体的一种自觉意识和自律行为。

"5·12"汶川大地震,我国新闻媒体在传播信息、凝聚人心、抚慰伤痛、筹集善款等方面所发挥的巨大作用,提升了媒介公信力,也为我国在国际社会树立了更加良好的形象。这一切得益于政府关于突发事件报道政策的完全开放——地震震出了我国信息前所未有的公开与透明,也得益于奔波在灾难现场的记者及其背后的新闻媒体——他们以特有的方式向世界传递灾难信息,传递在灾难面前我们的民族所焕发出的精神与力量。正如《亚洲周刊》发表的评论《废墟的信息,拒绝信息的废墟》所言:"在四川废墟中站起来的信息自由大国,是一个更有文化耐震力的中国。四川大地震,震碎了多少的生命,却震不碎中国的人心。多难兴邦,大面积的灾难,却侵占不了人心的方寸之间。只要信息全面开放,就掌握了救

---

* 本文原刊于《新闻大学》2008年冬季号。

灾的武器。灾难的风雨,永远敌不过资讯自由的阳光。"

不过,我们的记者和媒体在抗震救灾中的表现绝非尽善尽美,其中在新闻职业伦理方面就存在着一些值得思考的问题。在抗震救灾报道高峰已经过去之时,反思过去种种,对我国的新闻职业伦理建设,应该是有裨益的。

一、大地震"震"出的新闻伦理问题

人的生命至上还是新闻价值第一? 遵循新闻人刨根问底的职业习惯,以求细节生动、故事感人,还是顾念当事人的心理感受而点到为止? 求真、煽情以刺激受众,吸引眼球,还是求善、理智,使新闻报道多一些人文关怀? 这些在常态情境下新闻工作者可能不会遇到也不必作出抉择的种种复杂问题,因突然爆发的山崩地裂而一下子集中到他们面前。如何应对,考量着我们新闻工作者的职业道德素养。

1. 生命至上还是新闻第一

在人的生命安全面前,任何价值追求都是第二性的,包括记者孜孜以求的新闻价值。因此,当救助生命与采拍新闻发生冲突时,新闻记者应该放下手中的笔和相机,去救助岌岌可危的生命。这是国际新闻界公认的伦理原则,威廉·桑德斯(曾任美国全国新闻摄影师协会会长)所说的"你首先是人类的一分子其次才是新闻记者",即对这一伦理原则的明确肯定。

在这次汶川大地震中,我们的新闻记者发挥了"抗震救灾先遣队"的作用。在不少重灾区,首先到达的是新闻记者,他们不但及时向外界传递了真实的灾难信息,为随后的救援工作提供准备,而且亲自参加到救援工作之中。面对废墟中命悬一线的同胞,我们的绝大多数记者都能够做到放弃采访而投入救援。5月12日夜,中新社的李安江等三位记者,作为报道灾情的第一梯队,在第一时间到达受灾极其严重的都江堰市东汽中学。垮塌校舍中被埋学生的凄惨呼救声,使肩负采访任务的他们选择了救人。那一夜,他们几乎没有完成一个采访。在突发灾难面前,新闻工作者和媒体所表现出的快速反应能力和"生命至上"理念,正是这次地震报道工作中新闻人最让受众满意的地方之一。

但是,也有一些记者的表现引起了大家的非议。5月14日晚,救援人员正在北川救助两名幸存者,某电视台采访组赶到现场拍摄。救援人员挡住了机位,记者竟要求他让开先行拍摄。幸存者上方有一块水泥板,随时都会垮塌。当救援人员准备把它挪开时,记者却要求保持原样别动以拍到"真实"画面。幸存者痛苦不堪,不断地呻吟着。救援人员告诉他不要讲话,保持体力。这时,记者在镜前播报说,"这里还能听到老大爷的呻吟声,(话筒向下伸)老大爷,老大爷……我们来听听老大爷的声音……医生,你让大爷说句话",并向幸存者喊话,"大爷,能听见吗?大爷,说说话"。最后,这位大爷在快被救援队员救出时死去。在交通断绝只有依靠直升机运送伤员的紧要关头,为了采访到所谓的"一线"新闻,竟有记者伪装成伤员,试图混进只运送重伤员的直升机。记者们的这些行为无不影响着救助工作的正常进行。

当然,记者的职业是记录事实、传播信息。多数情况之下,记者及时采访并传布于外的灾难信息能够使更多的人获得救助,比他们亲自去救人更有价值。那么,面对灾难,记者选择采访或者救人的原则是什么?一般而言,如果记者是灾难现场唯一可以实施救助的人,就应该选择救人而不是采访。除此之外,记者进行现场采访可以得到大家的认可。不过,现场采访以不影响他人正常救助为前提,否则也属于无视生命尊严、违背职业道德的行为。

2."追求故事"还是"呵护伤者"

这里所说的"伤者",不仅仅是指那些在大地震中肢体伤残的人员,更是指那些有"心灵之伤"的幸存者和遇难者的家属。大地震亲历者被震碎的心灵再也经不起任何形式的打扰,他们不愿意触碰,也不希望别人去触碰那心中的痛。但是,在这次抗震救灾报道中,一些记者为了挖出"新闻"和追求"故事"的感人细节,毫不顾及"伤者"的心理感受,对他们进行疲劳采访或不当提问,使他们的身心再次受到伤害。

郎铮被救出废墟时所行的那个感动中国、感动世界的队礼被摄影记者抓拍到,"敬礼娃娃"顿时成了媒体追逐的对象。记者纷至沓来,反复让他讲述敬礼的原因,给他造成了巨大的心理负担,使这个本来乐观的孩子在医院治疗期间出现心理障碍,总是想到房子垮塌的情景。一名9岁的小学生,被埋在废墟里后一直唱歌鼓励自己等待救援。当她被救出时身心已极度衰弱,紧急送到医院后,经过几名医护人员的轮番抚慰,她的心情开始好转。可是闻讯赶来的记者频繁对她采访,让孩子一遍遍讲述当时的悲惨情景,导致孩子情绪逐渐失控,在医院里大喊大叫,拒绝所有人员接近。羌族女警察蒋敏在大地震中瞬间失去了10位亲人,包括刚刚两岁的女儿。但她忍着悲痛,仍然奋战在救灾一线,被网友誉为"最坚强中国警察"。5月17日凌晨三点多钟,已经连续5天很少休息的蒋敏,还在某灾民临时安置点值勤。当她看到帐篷里一位熟睡的孩子,就俯身照顾了孩子一下。跟在一边采访的某电视台记者,这时问了蒋敏一句非常不得体的话:"看到被你照顾的灾区的孩子时,会不会想起自己的孩子?"蒋敏的神情已经非常恍惚,在听到这个问题后,她身体摇晃了一下,走出帐篷即晕倒在地。

新闻报道需要典型人物和生动"故事",这样才能够突出重点,感动他人。"对于记者而言,最大的挑战就是要找到整个悲剧事件或其中所牵连的人的那些最为隐秘的、最独一无二的特征。"① 一方面,媒体和受众都需要灾难事件中的"故事"和细节;另一方面,灾难当事人往往是没有受访经验的普通人甚至是孩子,他们的心灵已经受到巨大创伤,变得非常脆弱敏感。如何对灾难当事人进行采访与报道,既找到他们身上"最为隐秘的、最独一无二的特征",又不至于再次伤害他们的身心,对记者来说确实是最大的挑战。新闻职业伦理认为,记者不应该把新闻人物当作"材料"看待,而应该把他们当作"人"看待,不顾及当事人的内心感受而从他们身上"挖掘"新闻是不道德的行为。因此,当"追求故事"与"呵护伤者"发生冲突时,记者应该选择后者而非前者。美国职业记者协会(SPJ)制定的《伦理规约》(1996年通过)就告诫记者:"对那些可能受到新闻报道负面影响的人表示同情。在对待儿童和无经验的消息来源或报道对象时,具有特

---

① [英]卡伦·桑德斯:《道德与新闻》,洪伟等译,复旦大学出版社2007年版,第145页。

殊的敏感性。在寻求和使用那些遭到悲剧打击或哀痛打击的人的访问记和照片时谨慎行事。认识到采集和报道信息可能会造成的伤害和不适。追寻新闻不是傲慢无礼的许可证。"①

3. 感官刺激还是人文关怀

汶川大地震发生一周后,国务院决定将5月19日至21日定为"全国哀悼日",以表达全国各族人民对这次大地震遇难同胞的深切悼念。依据法律,以国家最高行政机关发布政令的方式,向自然灾害中遇难的平民致哀,这在中国历史上还是第一次,充分体现了党和政府"以人为本"的治国理念。海外媒体对此给予了高度评价,新加坡《联合早报》发表评论员文章指出:"60年来,全体中国人第一次真正地停下脚步,在哀伤之中默默感受着同胞的苦难,这是当代中国人重建身份认同和精神家园的开始。"

全国哀悼日期间,几乎所有报纸的头版都只用黑白两色,并通过版面设计突出悼念主题。这种情况在以前从没有过出现,"超常规"的报纸头版设计传递了深层次的人性悲怆和沉痛。一位网友在《"哀悼日"全国媒体头版展示》的帖文中评价说:"传媒人用自己的努力,让人们看到中华民族在这次大地震中所表现出的坚强、团结、勇气和真情。"②在内容方面,与以往的灾难报道突出党政重视关心、突出救援者相比,这次地震报道将焦点对住了灾难本身和"灾难中的个体生命",呈现人性化表达,重视人文关怀。有学者指出,这次地震新闻"对人的尊严的报道达到了历史最高点"③。事实上,因为我们以往关于灾难的报道常常忽视人的尊严和人文关怀,才使汶川大地震的报道格外引人注目。即便如此,这次大地震报道仍存在着有悖于人的尊严和人文关怀之处。

第一,最让人不能容忍的是地震报道加入"娱乐化"元素。5月19日是"全国哀悼日"的第一天,举国默哀,山河同悲。然而,当天出版的重庆《旅游新报》,以"废墟重生"为题,让几个裸露的"美女"涂上假鲜血,在一片废墟背景上摆POSE拍写真!"哀悼日"里的"模特秀"是对生命尊严的

---

① [美]梅尔文·门彻:《新闻报道与写作》,展江主译,华夏出版社2003年版,第755页。
② 《"地震报纸头版"浓缩全民情感》,载《解放日报》2008年6月16日。
③ 《地震新闻:对人的尊严的报道达到历史最高点》,载《南方周末》2008年5月22日。

莫大亵渎。

第二，一些关于地震的报道、节目仍有煽情炒作之嫌。CCTV举行赈灾晚会，蒋敏应邀到了节目现场。某主持人先说了一段开场白："在地震发生的头一天，5月11号是母亲节，对蒋敏来说可能是生命中最后一个快乐的母亲节了。"然后他直接询问神情恍惚、身体有些站立不稳的蒋敏："最后一次给女儿打电话是什么时候？她给你说的是什么？"在明知蒋敏因公未能回家的情况下，这位主持人还继续追问她"回过家吗？亲人的遗体找到了吗？"这段颇具煽情、不顾当事人内心感受的采访，引起了观众的普遍不满和不少网友的愤怒。我们完全有理由相信，这位主持人绝无意于煽情，他是希望借此向蒋敏表示同情与关心。但是，这段采访所呈现出的煽情风格是显而易见的，这种风格与整个节目的主题格格不入。

在抗震救灾报道中，不但救人英雄和"可乐男孩""敬礼宝宝"这些令人感动的人物成为各地电视台争抢的资源，而且捷足先"逃"的教师"范跑跑"也被电视台请来请去，为自己的行为进行辩解。更有甚者，那头在废墟中存活了36天、被取名"朱坚强"而收养于博物馆的猪，也成了媒体争相报道的对象。

第三，一些地震报道用语缺少考虑，不够庄重。例如，某电视台记者用"现在的纪录保持者"来指称从废墟中救出的幸存者；某节目主持人称救灾活动是一场"大戏"。在新闻报道中，类似"活埋""丧命"等冷漠字眼也时有出现。这些随口而出、轻薄冰冷的词语，显然与大地震造成的悲情氛围、灾难报道所需要的人文关怀不相称。

第四，一些媒体刊播的遇难者照片、图像过于"真实"，不够慎重。《美国新闻与世界报道》摄影主任蒂夫·拉森认为，新闻照片是一个时刻的及时记录，摄影的力量在于它给人一种"这是真的发生过"的感觉①。电视图像真实记录事件的能力更优于新闻照片。一般事件的新闻照片、图像自然以"求真"为重，而灾难事件新闻照片、图像则要求"求真""求善"并重。所谓"求善"，就是记者和媒体要有人文关怀意识，从遇难者的尊严和遇难

---

① 张宸：《当代西方新闻报道规范》，复旦大学出版社2008年版，第254—255页。

者家属、受众的心理感受考虑,不要把残酷的场面过于真实地呈现出来。西方新闻伦理认为,"让一个人在众目睽睽之下遭受痛苦,让他暴露在众多围观的人的目光之下,是一种更加残忍的处罚"①。这一问题的关键在于新闻媒体而非记者。现场拍摄是记者的职业习惯和本能,哪些照片、图像适合刊播,哪些不适合,取决于媒体的判断、选择。5月15日,英国《每日邮报》从众多的照片中选择了独立摄影师沈祺徕拍摄的《摩托车上绑在一起的夫妻》在头版刊出,随即被全球许多报纸、网站转载,评论称其体现了"死者的尊严"。相比之下,国内一些媒体在地震后头几天所刊播的照片、图像就缺乏人文关怀精神:学校废墟中孩子们惨不忍睹的尸骸照片被放在了显著位置;水泥板下奄奄一息者绝望、痛苦的表情清晰可辨。媒体刊播这些照片、图像的目的,应该是为了呈现灾难的惨烈,引起世人的同情和援助。实际上,废墟旁那一排排顿时失去小主人的书包,废墟中垂着的那只紧握铅笔的小手,这些照片就足以震撼世人,它们既符合传播伦理,体现人文关怀,也能够获得预期的传播效果。

毋庸讳言,新闻报道需要运用别出心裁的传播符号和手段,来"冲击"受众的视听感官,吸引他们的注意力,达到传播效果,进而获取经济效益。但是,新闻媒体同时又承担着社会责任,在灾难面前,任何追求感官刺激、轰动效应而不顾及遇难者尊严、遇难者家属和受众内心感受的做法,都是违背职业伦理的行为,为了赢利而不顾一切则尤为可耻。

二、思考与建议

新闻职业伦理虽然受各国文化传统、传播政策等多种因素的影响而呈现出不同风貌,但是灾难事件报道要尊重生命价值,呵护"伤者"痛楚,体现人文关怀,这些原则各国都基本一致,或者在成文的新闻职业伦理规范中予以明确规定,或者作为不成文的传统被大家遵守。

关于灾难事件报道的这些伦理原则体现了"减少伤害"的伦理精神,具有普世价值,因此被世界各国新闻界所认可、奉行。

---

① [英]卡伦·桑德斯:《道德与新闻》,洪伟等译,复旦大学出版社2007年版,第128页。

但是,在灾难报道实践中,世界范围内记者及媒体违背上述职业伦理的事例多有发生,不独我国这次大地震报道使然。为什么会出现这样的情况?这是因为,灾难情境对新闻伦理产生了三大冲击:一是记者的角色发生了重大变化,由常态新闻情境中的旁观者、局外人变为灾难事件的亲历者、参与者和观察者,记者和报道对象的心理距离和利益距离瞬间被拉平;二是记者的职业诉求让位于其作为人的同情心、责任感和救世护生情怀;三是媒体竞争的功利主义让位于记者作为人的人道主义[①]。在灾难事件报道中,记者如果处理不好作为"记者"与作为"人"的相互关系,就容易做出违背新闻职业伦理的行为。凤凰卫视《冷暖人生》节目主持人陈晓楠灾区归来接受记者采访时说,刚开始自己也非常职业地冲上一线向灾民发问,直到在北川中学看到孩子们原本一张张的笑脸在她提出问题后突然消失,她就开始修正自己的做法,"我不再戴着记者的面具,把自己完全释放成人,跟每一个灾区的人聊天,感同身受。"陈晓楠的做法应该对其他记者有启示意义。

客观报道也是一项重要的新闻职业伦理原则。为保持报道的客观性,记者须时刻警惕,不要使自己成为所报道事件的参与者,不要与事件当事人扯上关系,至少应与他们保持一定的心理距离。记者应当是中立的观察者,同情乃客观报道的死对头。当然,客观报道原则及记者所应当秉持的态度是就常态新闻情境而言的;面对灾难性事件,袖手旁观、缺乏同情的记者,则会被视为冷漠。"有关苦难的报道并不仅是提供一些基本的事实资料,更重要的是要通过报道在受众和遭受灾难的人之间建立一条感情的纽带,也就是同情。"[②]如果报道者本人对遭受灾难的人缺少基本的同情,他们的"客观"报道如何能激发受众的同情之心?不过,表露同情也有一个"度"的问题,否则将导致受众"同情的疲劳"或者引起当事人心理的不适。美国密歇根州立大学新闻学院"受害者与媒介研究中心"的研究成果表明,记者不要对受害者说"我了解你的感受","即使你可能认为

[①] 王雄:《作为"人"的记者:灾难情境中的新闻伦理学》,载《视听界》2008年第3期。
[②] [英]卡伦·桑德斯:《道德与新闻》,洪伟等译,复旦大学出版社2007年版,第144页。

自己也遭受过同样的打击，但没有人能真正理解一个人在悲剧事件发生时和发生后的心理变化"①。就连表白"我了解你的感受"都是不恰当的，记者对遭受灾难者的态度，真的是要慎之又慎了。

在这次汶川大地震中，参与报道的我国绝大多数记者都是十分敬业的。他们希望通过自己的努力采访带给中外民众更多有价值的新闻信息；他们行为的出发点大多也十分善良，试图通过自己的言行，力所能及地去抚慰灾区同胞的身心伤疼。那么，在采访报道中，我们的一些记者为什么还会做出有违职业伦理的行为呢？一方面，如上所述，灾难情境本来就对新闻职业伦理形成冲击；另一方面，在极度混乱和危急的情况下，记者也不可能时时处处能想到职业伦理规范，用那些条条框框来规约自己的言行。但是，我们也不能拿这些客观原因为职业伦理的缺失开脱，必须承认，我们的新闻职业伦理意识是不够强的。汶川大地震发生的当晚，只有央视和四川台、重庆台等少数电视台的节目及时作出调整，播放有关的地震新闻，而大多数省市地方台依旧在播放无聊的电视剧、选秀类娱乐类节目及形形色色的广告，引起网民的强烈不满和抗议。正是因为我们的职业伦理意识不强，造成一些新闻工作者和媒体在突发事件面前不能"自觉"做出合乎情理的举动。

如何使新闻职业伦理成为新闻工作者和媒体的一种自觉意识与自律行为？对新闻工作者特别是对"准新闻工作者"进行"涵化"教育，被认为是行之有效的方法。美国《波特兰人报》摄影记者班加明·巴林克来中国给新闻院校的学生讲学，他把搜集到的"9·11"照片罗列出来，让同学们从中选出两张作为新闻图片刊登在报纸上。所有的同学在选择了飞机摧毁市贸中心的全景照片后，都不约而同地选择了一张有人从楼上掉下来的照片。巴克林告诉大家，当时美国的所有报纸都没有选择这样一张照片予以刊登，因为它刺激性太强，让人感到太过残忍，如果刊登就有失伦理道德。类似的教育日积月累，就会潜移默化为自觉意识，在工作实践中就可能转化为自律行为。

---

① ［美］罗恩·史密斯：《新闻道德评价》，李青藜译，新华出版社2001年版，第331页。

不管是开展教育还是规约新闻工作者及媒体的行为,明晰的、成文的新闻职业伦理规范是不可或缺的。1991年,中华全国新闻工作者协会就通过《中国新闻工作者职业道德准则》,作为各类媒体工作者共同遵守的行为规范。该《道德准则》已于1994年、1997年进行过两次修订,但是仍然比较笼统,侧重于舆论导向和遵纪守法,缺少人文关怀方面的明确规定。"以人为本"已经被我党明确为重要的执政理念,笔者建议,再次对《中国新闻工作者职业道德准则》进行修订,保持原有中国特色,增加"以人为本"条款,体现人文关怀的普世伦理精神。

在新闻实践层面,探讨建立灾难事件报道的资源共享机制,尽可能把对灾难当事人的不可避免的伤害降低到最小限度。"不仅新闻本身有一个道德尺度的问题,而且我们获得新闻的方式也要讲究道德,而资源共享就能够较好地避免有太多的记者采写同样一个新闻而导致的对别人的侵犯问题。新闻记者,特别是电视记者,必须对其报道可能产生的影响十分敏感。"①

---

① [英]卡伦·桑德斯:《道德与新闻》,洪伟等译,复旦大学出版社2007年版,第146页。

美国媒体对消息提供者的保护：
职业道德与司法公正的冲突[*]

20世纪60年代以前，美国各级法院传唤新闻记者出庭，要求他们就消息来源问题作证的事例并不多见。但是随着调查性报道的兴起，这一情况发生了明显变化：新闻记者根据线人秘密提供的内幕而做出的报道，越来越和隐蔽的违法犯罪行为相关，司法机关强令记者出庭作证的传票接连不断。一方面，新闻界认为，为消息提供者保密是基于新闻自由的新闻职业道德的要求，新闻记者享有拒绝作证的宪法特权，保护消息提供者才能实现信息自由充分地流向公众，从而有利于公共利益；另一方面，司法界认为，新闻记者并不享有免于作证的绝对特权，强迫新闻记者出庭披露消息来源是司法公正的需要，最终也是为了公共利益。双方均以服务公众利益为理由，各执己见，争论不休，为消息提供者保密问题，成为20世纪70、80年代美国传播法中最为棘手和最有争议的领域。

一、为消息提供者保密：一项重要的新闻职业道德准则

2005年5月31日，美国《名利场》杂志刊文称，曾任美国联邦调查局副局长的马克·费尔特，就是当年向《华盛顿邮报》记者鲍勃·伍德沃德和卡尔·伯恩斯坦披露"水门事件"内幕的"神秘线人"。这篇文章是由费尔特的律师撰写的，费尔特亲口告诉了他这个秘密，并通过律师向《名利

---

[*] 本文原刊于《新闻大学》2005年冬季号。

场》杂志说:"我就是当年被称为'深喉'的那个人。"当天,《华盛顿邮报》在网站上刊登了伯恩斯坦的一份声明,证实了费尔特的说法。至此,引起无数猜测的美国新闻史上最大的谜团,在事隔30余年后终于真相大白①。

当年,伍德沃德和伯恩斯坦向费尔特承诺为其保密,只有当他离开人世后,他们才会披露他的身份。30多年来,《华盛顿邮报》的两位记者一直恪守着当年的诺言,没有向外界透露有关"深喉"身份的片言只语。当事人在有生之年自曝内情,记者自然就没有了再为其保密的义务和必要。《华盛顿邮报》及其记者关于"水门事件"的报道,成为美国新闻界引以为豪的调查性报道的成功个案,也为新闻界树立了遵守为消息提供者保密的新闻职业道德典范。

与忠于事实、客观公正、独立负责等一样,为消息提供者保密,是西方新闻界甚至是国际新闻界的一条重要的职业道德原则。联合国新闻自由小组委员会1954年制定的《国际新闻道德信条》(草案)第三条规定:"关于消息来源,应慎重处理。对暗中透露的事件,应当保守职业秘密;这项特权经常可在法律范围内,作最大限度的运用。"《记者行为原则宣言》(国际新闻记者联合会1954年通过)也宣称:"对秘密获得的新闻来源,将保守职业秘密。"《韩国报人行为准则》(韩国报业伦理委员会1957年制定,1961年修订)要求报人应具有"采访新闻时,对采访对象应尊重,对新闻来源应守密,对提供消息者应加保护"的品格②。《英国新闻工作者行为准则》(英国全国新闻工作者协会1994年通过)第十六条规定:"新闻工作者有道义上的责任保护不愿透露姓名的信息提供者。"③

美国是世界上最早制定成文的新闻职业道德规范的国家。美国新闻界在各个时期制定的新闻职业道德规范中,多有为消息提供者保密的相关规定。早在1868年,美国报人查尔斯·达纳接办《纽约太阳报》时为这家报馆制定了13条规约,被认为是世界上最早要求新闻工作者进行自律

---

① 韩平、朱幸福:《我就是那个"深喉"》,载《文汇报》2005年6月2日。
② 陈桂兰主编:《新闻职业道德教程》,复旦大学出版社1997年版,第250、264页。
③ 魏永征、张咏华、林琳:《西方传媒的法制、管理和自律》,中国人民大学出版社2003年版,第421页。

的"报人守则"。在达纳制定的13条规约中,其中一条就是记者和报纸未经采访对象许可,不得发表该采访对象的访问记①。美国记者公会1934年制定的《记者道德律》第一决议第六条规定:"新闻记者应保守秘密,不许在法庭上或在其他司法机关与调查机关之前,说出秘密消息的来源。"②美国广播电视新闻主任协会2000年通过的《道德和职业行为准则》要求职业电子新闻工作者应做到:"对于保密的信息源,应仅在采集或表达重要信息明显地有利于公众利益时或在提供信息者有可能受到伤害时才使用。新闻工作者应履行所有承诺保护秘密信息源。"③

在美国,为消息提供者保密不仅仅是一项成文的新闻职业道德规范的规定,在长期的新闻实践中,它已内化为一种自觉的新闻工作准则,积淀成一种新闻职业精神,不少媒体和新闻工作者为恪守这一准则,即使被科以巨额罚款,甚至被判予藐视法庭罪而遭受监禁也在所不惜。1958年,《纽约先驱论坛报》记者玛丽·托里在一起诽谤诉讼案中,因拒绝透露消息来源而被判定藐视法庭罪,为捍卫新闻工作者的保密信誉,她情愿离开刚刚出生的婴儿和蹒跚学步的幼子,去服10天的监禁徒刑④。1975年,根据线人提出的密报,《纽约时报》记者法尔勃对10年前发生在新泽西州某医院的一桩13位病人离奇死亡疑案进行调查,所写报道刊登在时报第一版显著位置上。当年地方司法机关经过调查未发现可资起诉的罪证,此案遂不了了之。在《纽约时报》刊登了法尔勃的调查报告后,检查官重启这桩死亡疑案。法官裁示法尔勃交出所有采访笔记和录音带等资料,遭到拒绝;《纽约时报》对法尔勃的做法予以支持。法尔勃以藐视法庭罪被判入牢,每天缴纳1 000美元的罚金;《纽约时报》同时被裁定藐视法庭,每天缴纳5 000美元,直到记者交出所有资料之日为止。不久该案审理终结,犯罪嫌疑人被宣告无罪,记者交不交出采访资料对案件判决已无实质

---

① 黄瑚:《新闻法规与新闻职业道德》,四川人民出版社1998年版,第245页。
② 陈桂兰主编:《新闻职业道德教程》,复旦大学出版社1997年版,第256页。
③ 魏永征、张咏华、林琳:《西方传媒的法制、管理和自律》,中国人民大学出版社2003年版,第458页。
④ [美]T.巴顿·卡特等:《大众传播法概要》,黄列译,中国社会科学出版社1997年版,第172页。

意义,法尔勃才获开释。为此,法尔勃总共坐了40天牢,时报先后交付28.6万罚金。时报实际上为此案所付出的,包括罚金及诉讼费用,总数超过了100万美元。

美国新闻界为什么把为消息提供者保密列为重要的职业道德信条,并且在实践中持之不渝地遵循?概括起来,主要有以下四个方面的原因。

第一,新闻界认为,信息的自由流通是宪法第一修正案所保护的新闻自由的体现,是媒体在民主社会中行使公共职能的前提。为消息提供者保密,才能实现信息自由、充分地流向公众,满足公众的知晓权,服务于公共利益。这一观点即使在法官中也不乏赞同者。在"布莱兹伯格案"(1972)中,斯图尔特大法官就指出:记者的与新闻来源保持秘密联系的宪法权利植根于广泛的社会利益,即信息向公众全面的自由的流动。这个根本关系正是宪法保护新闻自由的基础,因为这种保证"不是为了新闻媒体的利益,而是为了我们所有人的利益"①。

第二,泄密会对试图向媒体提供消息的人产生"激冷效应",导致媒体信息源尤其是揭丑性信息源的枯竭。在上述的《纽约时报》及其记者法尔勃案中,记者与时报就认为,如果交出采访笔记及录音带等资料,消息来源将被泄露,而消息来源不能保密,将使所有消息来源受到威胁,重要线人不敢出头提供重大新闻线索和新闻事实,也不敢自供或指控,使新闻自由及公众知悉权利受到极大的威胁与损害②。

第三,不遵守保密诺言而泄露消息来源的记者将被看作是"不可靠的",这不但会对这些记者及其所服务的媒体的信誉造成损害,而且也会对其采集和传播新闻的能力产生抑制作用。法尔勃出狱后写了一本《有人说谎:X医生的故事》的专书,详细叙述了疑案事件调查与法庭审理的经过。在书中他说:"如果我放弃了采访笔记和录音带等资料,我将毁损了我的职业人格,并丧失了新闻同业的信誉。更重要的,我这种做法,无疑地是公开宣布,时报这份最有声誉的报纸已经不再是任何人可资信赖

---

① [美]唐纳德·M.吉尔摩等:《美国大众传播法:判例评析》(上册),梁宁等译,清华大学出版社2002年版,第313页。
② 李子坚:《纽约时报的风格》,长春出版社1999年版,第340页。

的对象。"①

第四,新闻记者认为他们自己是像律师或医生那样的"职业人员"。按照普通法传统,律师与其当事人、医生与其病人之间,有豁免作证的特权。"有鉴于此,新闻工作人员坚持主张,当他们的作证有悖于他们的职业道德义务或对他们采集新闻的能力产生负面作用时,法律应当赋予他们在传票的强迫下不予作证或拒绝出示有关材料的特权。"②

二、为消息提供者保密:新闻记者的有限特权

在复杂的美国法律体系中,承认新闻记者享有为消息提供者保密而免于被迫作证的特权。

1. 宪法第一修正案特权

美国宪法第一修正案宣告:"国会不得制定法律规定国教或禁止宗教自由,剥夺言论或出版自由,剥夺人民和平集会和向政府请愿申冤的权利。"③尽管对宪法第一修正案的理解多种多样,但这一规定是对公民言论自由权利的最高效力的法律保护,是美国社会的共识。言论自由权引申出记者和媒体的信息采集权,而信息采集权包含着为消息提供者保密的权利。因此,宪法第一修正案可以视作新闻记者享有为消息提供者保密的特权保障。

2. 联邦普通法(判例法)特权

以普通法为传统的美国,虽然从未承认新闻记者像律师、医生一样享有绝对的作证豁免权,但在不少的具体案件中,联邦法院法官考虑到如果给予新闻记者免于作证的特权,可以鼓励新闻和信息自由流向公众,这样做有益于社会,因而实际上给予了新闻记者这种特权。

3. 州法律(庇护法、宪法和普通法)特权

美国不少州都制定有成文的"庇护法"(Shield Law,又译作"盾牌

---

① 转引自李子坚:《纽约时报的风格》,长春出版社1999年版,第344页。
② [美]T.巴顿·卡特等:《大众传播法概要》,黄列译,中国社会科学出版社1997年版,第170页。
③ [美]詹姆斯·M.伯恩斯等:《美国式民主》,谭君久等译,中国社会科学出版社1993年版,第99页。

法"),或者发布法庭命令,确立了新闻记者保护新闻来源的秘密性的特权制度。马里兰州于1898年制定了第一个庇护法,至1998年,美国有45个州和哥伦比亚特区通过制定庇护法、州宪法或普通法,对记者的保密特权予以承认。其中,23个州和哥伦比亚特区制定了庇护法,16个州将特权单纯地作为州宪法或者普通法上的事项,还有10个州在庇护法之外,又采纳了普通法或州宪法特权。没有采纳特权的州只有夏威夷、密西西比、密苏里、犹他和怀俄明州①。

不过,不管是宪法第一修正案特权、联邦普通法特权还是州法律特权,记者的这项特殊权利均属于有限制的特权,而非绝对权利。通常认为,第一修正案并没有赋予新闻界一个一般公众不具备的绝对的宪法特权,每个公民都有作证的义务,新闻记者也不例外。在以下四种情况里,第一修正案提供日益增多的免于被迫透露消息来源和未发表的信息的保护:(1)陪审团或检查官想得到信息的刑事案件(最少的保护);(2)被告想得到信息的刑事案件(稍微多一些的保护);(3)新闻记者是被告的民事案件(较之刑事案件里的稍微多一些的保护);(4)新闻记者不是起诉的一方当事人的民事案件(最多的保护)②。在联邦最高法院审理的相关案件中,法庭强迫记者披露消息来源的情况也不少见。各州的记者特权构架和解释虽有较大差别,但有一点是相同的,即这种特权是有条件的限制性特权。总之,新闻记者不存在绝对的披露信息的义务,同时也不存在绝对的不披露的特权,而是对于每一个特定的案件存在着对抗强制性披露信息的限制性特权。

美国司法界认为,记者为消息提供者保密的特权之所以是有限特权而非绝对特权,是基于宪法第六修正案所保障的"司法公正"即被告应受到公正审判的要求③。"公众对每个人的证据有知晓的权利",这是长久以

---

① [美]唐纳德·M.吉尔摩等:《美国大众传播法:判例评析》(上册),梁宁等译,清华大学出版社2002年版,第321—322页。
② [美]T.巴顿·卡特等:《大众传播法概要》,黄列译,中国社会科学出版社1997年版,第182页。
③ 美国宪法第六修正案规定:"在一切刑事诉讼中,被告有权由犯罪行为发生地的州和地区的公正陪审团予以迅速和公开的审判,该地区应事先已由法律确定;得知控告的性质和理由同原告证人对质;以强制程序取得其有利的证人;并取得律师帮助为其辩护。"

来存在的一个司法原则,除非是对于律师、医生、牧师、夫妇一方那样享有作证绝对豁免权的人。法院要求所有知道相关事实或信息的人在诉讼中提供证据,只有这样正义才能得到最好的实现。

三、"布莱兹伯格案":新闻记者作证豁免权规则的确立

究竟什么情况下记者享有免于被迫出庭作证、披露消息来源的宪法特权,什么情况下不享有这种特权,美国各级法院在审理相关案件中莫衷一是,没有形成普遍认同的统一规则。直到1972年的"布莱兹伯格案",记者作证豁免权的普遍规则的基础才建立起来。

"布莱兹伯格案"是联邦最高法院受理的包括三件上诉案的一组案件。布莱兹伯格是肯塔基州《路易斯维尔密使》杂志的一名记者,他在作出保密的承诺之后,被允许得知当地毒品的提炼过程及使用情况,并予以报道。州上诉法院大陪审团传唤他出庭作证,他以记者享有宪法第一修正案和州庇护法所赋予的免于作证的特权为由,拒绝出庭。上诉法院否决了布莱兹伯格的特权主张,要求他必须出庭作证。另一起案件涉及马萨诸塞州WTEV电视台记者帕波斯。帕波斯获得主张对白人进行武装斗争的黑豹党的信任,报道了该党的内情。他同样基于宪法第一修正案的记者特权,拒绝州最高法院大陪审团的传讯。州最高法院否决了帕波斯关于取消传唤的动议,强调每个人都有作证的义务。《纽约时报》西海岸主管考德威尔也报道了黑豹党的活动,加利福尼亚州法院传讯考德威尔出庭,向大陪审团出示他的笔记、采访录音和其他资料,并要求他协同调查黑豹党人被指控企图谋杀尼克松总统一案。考德威尔争辩,在大陪审团面前披露这些秘密,甚至出庭后缄默不言,都会破坏他与黑豹党中消息来源之间的信任,这将切断来自黑人社区的重要信息,对维护宪法第一修正案不利。考德威尔拒绝出庭,并请求取消传票。他被认为是藐视法庭。考德威尔后来上诉到联邦第九巡回法院,得到该法院的支持。法庭认为,强迫新闻记者作证会损害新闻界搜集新闻的能力,这样做是不符合公共利益的。

这些案子最后都上诉到联邦最高法院。联邦最高法院以5∶4的票

数,采纳了怀特大法官的意见,认为宪法第一修正案并没有赋予记者享有为新闻来源的犯罪证据保密的特权,要求记者出庭作证并不影响宪法第一修正案所保障的言论和新闻自由。联邦最高法院最终判决:布莱兹伯格等三位记者必须出庭,告知法庭他们所知道的内幕。

在"布莱兹伯格案"中,怀特大法官的意见仅以微弱优势成为多数意见,斯图尔特大法官的反对意见得到了其他三位大法官的支持。斯图尔特指出:法庭关于第一修正案的令人不能理解的观点反映了对美国社会中独立的新闻媒体的批判角色的无知;当记者和他的新闻来源都不能依赖保护新闻秘密法来抵御大陪审团的不受限制的传唤权力时,有价值的信息就不会被发表,公开的对话必然会逐步枯竭。为了避免新闻来源的枯竭和对第一修正案的价值的不必要的损害,当记者被要求出庭作证时,政府必须:(1)说明存在可能的理由相信新闻记者掌握着与具体的违法行为有明显关联的信息;(2)证明其所寻求的信息不能通过其他对第一修正案损害较小的渠道获得;(3)证明该信息中包含着令人非信不可的和压倒一切的利益①。

斯图尔特大法官实际上提出了这样一种原则——记者是否享有特权,要根据新闻自由权利与作证义务之间的平衡来判定。在该案中,即使赞同怀特大法官意见的鲍威尔大法官也补充说:记者的特权主张是否正当,应当通过考察新闻自由与所有公民对于刑事犯罪的作证义务之间的适当平衡来判定。在斯图尔特大法官提出上述意见之前,联邦法院第九巡回法院在受理考德威尔的上诉时,就提出了一个平衡利益的三步检验法:(1)相关性;(2)缺少可替代的消息来源;(3)强制性的公共利益的需要。斯图尔特大法官的意见实际上是对第九巡回法院提出的三步检验法的进一步发挥。

斯图尔特大法官的意见虽然没有能够改变"布莱兹伯格案"的判决,但是在"布莱兹伯格案"之后,许多联邦和州法院在决定是否强迫记者作

---

① [美]唐纳德·M.吉尔摩等:《美国大众传播法:判例评析》(上册),梁宁等译,清华大学出版社2002年版,第312—314页。

证时,都适用了他提出的三项检验标准。在"布莱兹伯格案"中,记者作证豁免权的衡量规则被建立起来。因此,该案的判决被认为具有里程碑意义。

值得注意的是,"布莱兹伯格案"中的案件都与刑事犯罪有关。在确定记者特权的过程中,美国法律并不存在原则性的理由要求对民事和刑事案件进行区分,但在具体案件的处理上,记者是否享有特权是有区别的。一般而言,刑事案件中,特别是记者被列为被告的诽谤案中,记者的为消息来源保密的特权很难得到支持甚至是不存在的。在"道宁诉莫宁特出版公司案"(1980)中,新罕布什尔州最高法院总结道:"将新闻记者关进监牢决不会有益于原告证明其诉讼。所以,我们认为在一个诽谤案件中,如果原告需要根据《纽约时报》案所确立的原则证明被告是故意的,而被告拒绝根据法庭发布的有效命令披露信息,那么就应该假设被告没有信息来源。"① 记者如果以享有特权为由而拒绝披露信息来源,实质上保证了原告可以证明诽谤成立的要件。在民事案件中,特别是记者是第三方的民事案件,其特权主张就很容易得到支持。在"贝克诉F&F投资公司案"(1973)中,联邦第二巡回法院肯定了第一修正案的记者特权。考弗曼法官指出:"正如鲍威尔大法官在该案(指'布莱兹伯格案')中提到的,在刑事调查或者民事案件中,如果第一修正案的价值超过了记者作证的义务,那么法院必须承认记者不披露秘密新闻来源所具有的公共利益要比强制性披露所具有的私人利益更为重要。"②

综上所述,美国新闻界与司法界关于为消息提供者保密问题产生的冲突,是新闻职业道德与司法公正的冲突,归根结底是新闻自由权与公正审判权的冲突,而这两种权利分别是由宪法第一修正案、第六修正案所赋予的基本人权。冲突的核心在于:新闻记者是否享有免于作证的特权,以及享有这种权利的程度。法律否定了记者作证豁免权的绝对性,只认可这种权利是一种有条件的限制性特权。美国是号称既尊崇新闻自由又奉

---

① [美]唐纳德·M.吉尔摩等:《美国大众传播法:判例评析》(上册),梁宁等译,清华大学出版社2002年版,第337页。
② 同上书,第343页。

行司法公正的国家,并试图在这两种权利的冲突中寻求平衡。通过1972年的"布莱兹伯格案",建立了该类案件的权衡原则,即记者作证豁免权的享有应该与司法程序中的强迫作证的明显需要相权衡;在具体案件的审判中,法律的天平向哪方倾斜,视哪种权利于公共利益更为重要而定。在"布兰兹伯格案"后,法院通常都努力平衡被告的公正审判的需要和新闻记者的保密的需要。斯图尔特大法官在"布兰兹伯格案"中所提出、被法院以后普遍采用的三项检验标准,似乎更有利于新闻记者,因为它们是针对司法机关强制记者作证所设定的限制条件。实际上,除了与严重的刑事案件相关外,包括司法界在内的美国社会,"赞成新闻记者特权的论点似乎在重要性上超过任何反对这一特权的论点"[①]。即便如此,新闻记者向消息提供者作出保密承诺时还需格外慎重,因为他们常常不能自己判定,在什么样的法律环境下,法庭会支持他们的保密特权,或要求他们违背保密的承诺。

[①] [美]T.巴顿·卡特等:《大众传播法概要》,黄列译,中国社会科学出版社1997年版,第170页。

兼顾新闻自由与审判公正*
——美国法律处理传媒与司法关系的理念与规则

新闻自由和审判公正分别受美国宪法第一修正案、第六修正案的保护。美国联邦最高法院通过系列判例，禁止司法机关以"藐视法庭罪"惩治媒体或向媒体发布"缄口令"，严格限制法院封闭法庭，最大程度地保护媒体采访报道案件审判的权利；司法机关通过预先甄选陪审员、隔离陪审团、变更审判地点、延期审理等救济手段，消除新闻报道对案件审判的影响，确保被告获得公正审判。法官、律师、新闻界寻求协作、克制和互信，是美国社会化解传媒与司法之间紧张关系的新趋势。

美国司法系统和新闻媒体之间的紧张关系由来已久。两者之间的紧张关系源于新闻自由与审判公正都是美国社会的核心价值，分别受1791年生效的宪法第一修正案和第六修正案保护①。美国联邦最高法院通过一系列典型判例，禁止司法机关以"藐视法庭罪"惩治批评案件审判之新闻媒体或直接针对新闻媒体发布"缄口令"，严格限制法院封闭法庭，最大

---

* 本文原刊于《新闻大学》2016年第6期。
① 美国《宪法第一修正案》规定："国会不得制定关于确立国教或禁止自由从事宗教活动的法律；不得制定剥夺言论自由或新闻出版自由的法律；不得制定剥夺人民和平集会和向政府请愿的法律。"《宪法第六修正案》规定："在一切刑事诉讼中，被告人应享有经犯罪所在州或区域的公正陪审团迅速和公开审判的权利，此种区域应事先由法律规定；享有了解指控的性质和理由的权利；享有与证明自己有罪的证人对质的权利；享有以强制程序使对自己有利的证人出庭作证的权利；并且享有由律师协助自己辩护的权利。"

程度地保护新闻媒体采访报道案件审判的权利;司法机关则通过预先甄选陪审员、隔离陪审团、变更审判地点、延期审理等救济手段,尽可能使陪审团免受新闻媒体不当报道的影响,确保被告获得公正审判。美国社会已经意识到,传媒与司法的对抗,既不利于新闻自由,也有损司法公正。因此在美国的不少州,法官、律师、新闻界三方开始寻求协作、克制和互信,尝试形成法官—律师—新闻界指导原则,来化解长期以来新闻自由与公正审判所面临的两难困境。

一、美国"藐视法庭罪"的渊源及其流变

美国虽然没有成文的《藐视法庭法》,但是作为曾经的英联邦属地,亦有通过"藐视法庭罪"(the contempt of court)来惩罚干扰司法审判行为的传统。美国的藐视法庭罪渊源于英国的普通法,其惩罚的范围极其宽泛:凡是扰乱法庭秩序或者不尊重法官、可能影响司法公正的言行,均可治以藐视法庭罪,判处行为人罚金或者监禁。1789年美国国会通过《司法法》,该法与普通法一样,对藐视法庭行为的规定与惩治依然宽泛和严厉。

就新闻传播而言,美国的藐视法庭行为可分为两类:(1)媒体或记者拒绝在相关案件的审理中作证,或者透露与案件有关的消息来源;(2)记者在法庭上扰乱庭审秩序,媒体发表攻击法庭或法官判决的言论。法院对前者得处以监禁,直至其出庭作证或透露消息来源;后者判处罚金、一定期限的监禁或者并罚。

1791年美国宪法第一修正案通过,言论自由、新闻出版自由被明确为宪法权利。一些有识之士认为对出版物批评司法施以藐视法庭罪,不符合宪法第一修正案的精神,反对司法机关用藐视法庭罪来惩治媒体。1831年,美国国会通过《宣明有关藐视法庭罪之法律的法令》(*Act Declaratory of the Law Concerning Contempts of Court*),开始对藐视法庭罪的适用范围进行限制。该法令规定,联邦法官只能即决性地(summarily)惩罚发生在法庭内的不当言行及"近乎"或"附近的"(so near thereto as to)妨碍司法的不当言行。不过,《宣明有关藐视法庭罪之法律的法令》的颁行并没有改变新闻出版机构和记者屡陷藐视法庭罪的命运:

第一,美国联邦法院对法庭外妨碍司法的言论,在由检察官起诉并经过一般刑事诉讼程序后便可以行使惩罚权力;第二,该法令并不适用于州法院,州法院依然可以对法庭内外的言论行使即决性或一般性的惩罚权力①。

1941年,美国联邦最高法院审理"布里奇斯诉加利福尼亚案"(Bridges v. California),开始借用言论自由与国家安全判例法中的"明显且即刻的危险"(clear and present danger)原则②,来处理藐视法庭言论的法律纠纷问题。当时,美国西海岸某工会在一桩案件中被判败诉,工会主席亨利·布里奇斯(Harry Bridges)发电报给劳工部,批评法官所作的判决"荒谬不公",并威胁说如果实施判决就会引发一场罢工。布里奇斯同意报社将电报内容公布于众,而关于该案重新审判的动议正在考虑之中。加利福尼亚州法院认为布里奇斯的言论意在胁迫法官,损害法院的权威和司法公正,援引先例判定他犯有藐视法庭罪。布里奇斯不服判决,上诉至联邦最高法院。联邦最高法院经过审理,推翻了加利福尼亚州法院的有罪判决。联邦大法官雨果·布莱克(Hugo L. Black,1886—1971)在其主笔的判词中说,在法院看来,宪法第一修正案即标志着美国法律在藐视法庭罪方面同英国普通法传统的分离:只有存在着针对正常司法秩序的一种"极其严重的"实际恶意和一种"迫在眉睫的"险情,法院之惩罚出版物言论的行为才不失为正当。然而,本案所欲惩罚的言论对司法程序的危害并没有达到"明显且即刻的危险"程度。至于加利福尼亚州法院据以作出有罪判决的维护和提升法庭威信这个理由,联邦最高法院认为,"对所有公共机构发表评论,尽管有时令人讨厌,但这是一项珍贵的权利。对言论的压制,无论多么有限,若仅仅是为了维护法院和法官的尊严,其结果可能并非是增长人们对法院的尊敬而是招致怨恨、怀疑和轻蔑"③。

---

① 侯健:《传媒与司法的冲突及其调整——美国有关法律实践评述》,载《比较法研究》2001年第1期。
② "明显且即刻的危险"原则,由美国联邦大法官奥利弗·霍尔姆斯(Oliver Wendell Holmes)在"申克诉合众国案"(Schenck v. U. S.,1919)中首次提出,后成为美国规制言论自由的一项司法标准。详见[美]唐纳德·M. 吉尔摩等:《美国大众传播法:判例评析》(上册),梁宁等译,清华大学出版社2002年版,第23—24页。
③ 侯健:《传媒与司法的冲突及其调整——美国有关法律实践评述》,载《比较法研究》2001年第1期。

1941年以前,美国的司法机关在审理新闻媒体藐视法庭的案件中一般适用两个原则:(1)"审而未决"(pendency)原则:在诉讼进行之时,新闻媒体不得发表针对法庭、法官的批评和未经证实的有关案情的消息;(2)"合理倾向"(reasonable tendency)原则:新闻媒体所发表之批评,只要具有法官所认定的可能影响司法审判的"合理倾向",便够得上惩罚。联邦最高法院通过"布里奇斯诉加利福尼亚案"确立了新的司法原则,即"明显且即刻的危险"原则,大大提高了藐视法庭罪的入罪门槛,使法院以该罪处罚批评司法的媒体几乎为不可能之事。1947年,联邦最高法院审理"克瑞格诉哈内案"(Craig v. Harney),依然以"明显且即刻的危险"原则推翻某报纸犯有藐视法庭罪的原判决,并在该案中陈述了设立藐视法庭罪的目的及慎用该罪的原因:"有关藐视法庭罪之法律的创设目的并非在于保护可能对公共舆论潮流敏感的法官。法官应当是意志坚强、有能力在逆境中前进的人。"①

1941年的"布里奇斯诉加利福尼亚案"为美国媒体评论司法事务清除了种种法律限制。一方面,出版物言论对法庭秩序极少可能构成一种"明显且即刻的危险";另一方面,联邦最高法院认为讨论司法的自由应当被赋予与公正、秩序良好的司法活动相并存的最宽广的空间。所以自1941年以来,美国联邦最高法院一直不允许以藐视法庭罪惩罚批评法院和法官之媒体。根据美国宪法第十四修正案,联邦最高法院的法律意见亦适用于各州法院。联邦最高法院关于"布里奇斯诉加利福尼亚案"的判决已构成一个牢固的司法先例,现在无论在美国联邦法院还是在州法院,藐视法庭罪仅用于惩治拒绝出庭作证或透露消息来源之媒体或记者②,它实际上已无法成为法官对抗媒体批评的一个工具。

---

① Craig v. Harney, 367U. S. 392(1947).
② 即使如此,美国联邦最高法院通过"布莱兹伯格案"(1972)对强制新闻记者出庭作证限定了严格标准,或者说确立了新闻记者作证豁免权规则。同时,美国不少州都制定有成文的"庇护法"(Shield Law,又译作"盾牌法"),确立了新闻记者保护新闻来源的秘密性的特权制度。详细讨论见陈建云:《美国媒体对消息提供者的保护:职业道德与司法公正的冲突》,载《新闻大学》2005年冬季号。

二、司法"缄口令"与封闭法庭

1. 司法"缄口令"

20世纪60年代末70年代初,美国的初审法院法官广泛采用签署限制令(restrictive orders)——新闻界称之为"缄口令"(gag orders)的方法,限制、禁止具体案件相关信息的泄露和传播,保护被告接受公正审判。"缄口令"有针对诉讼参与人和针对大众传媒两类:前者旨在限制涉案各方、律师、证人等诉讼参与人向外界泄露有关案情;后者则旨在禁止大众传媒报道案件有关信息。针对新闻媒体的"缄口令"没有统一的标准,其限制范围视法官在具体案件中的需要而定,一般而言,案件的某些特定情节、被告供述或预审记录、暗示被告可能有罪或无罪的证据材料等,均可由法官列入"缄口令"之中,禁止新闻媒体予以报道。

对新闻媒体进行事先约束的"缄口令"在美国普通法中可能早已有之,其具体适用情况已难以考察。不过,这种方法被法官广泛采用,则始于1966年美国联邦最高法院对"谢泼德诉麦克斯威尔案"(Sheppard v. Maxwell)判决之后。

塞缪尔·谢泼德(Samuel Sheppard)博士是俄亥俄州克利夫兰市的一名执业医生、社会名流。1954年6月4日晨,他怀有身孕的妻子在家中被人杀害。当地警方从侦查一开始就怀疑是谢泼德谋杀了自己的妻子。该案具备了一起神秘谋杀案的所有要素,得到本地乃至全国新闻界的高度关注。不过,媒体的言论极具煽动性和倾向性,有报纸详细报道了谢泼德是一个玩弄女人感情的人,以此来暗示他的作案动机;广播电台的评论员把他比作艾尔格·希斯(Alger Hiss,当时在一个臭名昭著的案件中他被指控为苏联间谍);有报纸干脆以《还在犹豫什么?——把他投牢入狱》作为头版社论标题,质疑警方为什么不对"头号嫌疑犯"谢泼德进行测谎,并将其"扔进监狱"。3个月后,警方以涉嫌谋杀罪逮捕了谢泼德。在预审程序中,每个陪审员都证实自己曾经在媒体上看到或者听到过关于该案的报道。案件开庭当天,法庭被记者围得水泄不通,陪审员和证人进出法庭时无一能躲过闪光灯和摄影机。审判期间,媒体逐字记录了庭审的过程,报告了所有不应被采纳的"证据"。陪审团没有被隔离,法庭也没有采取任何措施限制他们与外界接触,因此在新闻报道中频频曝光:陪审员的照片在本地报纸上出现了 40 次以上,有报纸甚至将陪审员的家庭电话号码公之于众,这无疑给了他们一种必须要作出谢泼德有罪评议的压力①。

　　谢泼德的律师试图要求延期审理,改变审判地点,并且主张所进行的审判是无效的,但均被驳回。初审法院判决谢泼德谋杀罪成立,1956 年俄亥俄州法院二审维持原判,同年联邦最高法院亦驳回了谢谢泼德的上诉申请。1966 年,在谢泼德入狱 12 年后,他的上诉申请终于被联邦最高法院受理。联邦最高法院最后以媒体不当报道损害了谢泼德获得公正审判的权利为由推翻原判决,将案件发回州法院重新审理,附带指令释放谢泼德,除非州法院能够在合理的时间内再一次证实对他的指控。汤姆·克拉克(Tom Campbell Clark,1899—1977)大法官在其主笔的法庭意见中指出,初审法院的基本错误在于:第一,缺乏对有关审判的公共舆论的控制;第二,没有对证人进行隔离,导致新闻媒体可以随心所欲地采访所有证人并公开其证词;第三,没有努力控制新闻界不从警方、证人和双方的律师那里获得线索、信息和流言蜚语,导致谣言传播与信息混乱;第四,更重要的是,没有禁止那些泄露了资料的律师、双方当事人、证人或者法院的工作人员发表任何庭外言论。"考虑到现代传播媒介的普遍性和从陪审员的头脑中抹去存有偏见的舆论的难度,审判法院应该采取有力措施保障被告人的权利,受理上诉的法院有义务独立地对该案件的情况作出评价。当然,这样做并不是要禁止新闻界报道在法庭中要发生的事情。……但是我们必须记住,撤销原判决只是轻微的补救,真正的治本方法在于从一开始就制止偏见。法院必须根据法律原则和规则来保障他们的审理程序不受外界干扰而存在偏颇。不管检察官、被告律师、被告人、证人、法院的工作人员,还是警察都不能破坏这种职能。律师和新闻界在

---

① [美]唐纳德·M. 吉尔摩等:《美国大众传播法:判例评析》(上册),梁宁等译,清华大学出版社 2002 版,第 354—355 页;[美]韦恩·奥弗贝克:《媒介法原理》,周庆山等译,北京大学出版社 2011 年版,第 321 页;[美]安东尼·刘易斯:《言论自由的边界》,徐爽译,法律出版社 2010 年版,第 161 页。

信息方面的合作,会影响刑事审判的公正性,不仅应该受到规制,而且应该受到责备和法庭纪律的处罚。"①

为保护被告接受公正审判的权利免受媒体不当报道的影响,美国联邦最高法院在"谢泼德案"的判决中对审判法官提出了几条明确建议,归纳起来实为两种不同的补救措施:(1)对潜在的有偏见的媒体报道进行事后补偿,例如延期审判、变更审判地点、警诫或隔离陪审团等;(2)颁布对诉讼参与人的"缄口令",断绝媒体可以获得带有偏见信息的渠道,从源头上消除有偏见的媒体报道。"谢泼德案"改判之后,"缄口令"成为美国不少法官手中的利器,这一利器不但指向诉讼参与人,也指向新闻媒体。美国记者新闻自由委员会(The Reporters Committee for Freedom of the Press)保存了1967年至1975年之间法庭发布的"缄口令"记录。该组织证明在174起案件中法庭颁布过这种命令,其中包括63项禁止诉讼参与人发表声明,61项对新闻媒体、公众封闭法庭程序或记录,50项直接对新闻媒体进行事前限制②。

法庭要求诉讼参与人"三缄其口"仅涉及当事人在特定情况下的言论自由,在美国没有引起较大争议;即使被缄口者提起诉讼,上级法院一般也不予支持。而直接针对媒体实施事前限制却关乎整个社会的新闻自由,其合宪性招致了广泛质疑。1976年,联邦最高法院通过"内布拉斯加新闻协会诉斯图尔特案"(Nebraska Press Association v. Stuart,简称"内

---

① [美]唐纳德·M.吉尔摩等:《美国大众传播法:判例评析》(上册),梁宁等译,清华大学出版社2002年版,第356—357页。谢泼德获释后,由一个令人尊敬的医生变成了酗酒者,失去行医执照,四年后去世,终年46岁。20世纪90年代中期,俄亥俄州古亚赫加镇当局因为发现了新的证据而重新开始调查该案,这些证据均指向曾受雇在谢泼德家做杂工的理查德·埃布林("谢泼德案"后因谋杀另一名女性而被判终身监禁,1988年死于监狱)。1997年,警方经过DNA比对,发现当年从谢泼德家提取的与案件有关的血液样本与埃布林的血液样本相符合,这说明谢泼德确实是无辜的,而埃布林才是真正的凶手。谢泼德的儿子于1998年提起民事诉讼,以证明其父清白并要求赔偿经济损失。不过,陪审团认为谢泼德的儿子并没有满足民事诉讼中有关证据优势的证明标准,拒绝作出其父无罪的评议。无论"谢泼德案"最终将如何裁定,该案"都已成为美国最高法院在公正审判和新闻自由问题上具有划时代意义的判决"。参阅[美]韦恩·奥弗贝克:《媒介法原理》,周庆山等译,北京大学出版社2011年版,第322—324页。

② [美]韦恩·奥弗贝克:《媒介法原理》,周庆山等译,北京大学出版社2011年版,第327—328页。

布拉斯加新闻协会案"),明确地回应了针对新闻媒体的司法"缄口令"这一问题。

1975年10月18日傍晚,在内布拉斯加州苏德兰地区的一个小镇,欧文·西蒙斯(Erwin Simants)闯入邻居家,将一小女孩奸杀,随后又杀死了所有可能的目击证人——小女孩的五位家人。次日,西蒙斯向当地警方投案自首。这起恶性犯罪立即引起了本地和全国媒体的广泛关注。案发三天后,西蒙斯的辩护律师和检察官请求初审法院颁布一个限制令,禁止媒体发表不利于组成一个公正的陪审团和作出公正判决的报道。初审法官认为西蒙斯有权得到公正审判,遂签署了一个包括禁止媒体报道相关案情的范围广泛的限制令。新闻行业组织内布拉斯加新闻协会为此上诉至州最高法院,没有得到支持,于是继续上诉至联邦最高法院。1976年6月,联邦最高法院对案件作出判决,九位大法官一致认为该案中针对新闻媒体的"缄口令"违反了宪法第一修正案。首席大法官沃伦·伯格(Warren Earl Burger,1907—1995)代表法庭陈述了这样的意见:"在所有这些案子中,产生的威胁在于,对言论和出版的事先禁止是对第一条修正案的权利的最严重和最无法容忍的损害。如果我们说在信息发表以后对其进行刑事或民事制裁是'从负面影响了'言论自由,那么事先禁止发表行为就是'冻结了'言论自由,至少在当时是这样。"联邦最高法院虽然判决内布拉斯加新闻协会胜诉,但是在判词中也指出对新闻媒体的事先约束并非绝对不可以实施,但应是极罕见之例外而非通常情况。是否针对新闻媒体签发限制令,应考虑以下三种情况予以确定:(1)审前新闻报道的性质和范围(是否足以对公正审判构成"明显且即刻的危险");(2)是否存在着其他的措施可以减轻不受限制的舆论的影响;(3)对言论自由进行事先禁止是否会有效地阻止损害的发生①。也就是说,如果审前确实存在关于案件的密集的、广泛的偏见性报道,并且没有其他替代方法可以减轻审前报道对案件审判的影响,而且限制令事实上能够有效地防止陪审员

---

① [美]唐纳德·M.吉尔摩等:《美国大众传播法:判例评析》(上册),梁宁等译,清华大学出版社2002年版,第366—367页。

候选人接触到偏见性报道，法官才可以签署针对新闻媒体的"缄口令"，否则便不被允许。

"内布拉斯加新闻协会案"被普遍认为是美国联邦最高法院在有关新闻自由与公正审判问题上最重要的判例之一。联邦最高法院通过该案确立了一个"三要素测试"标准，严格限制司法机关适用针对新闻媒体的限制性命令。此后，法官为保障公正审判而向新闻媒体发布"缄口令"，必须经受上述三个标准的严格检验，而事实上能够满足这三个条件的情况少之又少。所以，美国联邦最高法院的这一著名判例，几乎是废除了直接针对新闻媒体的司法"缄口令"。同时，联邦最高法院通过"内布拉斯加新闻协会案"弘扬了"谢泼德案"所隐含的一种两全其美的思想："谢泼德案"在强调被告权利的同时，并没有授权法院对新闻自由进行直接限制；"内布拉斯加新闻协会案"从原则上禁止法院直接针对媒体发布"缄口令"，但是也没有置被告权利于无可保护之地。"这两个案例清晰、生动地显示了一种智慧和品质。这种智慧在于，新闻自由与公平审判之间，最高法院不愿通过剥夺任何一方的方式保全另一方，对被告权利的细致照顾并不意味着一般地支持限制新闻自由的观点，反之，主张法院不得事先约束媒体发表通过合法途径获得的信息，'也不是要把第六修正案的珍贵权利牺牲在第一修正案的祭坛之上'。"①

2. 封闭法庭

历史上，美国法院的大门向来对公众和媒体敞开。早在殖民地时期，法庭即向公众和媒体开放，法庭文件在一般情况下也允许公众和媒体查阅。独立以后，美国普通法和许多州宪法都要求法庭记录一般性地公开，宪法第六修正案更将"公开审判"列为被告获得公正审判的重要权利之一。不过，"法官才是裁决在法庭上应该发生什么以及什么人可以进入法庭的最终的裁决者"②，为了保护被告人接受公正审判的权利和国家安全、

---

① 侯健：《传媒与司法的冲突及其调整——美国有关法律实践评述》，载《比较法研究》2001年第1期。
② [美]唐纳德·M.吉尔摩等：《美国大众传播法：判例评析》（上册），梁宁等译，清华大学出版社2002年版，第374页。

公共道德、商业秘密、个人隐私及未成年人权益,法官也可以作出封闭法庭的决定,将公众和记者拒之门外。

就公正审判而言,由于向诉讼参与人发布"缄口令"也常常无法有效阻止那些带有偏见的案件信息流向新闻媒体,而联邦最高法院通过1976年的"内布拉斯加新闻协会案",又严格限制了法官直接向新闻媒体发布"缄口令"的权力,所以,在审理具有轰动效应的案件时,法官开始把封闭审前听证会作为控制有偏见报道的最好办法。在20世纪70年代后期的美国,对新闻媒体和公众封闭刑事预审程序乃至整个审判过程,以减少有偏见报道的情形时有发生。

与针对媒体的司法"缄口令"一样,封闭法庭——禁止媒体接近司法程序这一做法的合宪性也备受美国社会的质疑。1979年,"甘尼特诉德帕斯科尔案"(Gannet v. DePasquale,简称"甘尼特案")将这一问题摆在了联邦最高法院大法官们的面前。该案起因于两个年轻人被指控谋杀了一名纽约州警察。鉴于媒体对案件进行了密集报道,控辩双方都赞成封闭审前听证会,法官德帕斯科尔遂作出一个禁止新闻记者参加审前听证会的命令。甘尼特报业公司要求撤销这一命令,上诉到纽约州最高法院未获支持,又上诉到联邦最高法院。联邦最高法院以5∶4多数通过了对这一封闭法庭命令的肯定意见,持赞成意见的大法官波特·斯图尔特(Potter Stewart,1915—1985)认为,宪法第六修正案允许甚至是将公开审判视为一种标准,但是宪法规定的公开审判权利是赋予被告(被告也可以放弃)而不是公众,新闻媒体对于这样的特别听证会的采访权,"在价值上是不超过被告接受公正审判的权利的……因为一个公开的程序具有引发对于这些被告的带有偏见报道的可能性"①。联邦最高法院对"甘尼特案"的判决结果——允许法官封闭至少是预审程序,导致随后出现了大量的封闭预审听证会甚至是封闭审判程序的情形。

不过,联邦最高法院一年之后即对类似案件"里士满报业公司诉弗吉尼亚案"(Richmond Newspapers, Inc. v. Virginia,简称"里士满报业公

---

① [美]韦恩·奥弗贝克:《媒介法原理》,周庆山等译,北京大学出版社2011年版,第334页。

司案")作出了截然不同的判决。1976年3月,弗吉尼亚州一名男子被控谋杀了某旅馆经理。前三次审判均属无效,在对其进行第四次审判前,法官根据弗吉尼亚州的一项成文法,作出封闭法庭的决定,禁止公众和新闻记者进入法庭旁听。被告在进行了两天的封闭审理之后被宣布无罪。里士满报业公司向封闭法庭的命令提出挑战,在未获弗吉尼亚州最高法院支持之后,上诉至联邦最高法院。1980年,联邦最高法院以7∶1的多数推翻了原判决。多数意见认为,公开审判对于"医治"社会的伤痛具有重要价值,虽然宪法没有明文规定要保证公众和新闻界参加审判,"我们认为,参加刑事审判的权利暗含在第一修正案的保证中。没有参加审判的自由,言论和出版自由的重要组成部分就是'一句空谈'"①。

联邦最高法院虽然推翻了"里士满报业公司案"的原判决,但是并没有因此而撤销一年前的"甘尼特案"判决。因此,联邦最高法院并没有绝对禁止法官封闭审判程序——如果法官对他的行为能够提供合法的理由,依然允许在极端的情形下封闭法庭。不过,"里士满报业公司案"的判决限制了法官可以将媒体和公众拒于法庭门外的自由裁量权,很大程度上抑制了在"甘尼特案"判决之后全国范围内出现的封闭法庭的趋势。这一具有先导意义的判决成为美国有关审判公开问题的一个辩护原则,即公众和新闻界享有接近刑事审判的宪法性权利,被普遍视为大众传媒获得的一次重要胜利。

1986年,联邦最高法院又通过"《新闻进取报》诉里弗赛德高等法院案"(Press-Enterprise v. Riverside Superior Court),严格限定了法院封闭司法程序和文件的标准。该案起因于护士罗伯特·迪亚兹(Robert Diaz)被控杀害了他所在医院的12名病人。初审法院封闭了为迪亚兹举行的预审听证会,引起《新闻进取报》的抗议。加利福尼亚州法院判决,虽然新闻界和公众享有出席审判的宪法第一修正案的权利,但是并不拥有参加预审听证会的必然权利。《新闻进取报》上诉到联邦最高法院,加利福尼

---

① [美]唐纳德·M.吉尔摩等:《美国大众传播法:判例评析》(上册),梁宁等译,清华大学出版社2002年版,第374—377页。

亚州法院的判决最后被推翻。联邦最高法院通过该案设立了适用于封闭司法程序和法庭文件的"《新闻进取报》标准"：

（1）寻求封闭方——被告人或政府,有时是两者,必须提出压倒性利益,即如果审判或文件公开,它可能受到损害。

（2）寻求封闭方必须证明,如果审判或文件公开,该利益"极有可能"受到损害。

（3）初审法院必须考虑替代封闭的合理方法。

（4）如果法官断定,封闭是唯一合理的解决方法,那么封闭必须严格限制在绝对需要的范围之内。

（5）初审法院必须有足够的事实支持封闭决定。①

当法官封闭法庭、限制公众和新闻记者接近司法审判的权利时,他们必须提供采取这种措施所具有的强制性理由并对该理由进行明确解释,而且他们必须在这种必要性消失时不再封闭审判程序。联邦最高法院设立的"《新闻进取报》标准"如此严苛,使寻求封闭法庭的主张几乎难以实现。从此以后,美国初审法院签发封闭法庭的命令并获得上诉法院支持的情形已十分少见,即使是轰动性案件的审理,法庭也照样向公众开放,新闻记者当然可以进入法庭旁听、查阅和复制法庭文件,并对案情及案件审理过程进行报道与评论。

三、对被告获得公正审判权利的司法救济

虽然美国的社会科学家至今未能证实"带有偏见的报道会给刑事审判系统带来有害的影响"这一假设,但是刑事审判系统中的不少人一直认为,在刑事案件中,密集的、有偏见的报道等于"有偏见的陪审团与不公正的审判"②。然而,新闻媒体接近司法审判程序的权利受宪法第一修正案

---

① [美]唐·R.彭伯：《大众传媒法》（第十三版）,张金玺、赵刚译,中国人民大学出版社2005年版,第418页。
② 同上书,第390页。

的保护,联邦最高法院通过典型判例抑止以蔑视法庭罪惩罚大众传媒对司法的批评、限制对新闻媒体直接发布司法"缄口令"和封闭法庭。不过,美国的司法制度赋予了司法机关预先甄选陪审员、隔离陪审团、变更审判地点、延期审理等权力,法官可以运用这些司法救济手段尽可能减少媒体报道对司法审判的负面影响,使被告获得宪法第六修正案所规定的受到一个"公正陪审团"审判和第十四修正案"正当法律程序"条款的保障,谋求实现司法公正[①]。

1. 预先甄选陪审员

美国的司法审判特别是刑事案件的审判实行陪审团制度,被告人是否有罪由陪审团决定,公正审判的关键在于组成陪审团的陪审员是否对被告人存有偏见。因此,筛选出未受新闻报道影响即没有对被告人抱有偏见的陪审员,对于案件的公正审判至关重要。美国法律规定,候选陪审员在成为正式陪审员之前,应受到控辩双方律师或法官的质询。控辩双方均可以要求法庭让某位候选陪审员退出,这一程序被称作申请陪审员回避(challenging a juror)。申请陪审员回避分"无因回避"(peremptory challenges)和"有因回避"(challenges for cause)。提请无因回避有次数限制,但不需要任何理由且法官无权驳回。提请有因回避的次数不受限制,但需要提出令法庭信服的理由;"受新闻报道影响而对被告人抱有偏见"当然是检察官或律师提请陪审员回避的惯常理由,这一理由也往往被法庭所支持。鉴于完全不受传媒影响已不可能,只要候选陪审员:(1)认识与观点不那么根深蒂固,以至于在事实面前也不能被抛开;(2)关于案件的报道不是广泛与偏狭到了使法庭不能相信陪审员候选人关于公正的保证的地步,联邦最高法院也愿意允许由掌握案件情况或对案件持有观点的人组成陪审团[②],但是深度接触媒体、对被告人持有明显偏见的人是不

[①] 美国宪法第十四修正案第一款规定:"凡出生或归化于合众国并受其管辖的人,皆为合众国及其所居州的公民。任何州不得制定或施行剥夺合众国公民的特权或豁免权的任何法律;非经正当法律程序,任何州不得剥夺任何人的生命、自由或财产;不得在其管辖范围内否定法律对任何人的平等保护。"

[②] [美]唐·R.彭伯:《大众传媒法》(第十三版),张金玺、赵刚译,中国人民大学出版社2005年版,第391页。

可能成为陪审员的。预先甄选这一程序,基本上有效地排除了有明显偏见的人成为陪审员的可能性。

2. 隔离陪审团

某一案件的陪审团组成之后,法官会警诫陪审员不得阅读与案件有关的报纸报道或收看相关电视节目,他们只能根据法庭上出示的证据来作出判断。在法官听取律师辩论或证人证词时,陪审团成员往往被要求退出审判室,由法庭决定哪些证据可以被采信并出示给陪审团。在这种情况下,公众和新闻记者仍可留在审判室,其间的讨论及旁听者庭外对案件的看法照样能够见诸媒体。考虑到对陪审员的警诫未必奏效,法院在审判期间可以启用隔离陪审团程序——将陪审员与外界隔离开,不准陪审员回家,安排他们在旅馆一起吃住,一起往返于审判室与住处之间,以防止他们接触媒体报道。

3. 变更审判地点

根据新闻的接近性原则,新闻媒体更关注发生在本地的案件,当地民众受媒体报道的影响也就高于外地民众。为使陪审团由不太了解案件的公民组成,法院可以变更审判地点,即将审判地点由案发地转移到另一个社区。变更审判地点的决定一旦作出,检察官、法官、辩护律师、证人等与诉讼相关的各方都要到新的审判地点,被告人也必须放弃在犯罪发生地接受审判的宪法权利,陪审团则从新社区的公民里选出。变更审判地点的效果取决于审判转移地与案发地之间的距离。一般而言,美国州法院审理的案件可以转移到本州的其他任何城市,联邦法院审理的案件可以转往其他任何联邦法院。

4. 延期审理

美国宪法规定被告人有接受迅速审判的权利,但是为了消解传媒对司法的影响,法院可以将案件的审判推迟数周甚至数月,等到媒体对案件的报道"降温"之后再启动审判程序。

不过,这些司法救济措施也各有其局限性。(1)预先甄选陪审员。有偏见的候选陪审员在接受质询时可能撒谎;他们可能没有意识到自己对被告已抱有偏见,这种偏见可能源于其种族、职业、居住的社区而非来自新闻报道。更重要的是,对一起备受媒体关注的案件毫不知情的陪审员,和受新闻报道影响而抱有偏见的陪审员同样糟糕,因为他们可能缺乏必要的判断力。美国原司法部长斯蒂芬斯(Jay B. Stephens)就认为,最好的陪审员是明智之士而非无知之徒[①]。(2)隔离陪审团。法院隔离陪审团要向陪审员支付食宿费用和收入补偿,会给州财政增加负担;可能使陪审员产生另一种偏见,即把被迫离开亲友的麻烦归咎于被告人。(3)变更审判地点。变更审判地点剥夺了被告在犯罪发生地接受审判的宪法权利,不但花费巨大,而且也不一定就能减少有偏见的报道影响陪审团的危险性——现代大众传媒无孔不入,"在一个新的社区中同样可能像审判计划预计进行的社区那样掀起对案件的宣传狂潮"[②]。为减少开支,美国的一些州并不把受媒体高度关注的案件移至另一座城市审判,而是由法院从遥远的社区挑选陪审团。(4)延期审理。延期审理不但使被告牺牲接受迅速审判的宪法权利,而且也无法保证当法院最终开始审判案件时,存有偏见的公开报道不会卷土重来。因此,美国不少律师、法律学者、法官认为这些传统的司法救济程序已经过时,实践中难以奏效,理论上也不能自圆其说。尽管如此,美国司法机关仍然将其作为消解传媒影响的程序性手段,尽可能保障被告人接受公正审判的权利。

四、法官律师新闻界走向合作

美国联邦最高法院关于"内布拉斯加新闻协会案"(1976)和"里士满报业公司案"(1980)的判决,否定了法院针对媒体发布"缄口令"和封闭法庭。受严格标准所限,法庭从此几乎不再向媒体签署"缄口令"或将记者拒之门外。同时,法庭对照相机、摄影机等电子采访设备的开放度也越来越高。美国的州法院很早就允许印刷媒体的记者进入法庭旁听并做文字报道,但是为了维护法庭的尊严、秩序和被告获得公正审判的权利,直到1976年,除了德克萨斯州与科罗拉多州外,其他各州都禁止电子采访设备

[①] [美]唐·R.彭伯:《大众传媒法》(第十三版),张金玺、赵刚译,中国人民大学出版社2005年版,第396页。
[②] [美]韦恩·奥弗贝克:《媒介法原理》,周庆山等译,北京大学出版社2011年版,第326页。

进入审判室。1965年,德克萨斯州的比利·索尔·埃斯蒂斯(Billie Sol Estes)被控犯有诈骗罪,法庭允许电视台的摄影机对预审听证会及审判过程进行了拍摄。埃斯蒂斯以摄影机的在场侵害了自己接受公正审判的权利为由,向联邦最高法院提起上诉。埃斯蒂斯的上诉获得了联邦最高法院的支持,汤姆·克拉克大法官代表多数派法官写道:"虽然新闻界在一个民主社会里执行重要职能(为公众提供信息)时,必须被给予最大的自由,但是它的行动必须服从于维持审判过程之绝对公正的需要。"这一状况到1981年的"钱德勒诉佛罗里达案"(Chandler v. Florida,简称"钱德勒案")开始转变。诺埃尔·钱德勒(Noel Chandler)是佛罗里达州迈阿密市的一名警察,他和同行罗伯特·甘杰(Robert Grander)被控对一家餐馆实施了抢劫。虽然这两名警察表示反对,初审法院还是允许了对审判过程进行电视报道,并对他们作出了有罪判决。钱德勒和甘杰认为电视报道损害了他们获得公正审判的权利,上诉到佛罗里达州最高法院。佛罗里达州最高法院将其驳回,两人又上诉至联邦最高法院。联邦最高法院一致判决,仅仅是摄影机出现在审判室或仅仅是电视台转播审判这一点,在本质上不会构成对被告人的偏见或影响其接受公正审判的权利。首席大法官沃伦·伯格在法庭意见中写到,目前没有人能够拿出充足的实验数据证明,广播电视的在场肯定会对审判程序产生不良影响,"在一些案件里,关于预审与审判的偏见性广播电视报道可能会损害陪审员不受外部问题影响而独立判断被告人有罪与否的能力,但仅有这点不能证明绝对禁止广播电视报道审判的命令的合宪性与合理性"①。

美国联邦最高法院对"钱德勒案"作出判决之后,一些州法院开始陆续解除对电子采访设备的限制。到2003年,美国所有50个州都已经允许对一些法庭程序进行电视或摄影报道。不过,联邦法院系统至今原则上仍拒绝影像设备进入联邦法庭,联邦最高法院则一直拒绝对其审判程序进行任何形式的采访。美国的州法院对电子采访设备进入法庭由禁止

---

① [美]唐·R.彭伯:《大众传媒法》(第十三版),张金玺、赵刚译,中国人民大学出版社2005版,第429—430页;[美]韦恩·奥弗贝克:《媒介法原理》,周庆山等译,北京大学出版社2011年版,第346页。

而转为允许，一方面是新闻界长期争取的结果，另一方面也受益于20世纪80年代以来摄影摄像技术的进步——无需强光拍摄的照相机、便携式摄影机等器具的发明，大大降低了对法庭秩序的干扰。当然，州法院对电子采访设备的开放，也显示了美国的司法系统进一步接受传媒监督的诚意。

1976年美国联邦最高法院对"内布拉斯加新闻协会案"的判决使法院直接向媒体发布"缄口令"几乎成为不可能之事。但是，联邦最高法院并没有因此而禁止对律师等诉讼参与人发布"缄口令"。在"俄克拉荷马城爆炸案"①(Oklahoma City Bombing)的刑事审判中，法庭就签署了一道命令，禁止涉案律师、证人发表有可能影响被告接受公正审判权利的信息与评论。在"辛普森案"的民事审判中，广藤崎(Hiroshi Fujisaki)法官也发出了禁止律师等诉讼参与人公开谈论或与新闻界谈论这起案件的限制令。一方面，虽然律师们对此表示不满，其合宪性也受到质疑，但是这种类型的限制令一般仍会得到上诉法院的支持。另一方面，美国律师协会(The American Bar Association，简称ABA)也制定有律师职业行为原则，其中包括律师法庭职权外言论的指导性意见。例如ABA的"模范守则"第3.6条规定，对于一个未决案件，涉案律师在"知道或者理应知道……将会在这个问题宣判的过程中可能产生实际的重大偏见"时，不得发布任何法庭外的言论②。

从权力制衡的意义上来说，传媒和司法这两个强有力机构之间互存戒心、保持基本的不信任也许是健康的，因为这能够让它们彼此监督对方。但是，如果不信任发展为对抗，新闻自由和司法公正这两个民主法治社会的基本价值都会受到损害。美国社会已经意识到这一点，法官、律师和新闻界发现，彼此之间的协作、克制和互信既可以有效地保护被告人接

---

① 1995年4月19日上午，27岁的美国青年蒂莫西·詹姆斯·麦克维(Timothy James McVeigh)将一辆装载7000磅炸药的卡车停在俄克拉荷马市政府一幢日间看护中心楼下。这辆卡车随即自动引爆，造成168人死亡，500多人受伤。该事件被认为是"9.11"事件之前发生在美国本土的最严重的恐怖主义行径。主犯麦克维1997年被美国联邦法院判处死刑，四年后被执行死刑。这是1963年以来美国联邦政府首次恢复对死刑犯执行死刑。
② [美]韦恩·奥弗贝克：《媒介法原理》，周庆山等译，北京大学出版社2011年版，第328页。

受公正审判的权利,也可以较少损害公众通过新闻媒体获知公权力部门运作状况的权利。在美国的不少州,法官、律师、新闻界就预审新闻报道问题已努力达成共识,形成法官—律师—新闻界指导原则。这种指导原则通常建议司法人员,关于刑事犯罪嫌疑人与犯罪的特定信息,在不损害审判程序的情况下可以公布和报道;建议新闻记者,如果关于案件的特定信息可能会损害被告人接受公正审判的权利,同时也不会向公众提供有用的、重要的信息,则不要予以报道。事实证明,在法官、律师、新闻界之间存在着有合作精神的社区,这种指导原则很好地处理了新闻自由与公正审判所面临的两难处境①。当然,法官、律师、新闻界合作机制发挥作用的前提是各方自愿遵守。鉴于美国复杂的司法体制和新闻自由至上原则,这种合作机制的普遍成效尚待检验。

---

① [美]唐·R. 彭伯:《大众传媒法》(第十三版),张金玺、赵刚译,中国人民大学出版社 2005 年版,第 432—433 页。

英国法律对媒体报道司法的规制*

英国法院可以下令推迟媒体报道具体的诉讼程序，或者禁止媒体披露案件的相关信息，甚至以"藐视法庭罪"惩罚违规媒体，来防止新闻报道影响司法公正、损害诉讼当事人的合法权利。英国法律并不禁止媒体对公开在审案件进行公正、准确、善意的报道和对审结案件进行评论，其《藐视法庭法》对"严格责任规则"的适用也进行了严格限定，防止司法机关滥用以惩治媒体。

传媒监督司法的权利源自两大价值理念：新闻自由与司法公开。英国是近代新闻自由理念的发源地，全社会奉新闻自由为基本价值准则；司法公开原则也很早就被英国法院承认，因为英国人确信正义不但必须实现，而且必须在被见证的情况下实现。关于司法公开的重要性，迪普劳克（Diplock）法官在"总检察官诉平等者杂志案"（AG v. Leveller Magazine, 1979）中陈述的观点颇具代表性：司法公开是英国司法的一般原则，公众知悉法院的所作所为，"这将为防止司法独断专行提供保障，并维持公众对司法的信心"①。英国法律对案件的秘密听审进行了严格限定，与其他法治国家一样，司法公开为原则不公开为例外。对于公开审理的案件，新闻记者当然可以进入法庭旁听并予以报道。不过，英国一直对"媒体审判"保有戒心，不允许媒体干涉法院独立审判。为防止新闻报道影响司法

---

* 本文原刊于《今传媒》2016年第11期。
① ［英］萨利·斯皮尔伯利：《媒体法》，周文译，武汉大学出版社2004年版，第350页。

公正、损害诉讼当事人的合法权利,英国法院可以下令推迟媒体报道具体的诉讼程序,或者禁止媒体披露案件的相关信息,并可以以"藐视法庭罪"惩罚违规媒体。

一、推迟媒体报道诉讼程序

在英国,法律赋予了司法机关推迟媒体报道案件审判的权力。英国《藐视法庭法》(1981)第4条第2款规定:"关于正在进行的诉讼程序或任何其他处于未决或迫近状态下的诉讼程序,当似乎有必要采取措施以避免对相关司法程序造成损害的时候,法院可以命令,在其认为有必要的一段时间内,推迟对相关诉讼程序或诉讼程序某一部分所作的报道。"也就是说,为了避免传媒影响司法审判,法院可以命令新闻媒体推迟对具体诉讼程序进行报道。

丹宁勋爵(Alfred Thompson Denning)1982年在对某案件的评论中,阐释了《藐视法庭法》第4条第2款的立法意图,它并不是删除或减少法律所确立起来的新闻自由,英国议会"所做的一切是为了让编辑们清楚,什么是允许公开的,什么是不允许公开的。在考虑是否依据第4条第2款颁发法院令的时候,唯一所要考虑的是指向司法的损害风险"①。

然而不可否认,《藐视法庭法》的这一规定一定程度上有违英国的新闻自由传统,因此法院通过判例对该法第4条第2款的适用进行了严格限定,法院推迟媒体报道诉讼程序:(1)必须以法院令的形式作出;(2)法院令的颁布势在必要;(3)媒体报道必须针对的是正在进行的诉讼程序或其他迫近的或未决的诉讼程序;(4)媒体报道损害司法公正的风险必须是实质性的而非轻微的;(5)法院令不能无限期推迟媒体报道,延迟限期必须是为了避免损害的实质性风险所必需,陪审团作出裁决之后应予终止②。

二、禁止媒体披露案件相关信息

英国《藐视法庭法》第11条规定:"法院进行诉讼期间,在法院(其有

---

① [英]萨利·斯皮尔伯利:《媒体法》,周文译,武汉大学出版社2004年版,第354页。
② 同上书,第353页。

权力这样做)要求对相关人员的姓名或其他事项予以保密的任何场合下,只要法院认为它这样做是必要的,就可以发出指令,要求禁止对与相关诉讼有关的姓名或事项予以公开。"《藐视法庭法》没有罗列禁止公开的与诉讼有关的姓名或事项,不过英国的不少法律中包含有针对法庭诉讼程序报道的限制性规定。例如《防治性犯罪法(修正案)》(1967,1992)等法律规定,新闻媒体在相关报道中不能披露各种性犯罪被害人的身份及可能导致辨认出被害人身份的资料;该类信息属于强制性禁止披露信息,不需要发出法院令;在被害人一生中此类限制性规定持续有效。《儿童和青少年法》(1933)规定,民事诉讼若涉及儿童或青少年,新闻报道不得披露其姓名、住址、就读学校及可能导致辨认出其身份的细节。《青少年司法和刑事证据法》(1999)规定,在迫近的或未决的刑事诉讼程序开始之前,犯罪指控所涉及未满18周岁之任何人,如果相关公开行为可能导致公众认为其涉嫌犯罪,与其有关的任何事项均不应在公开出版物中出现。

法院根据《藐视法庭法》第11条作出禁止公开令与作出推迟公开令一样,必须保留相关命令的永久记录,该类命令必须通过准确的术语加以公式化,精确地规定其适用范围,标明其失效的时间和作出该命令的具体目的。一般情况下,法院应告知新闻界禁止或推迟公开令已经作出,媒体有责任确保不违反命令,如果有疑问应向相关法院询问。

三、以"藐视法庭罪"惩罚违规媒体

如果新闻媒体违反法院的推迟公开令或禁止公开令,提前报道具体的诉讼程序或披露案件的相关信息,法院可以以"藐视法庭罪"(the contempt of court)对违规媒体进行惩罚。在英国,藐视法庭罪"是指一切足以阻碍、干扰或妨害法庭或其他审判机构审判某一特定案件的司法活动及程序的行为"[1]。英国的藐视法庭罪有普通法(判例法)上的故意藐视法庭罪与制定法(成文法)上的"严格责任"藐视法庭罪之分。

---

[1] 赵秉志主编:《英美刑法学》,中国人民大学出版社2004年版,第474页。

1. 普通法：故意藐视法庭罪

作为英美法系的源头，英国刑法从 12 世纪开始逐渐形成自己的特色，即选择了与罗马法（大陆法系）大相径庭的发展方向——普通法（common law，也称判例法，case law）。普通法最显著的特点是"遵循先例"（precedents）：法官在审判案件时，采用认为正确、合理并且与立法不相抵触的成例——先前案情相同或相似的案件的司法判决，作为判案的依据。19 世纪后，英国刑法与其他英美法系国家的刑法一样开始注重成文化，即议会通过制定成文法律对犯罪与刑罚予以明确规定，但是在英格兰和威尔士，普通法原则或判例仍然是其主要的法律渊源①。

藐视法庭罪本是普通法中的一项轻罪，在英国有悠久历史。无论是民事诉讼还是刑事诉讼，以下八类行为均可构成藐视法庭罪：(1)当面藐视法庭；(2)诽谤中伤法庭；(3)报复陪审员或证人；(4)阻碍法庭官员执行公务；(5)影响未决案件的公正审判；(6)在出版物中预先对未决民事案件进行评判；(7)公布不公开进行的诉讼活动的情况；(8)公布匿名证人的身份②。

在这八类藐视法庭罪的行为中，后四类行为与新闻传播直接相关，尤其是第五类"影响未决案件的公正审判"行为，最通常的表现形式是在报纸或电视节目中对未决的刑事案件进行评论或陈述，比如暗示被告有罪或无罪、评论诉讼某一方的人品、发表影响证人作证的材料，等等，从而使案件的公正审判面临实际的危害。在民事诉讼中，"影响未决案件的公正审判"行为并不限于确实会对案件的公正审判造成影响的行为，也包括那些会妨碍或阻止诉讼某一方行使法庭所赋予的合法权利的行为，例如制造舆论、败坏诉讼某一方的名声，使他们无法行使合法权利，等等。

普通法上藐视法庭罪的成立，检方无需证明司法审判确实受到了影响，但必须证明实施者有影响公正审判的言语或行动，或者有对司法审判施加影响的意图，即是一种故意行为。同时，该行为针对的必须是未决案

---

① 赵秉志主编：《英美刑法学》，中国人民大学出版社 2004 年版，第 5—6 页。
② ［英］鲁珀特·克罗斯、菲利普·A. 琼斯：《英国刑法导论》，赵秉志等译，中国人民大学出版社 1991 年版，第 295—299 页。

件,或者(至少在刑事诉讼中)是司法机关即将着手处理的案件。

2. 制定法:"严格责任"的藐视法庭罪

1981年,英国议会通过《藐视法庭法》,使普通法上的藐视法庭罪转化为制定法上的罪名。《藐视法庭法》第一条和第二条规定如下:

Ⅰ. 在本法中"严格责任规则"是指一项法律原则,即某项行为无论其意图何在,只要它有干扰司法程序尤其是诉讼程序的倾向就属于藐视法庭。

Ⅱ.(ⅰ)严格责任规则只有在和公开出版发行物有关时才予以适用。在此前提下,"公开出版发行物"包括言论、著作、广播或其他最终目的在于向公众或公众中的一部分发表观点的交流方式。

(ⅱ)严格责任规则只适用于那些会给相关的程序公正带来实质性危险的公开出版发行为,这种危险会严重阻碍或破坏诉讼程序。

(ⅲ)严格责任规则仅适用于公开出版发行当时符合本条规定情形的公开出版发行物。

(ⅳ)在决定本条中的诉讼程序是否正在进行时,适用第1条的规定。[1]

根据《藐视法庭法》第1条的规定可知,只要新闻媒体对正在进行的司法程序进行任何形式的误导或发表有失公正的评论,不管是否存在干扰司法的故意,都构成"严格责任规则"下的藐视法庭罪。为防止"严格责任规则"被滥用,《藐视法庭法》第二条对其适用进行了明确限定:

第一,该规则仅适用于公开出版发行物。

第二,公开出版发行物中关于某案件的报道或评论,其诉讼程序必须是"正在进行的"。关于诉讼程序"正在进行的"含义及诉讼停止的情形,《藐视法庭法》第一部分对此进行了规定。如果刑事诉讼存在下列情况之一种,即为"正在进行":(1)口头指控已发出;(2)逮捕令或传唤令已发出;

---

[1] 怀效锋主编:《法院与媒体》,法律出版社2006年版,第463页。

(3)犯罪嫌疑人被逮捕;(4)起诉书或者相关指控文件已提交。刑事诉讼程序停止的通常情形是:被告人被宣布无罪释放或被判刑,或者导致诉讼程序结束的任何其他裁决、判决、命令或决定已经作出。关于民事诉讼,与听审有关的安排一经作出,相关民事诉讼程序就是"正在进行的"了;当案件被撤销或者被驳回,相关民事诉讼程序也就停止。不管是刑事诉讼还是民事诉讼,如果提起上诉超过法定期限,或者法院令要求进行新的审判,或者案件被移交给下一级法院的时候,受理上诉的诉讼程序即停止。

第三,相关公开出版发行行为能够使司法程序产生"实质性危险"。所谓"实质性危险",是指司法过程不仅受到了阻碍或损害,而且其受到阻碍或损害的程度必须达到"严重"地步,例如出现某种影响审判结果或者有必要解散陪审团的情况。法院评估媒体报道是否具有实质性风险时必须考虑:(1)媒体报道引起潜在陪审员注意的可能性(相关出版物是否在可能产生陪审员的地域发行及发行量);(2)媒体报道对普通读者的可能影响(相关文章的重要性、新颖性);(3)审判期间陪审员的"淡忘因素"(相关媒体报道与审判期之间的时间差问题)①。

从"总检察官诉莫干及新闻集团案"(AG v. Piers Morgan and News Group Newspapers 案,1997)可以体会英国法院对"实质性危险"的认定标准。某团伙被指控涉嫌伪造货币,相关诉讼开始后,新闻集团旗下的《世界新闻报》(News of the World)发表题为《我们粉碎了涉嫌10亿英镑假币的犯罪集团》的调查报道,点名道姓声称其中两人涉嫌伪造货币犯罪。文章对其中一人还进行了这样的描述——该人"具有较长时间的欺骗、诈骗、偷车、吸毒和盗窃的犯罪记录"。审理法官认为,《世界新闻报》的这篇文章提及被告犯罪前科和不良品行,特别有可能导致陪审团产生被告人具有实施犯罪倾向的信念,也容易导致公众产生这两个人都是有罪的印象,不利于被告得到公正审判,于是延缓了针对被点名的两人的刑事诉讼程序。总检察官以藐视法庭罪对新闻集团提起诉讼。地区法院认为《世界新闻报》发行广泛,可能引起潜在陪审员的注意;文章的表达方式

---

① [英]萨利·斯皮尔伯利:《媒体法》,周文译,武汉大学出版社2004年版,第331—336页。

极富技巧性,其标题带给读者很大的震动;所提及的被告人的犯罪前科和不良品行,很可能作为一种给人深刻印象的特征而被读者记住;相关记者将作为控方的关键证人出庭,这更有可能使读过该文章的陪审员回忆起相关细节;文章发表和审判之间相差约8个月,但不能表明这段时间有效地减小了可能导致司法程序受到严重损害的风险,"无论是陪审员的良心还是法官的指导都不能防止这种实质性风险的发生"①。考虑到以上种种因素,地区法院认为在严格责任规则下《世界新闻报》发表这篇文章毫无疑问属于藐视法庭行为,判决新闻集团藐视法庭罪成立。

四、严厉中不乏宽容

法治国家都着眼于在新闻监督和司法公正之间寻求利益平衡,处理传媒与司法冲突的举措虽不相同,不过综合来看主要有两种思路或方式:一是以英国为代表,通过限制媒体来防止传媒过度干预司法,维护审判独立和司法公正;二是以美国为代表,强调公民的言论自由价值,法律更倾向于保护传媒对司法进行监督。通常认为英国法律对传媒报道司法的限制和惩罚十分严厉,其实也不尽然。

第一,英国法律并不禁止新闻媒体对公开在审案件进行公正、准确、善意的报道和对审结案件进行评论。1993年4月22日晚,黑人青年斯蒂芬·劳伦斯(Stephen Lawrence)被五个陌生的白人青年无辜杀害于伦敦某公交车站。1996年,伦敦刑事法院以证据不足为由,判决控方所起诉的三名被告无罪。诉讼终结后的1997年2月,英国著名的全国性报纸之一《每日邮报》(*Daily Mail*)开始对该案进行连续报道与评论。该报某日头版以通栏大标题"杀人犯"("MURDERS"),整版登出这五个白人青年(其中两人未被起诉)的照片及姓名,同时发表副题为"如果我们错了,你们就以诽谤罪起诉我们吧!"的长篇调查报道,指认这五个白人青年就是杀害斯蒂芬·劳伦斯的凶手。接着,《每日邮报》又高调发表社论《我们为什么坚定不移》,再次认定这五个白人青年为"杀人犯",并声称欢迎当事人及

---

① [英]萨利·斯皮尔伯利:《媒体法》,周文译,武汉大学出版社2004年版,第337—338页。

其家属起诉本报①。《每日邮报》对"劳伦斯案"的这种颠覆性报道与评论,既没有招致当事人的民事侵权诉讼,也没有被官方以妨害刑事司法程序、藐视法庭为由起诉,主要原因就在于所报道与评论的案件已经审结。

第二,《藐视法庭法》对"严格责任规则"的适用进行了严格限定。例如该法第 2 条第 2 款规定,严格责任规则仅适用于会给诉讼程序公正带来"实质性危险"的公开出版发行行为。据此可以推断,如果新闻媒体的报道没有对相关案件的审判造成"实质性危险"即严重阻碍或损害相关诉讼程序,则不属于藐视法庭行为。《藐视法庭法》也规定,传媒在下列情况下不构成藐视法庭罪:(1)"合理注意":传媒已尽到所有应注意的责任,但是仍然不知道相关的诉讼程序正在进行,或者出版物中含有违法内容(第 3 条);(2)出于善意对公开举行的法律诉讼进行"公平、准确的现时报道"(第 4 条);(3)"公共利益":出于善意对涉及公共利益的事务进行讨论,对特定诉讼程序造成阻碍或损害的风险仅仅是附带性的(第 5 条)。如果新闻媒体被指控藐视法庭,这些事项可以作为其辩护的理由,不过负有举证责任。

第三,在英国,总检察官才可以提起"严格责任规则"下的藐视法庭诉讼(经总检察官同意或由审理该类案件的法院动议亦可提起),举证责任当然在起诉一方。由于"实质性危险"颇难证明,英国又是一个奉新闻自由为基本价值的国度,所以媒体被判定藐视法庭的情况并不常见。即使藐视法庭罪成立,刑事责任一般也由传媒机构承担,并且以罚金刑为基本刑种,新闻记者、编辑或出版发行人很少因此而被判处监禁。

第四,英国司法机关的相关判决还要受欧洲人权法院的检验。1950年通过的《欧洲人权公约》第 10 条明确规定:"任何人都拥有言论自由权,这项权利包括坚持意见的自由和交流情报、思想的自由,它不受公共权力和国界的限制。"英国于 1951 年即批准加入《欧洲人权公约》,当然要受到该公约规定的约束。1962 年,英国一家制药厂生产的镇静剂使服用的不

---

① 张西明:《度与量的平衡——西方司法审判与新闻报道关系略析》,载《人民司法》1999 年第 7 期;洪霞:《战后英国主流平面媒体的种族主义话语——兼论斯蒂芬·劳伦斯事件》,载《复旦学报(社会科学版)》2014 年第 4 期。

少妇女产下畸形儿,引起经济赔偿诉讼。该案涉及 400 多个家庭,迁延 10 年仍没有全部解决。1972 年 10 月,《星期日泰晤士报》(*The Sunday Times*)准备发表一篇调查报道,意欲表明该制药厂在生产过程中没有尽到谨慎注意义务,敦促其对所有受害家庭进行赔偿。经总检察官申请,初级法院发出了禁止《星期日泰晤士报》发表这篇文章的禁令。泰晤士报业有限公司以报道关乎公共利益为由提起上诉,得到上诉法院的支持,但是英国上议院后来推翻了上诉法院的判决[①]。泰晤士报业有限公司继续上诉到欧洲人权法院。欧洲人权法院于 1979 年以 11 票对 9 票的多数意见,裁定英国上议院的禁令违反了《欧洲人权公约》的相关规定。

---

① [英]丹宁勋爵:《法律的正当程序》,李克强、杨百揆、刘庸安译,法律出版社 2011 年版,第 50—54 页。

自媒体时代新闻记者的
身份困惑与媒体规制[*]

新闻记者的自媒体行为兼具私人性和职业性（公共性）双重属性。记者个体通过自媒体自主发布不当言论、不实信息或抢先发布信息，突破媒体组织审查擅自爆料，会损害媒体组织的声誉和利益。媒体组织制定从业者自媒体使用规范，应着重考虑区别公私身份、加强自媒体内容管理、规范网络社交行为等因素，确保信息真实，立场公正。记者使用自媒体更应该谨言慎行，恪守职业伦理，维护媒体的声誉和利益。

2004年，美国专栏作家丹·吉尔默在其著作《自媒体：民有民享的草根新闻》中，将基于数字网络技术的新媒体博客、播客、新闻聚合、论坛、即时通信等个人媒体命名为"自媒体"（We Media）。短短10年间，Twitter、Facebook、YouTube等微博客、社交、视频网站风靡全球，成为普通民众自主发布和分享信息的便捷载体。可以说，人人都是记者、新闻"全民DIY"的自媒体时代已经不期而至。

以采集、发布新闻为职业的媒体记者，自然是"自媒体"世界里的活跃群体。就我国而言，美通社（亚洲）《中国记者社交媒体工作使用习惯调查报告》（2010—2011）显示，有90%的中国记者在使用微博，其中近三成为"每天使用"[①]。新浪网、人民网舆情监测室联合发布的《2013新浪媒体微

---

[*] 本文原刊于《新闻爱好者》2014年第7期。
[①] 杜黎：《记者微博的是与非》，载《青年记者》2013年第3期。

博报告》也显示：新浪微博媒体人认证数量超过 10 万个,同比增加 33%；新浪微博媒体人影响力(由活跃度、传播力、覆盖度三方面组成)TOP 1 000 年发博量大部分在 2 000～5 000 条之间,其中原创率有的高达 70%。

新闻记者使用自媒体为其工作带来了极大便利,却也使他们陷入身份困惑,引发或加剧了记者个体与所服务的媒体组织之间的矛盾。作为职业记者,如何正确使用自媒体方不至于违背新闻伦理,媒体组织如何规范旗下记者的自媒体行为,已成为中外新闻界共同面临的崭新课题。

一、新闻记者的身份困惑

自媒体的异军突起迅速改变了传媒生态,为新闻记者的日常工作开启了前所未有的便利之门。自媒体庞大的信息与社交功能使记者足不出户即可获得大量的新闻线索,建立"异质性较强的弱关系社会网络",进一步扩大新闻来源。自媒体的草根性、交互性便于记者聚合网民智慧,还原事件真相,判断新闻价值[①]。自媒体的移动性可以使记者随时随地进行微直播,增强新闻的时效性和现场感,激发受众对传统媒体最终报道文本的期待。例如,2011 年 2 月,《新民周刊》首席记者杨江与多家媒体同行一起前往河南太康调查采访"童丐"真相——据群众反映,当地存在杂耍老板租用并逼迫幼童以杂耍之名行乞敛财的问题。杨江在新浪、搜狐、腾讯均开设有个人实名微博。考虑到该选题不存在独家性、社会关注度高等因素,他决定对这次新闻调查采访进行全程微博直播。目的有三：(1)将"童丐"问题及时通过微博曝光,以引起更多媒体与公众关注,迅速形成微博舆论场,防止不正常力量对调查采访的阻挠,同时引起社会各界对"童丐"问题的重视并着手解决；(2)为后期新闻报道预热；(3)扭转《新民周刊》在时效性方面的劣势,抢占新闻报道主动权。不出杨江所料,他通过实名认证的个人微博发布的每一条相关信息都被网民大量转载,《新民周刊》在

[①] 陆扶民：《记者微博的公与私》,载《南方传媒研究》(第 30 辑),南方日报出版社 2011 年版,第 21 页。

网络上也俨然变成了"新民日报",其信息报道及时度甚至超过了同行的日报。经过前期的微博直播预热,公众对《新民周刊》即将出炉的报道产生了极大期待。一周后,杨江采写的《中国童丐真相》以《新民周刊》封面报道的形式面市,获得了强烈的社会反响①。

出于职业习惯,新闻记者在其开设的微博等自媒体平台上大多是发布信息和参与公共话题的讨论,这一点与其他自媒体用户明显不同。新闻记者通过自媒体及时发布信息,积极参与公共讨论,有助于集聚网络人气,提升他们的社会知名度。不少记者正是由于他们在网络空间的出色表现而成为大众仰慕的"意见领袖"。知名度和影响力不仅使记者在日后工作中受益,也会惠及他们所供职的媒体组织。

然而,新闻记者使用自媒体却使他们陷入前所未有的身份困境:新闻记者的自媒体言论,是职业行为还是纯粹的私人行为?或者说,是代表记者个体还是代表他们所供职的媒体组织?

在传统传播环境下,新闻记者所供职的媒体是其最主要的"信息出口",他们的言论当然属于职业行为,体现了所属媒体的意见。但是在网络传播环境下,新闻记者同时也拥有了个人"信息出口"即自媒体,他们可以不经媒体组织同意,自主地在自媒体平台上发表言论,甚至发表已被媒体组织"过滤"掉的言论。由此看来,新闻记者开设、运营的自媒体似乎与普通用户无异,他们在自媒体上的自主言说属于私人行为而非职业行为。

问题在于,多数记者尤其是知名记者在其自媒体比如微博中都是实名认证加"V"用户,并且在个人资料里都明确地标示着职业和所属媒体的名称。尽管也有记者在他们微博的个人资料里特别声明"言论与从业媒体无关",试图与所供职的媒体划清界限,但是公众有一个"角色位移"心理:记者是一家媒体的记者;记者的个人观念与其一定的工作背景相关;记者在微博中公开了职业身份,其微博行为应是现实中的记者职业行为在虚拟世界的延伸②。再者,公众对专业媒体公信力的信任会转嫁到对记

---

① 杨江:《微博这把双刃剑,度的拿捏是关键》,载《南方传媒研究》(第30辑),南方日报出版社2011年版,第44—45页。
② 曹爱民:《记者微博面临的困惑与问责原则》,载《青年记者》2013年第6期。

者及其自媒体的信任。公众对记者职业身份的这种"象征公信力"心理预设自然加重了记者自媒体的职业属性或者说公共属性。2011年5月21日晚,成都富士康厂区发生爆炸,《东方早报》记者简光洲前往采访,不料第二天他却接到了撤回的通知。出于职业天性,简光洲还是坚持到了爆炸现场,以公民而非记者的身份进行观察,然后通过手机对这起爆炸案进行了微博直播,引发大量网友转发和评论。简光洲认为,自己的这次微博直播不能算是职业行为而是个人行为——因为如果是记者的采访,那应该刊于其所供职的媒体上。不过他自己也承认,很多网友知道他的记者身份是出于对其记者身份的认同和信任才加以转发、评论的。这些网友把他微博上的私人行为当成了记者的职业行为[①]。

从自媒体的自主性来说,新闻记者的自媒体行为应属私人行为;从职业特性和公众的认知来考量,新闻记者的自媒体行为确实又属于职业行为。在自媒体时代,新闻记者的身份公私交织,难分彼此。路透社的《网络报道守则》即告诫旗下记者:"个人与职业之间的区别在网络上已经基本不复存在,即使你试图将社交媒体上的职业与个人活动分割,你应当假设他们已经合二为一了。"[②]笔者认为,新闻记者的自媒体行为具有私人性和职业性(公共性)双重属性,但更偏重于职业性(公共性),尤其是那些标示职业身份和所属媒体组织的记者实名(或固定昵称)自媒体账户。

二、记者个体与媒体组织的冲突

一般而言,新闻记者都从属于一定的专业媒体。作为雇员,记者个体既要遵守新闻传播行业规范,也要遵守所属媒体机构的组织规范。在传统传播环境下,记者采写的报道评论如果不能通过媒体组织的内部审查,基本上便"胎死腹中",没有其他公诸于世的"信息出口"。但是在自媒体时代,记者可以不经媒体组织事先许可甚至突破组织审查,在自

[①] 简光洲、刘彦娟:《记者微博交织难辨的双重性》,载《南方传媒研究》(第30辑),南方日报出版社2011年版,第55—56页。

[②] 转引自张迪、韩纲:《国际视野下的社交媒体与新闻伦理》,载《南方传媒研究》(第30辑),南方日报出版社2011年版,第79—80页。

己开设的自媒体平台上自主爆料、自由言说。自媒体使记者个体获得了极大的信息传播自由度,却也引发了他们与媒体组织之间的矛盾和冲突。

1. 言论偏激,损及媒体声誉

2012年5月16日,中央电视台国际频道知名主持人杨锐在其个人实名认证微博上发布了这样一条言论:"公安部要清扫洋垃圾:抓洋流氓,保护无知少女,五道口和三里屯是重灾区;斩首洋蛇头,欧美失业者来中国圈钱,贩卖人口,妖言惑众鼓励移民;识别洋间谍,找个中国女人同居,职业是搜集情报,以游客为名义为日本韩国和美欧测绘地图,完善GPS;赶走洋泼妇,关闭半岛电视台驻京办,让妖魔化中国的闭嘴滚蛋。"杨锐发布这则微博有其特定的背景:为有效维护首都涉外治安秩序,北京市公安局正在集中开展清理"三非"(非法入境、非法居留、非法工作)外国人专项整治行动。但是他的"清扫洋垃圾"言论显然偏激粗暴,伤害了大多数在华外国人的感情,以至于有外国网民和《华尔街日报》等西方媒体要求央视将其开除。2014年2月21日,广东卫视知名主持人王牧笛陪女友去打点滴,因为护士连扎四针才找准血管,他发微博称"我也想拿刀砍人"。虽然王牧笛不久即删除微博并表示道歉,但还是引发了巨大的风波,中国医师协会公开予以谴责并要求广东卫视"责令其下课"。杨锐、王牧笛的微博言论当然只是个人一时的情绪宣泄,与所属媒体毫不相干。不过,作为知名电视主持人却如此言说,难免会引起他人联想,对所属媒体声誉的损害是不言而喻的。

2. 事实不清,损及媒体公信力

公众之所以信赖媒体,是因为媒体发布的信息真实可靠、准确全面。作为新闻从业者,坚持信息真实性是第一职责,否则将动摇媒体安身立命的基础——公信力。因为新闻人与所属媒体无法割舍的内在关联,他们的自媒体言论也应该言之有据,事实确凿,不能像普通人那样信口开河,随意言说。2012年4月9日,中央电视台《晚间新闻》主持人赵普在其个人实名"加V"新浪微博上发布了如下信息:"转发来自调查记者的短信。同志们:不要再吃老酸奶(固体形态)和果冻,尤其是孩子,内幕很可怕,不细说。"该微博被网民疯狂转发近 13 万次,虽然不久即被删除,但是赵普的新浪微博粉丝达 207 万,其传播效应可想而知。赵普的本意也许是出于对消费者的善意提醒,如果老酸奶和果冻确实存在质量隐患,他就应该把事实真相告诉大家,而不是吞吞吐吐,欲言又止。在我国食品安全人人自危的当下,作为知名媒体人的赵普发布的模糊性信息,所产生的实际效应不容小觑。《南方周末》之后发起相关调查,有近 54% 的受访者表示不再吃老酸奶和果冻。"老酸奶传言"最终既无证实也无证伪而不了了之。因为赵普的特殊身份,他在微博上发布的这一不确实信息,或多或少地影响了网民和老酸奶制造行业对其所属媒体的信任度。这条微博发布之后,赵普在央视荧屏上被"消失"了四个月,可以看出央视对其做法的否定态度。

3. 抢先发布信息,损及媒体利益

新闻记者的职业身份由媒体组织赋予,新闻生产资料由媒体组织提供,他们获知的信息属于职业资源,劳动成果属于职务作品,理应首先在自己所供职的媒体上发表,为媒体组织赢得经济收益。然而,一些记者却把职业资源、职务作品抢先发布在自媒体上,导致媒体组织经济利益受损,引发记者个体与媒体组织之间的矛盾。2011 年 11 月,美联社一名摄影记者在"占领华尔街"运动中被捕,有员工通过推特率先发布了这一消息,遭到美联社管理层的批评。美联社高层在内部邮件中严厉指责这种行为是"胳膊肘外拐",并重申规定:一切有新闻价值的消息、图片或视频都要首先提交美联社,而不是在推特之类的自媒体上发布。执行总编卢·费拉拉写给全体员工的内部邮件中即严厉指出:"你们的首要任务是为美联社工作,而不是推特。"①

4. 擅自爆料,置媒体组织于被动境地

从理论上来讲,记者个体、媒体组织和社会公众这三者的利益是一致的,构成了一个相互关联的利益共同体:媒体的信息供给满足了公众的知

---

① 文建:《美联社"推特事件"说明了什么——看国外新闻机构如何规范员工使用社会化媒体》,载《中国记者》2012 年第 1 期。

情权,公众的信息消费为媒体带来社会影响力和经济效益;记者是媒体信息的生产者,媒体的社会影响力和良好经济效益,又为记者带来职业尊荣和生活保障。不过,在经营实践中,媒体组织顾及眼前利益而牺牲旗下记者和社会公众利益的情形时有发生。例如,为了不开罪广告客户,媒体将记者采写的关于广告客户的负面新闻扣押,禁止其发表。在传统传播环境下如果发生这种情况,记者也只能徒唤奈何,听之任了。但是今天记者可以通过个人微博、博客等自媒体自爆"家丑",将自己遭受的不公正待遇、媒体欺瞒公众的情况公诸于世。记者突破媒体组织的内容审查擅自爆料,维护了自身利益和公众的知情权,却将媒体组织置于被动地位,使其社会声誉、经济利益受到不同程度的损害。

三、媒体规制,记者自律

毫无疑问,媒体组织应该支持、鼓励旗下记者使用自媒体,充分发挥记者自媒体在信息生产、传播方面的"利器"功效。同时,媒体组织和新闻传播行业也要及时制订相关规范,应对自媒体时代出现的新的职业伦理问题,指导、规制新闻从业者正确使用自媒体。实际上,中外新闻界都在进行从业者自媒体使用的建章立制工作。例如,美联社在2009年就出台了《美联社员工社交媒体使用守则》,并于2011年、2013年进行了两次修订。该守则对美联社员工如何在社交媒体即自媒体上发表观点、跟帖关注、识别消息源、保护隐私等都予以详细规定和具体指导。网络传播技术日新月异,中外新闻体制又千差万别,自媒体使用规范的制定尚处于探索阶段,难于一步到位,更不可能一律。笔者认为,媒体组织、新闻传播行业制订从业者自媒体使用规范,应着重考虑以下几个方面的因素。

第一,区别身份,公私分开。新闻从业者个人行为、职业行为的识别是自媒体伦理的核心问题。路透社、美联社均建议员工在社交网络上开设两个账号,一个公用,一个私用,以便于公众识别其言论身份。中宣部、中国记协等五部门2011年10月出台的《关于进一步规范新闻采编工作的意见》,国家新闻出版广电总局2013年4月下发的《关于加强新闻采编人员网络活动管理的通知》,都要求我国新闻采编人员设立职务微博须经所在单位批准,其初衷也在于身份的识别。

第二,加强自媒体内容管理,力求信息真实准确。《美联社员工社交媒体使用守则》规定,美联社员工在社交网络上发现的信源,应该与那些通过其他方式发现的信源使用同样的方式进行核实。我国《关于进一步规范新闻采编工作的意见》第五条也明确要求:新闻采编人员使用互联网信息作为新闻线索,必须查证信息来源,核实内容真伪;严禁使用未经核实的微博信息,或以未经核实的微博信息为线索进行报道。

第三,规范网络社交行为,维护媒体的客观公正。记者通过自媒体添加"关注"、转发及评论网民发布的信息,如果不慎,可能会影响所供职媒体的客观公正立场。《美联社员工社交媒体使用守则》就特别强调,美联社员工在使用社交媒体时应与政治保持距离以确保观点的中立,即使转发他人信息也不可随意为之,因为一条没有任何评论的转发通常会被人认为是对该条信息观点的默许。"员工须认识到在网上所表达的观点可能会损害美联社作为一家客观公正媒体的声誉。美联社员工应该避免在任何公开论坛上发表有关争议性公共话题的个人观点,禁止在网上参与和支持任何有组织的群体性政治活动。"①《路透社新闻手册》中的《网络报道守则》也要求,路透社员工利用社会化媒体应遵循准确、不偏袒、完整的原则,不能损害路透社以公正和独立著称的声誉。

媒体组织、行业协会的规制毕竟属于外部约束,关键还在于记者个体的自律自爱。实际上,诸如真实、客观、公正等新闻职业伦理的基本原则照样适用于网络传播环境。根据常识和工作经验,新闻记者应该清楚自媒体言论的伦理边界。鉴于记者自媒体身份的复杂性——兼具私人性和职业性(公共性)双重属性,记者在自媒体上更应该谨言慎行,恪守职业伦理,维护媒体的声誉和利益。当然,如果媒体组织为了自己的商业利益而隐瞒事实、牺牲公众的知情权,我们也支持记者通过自媒体这个自主平台

---

① 《美联社员工社交媒体使用守则》(2013年5月修订),清华大学新闻与传播学院2012级硕士研究生翻译,史安斌教授校对。

将真相公诸于世。因为,新闻工作者不但要忠于所服务的媒体,更要忠于全体公民,"新闻工作的首要目标是为公民提供自由和自治所需的信息"①。

---

① [美]比尔·科瓦齐、汤姆·罗森斯蒂尔:《新闻的十大基本原则》,刘海龙、连晓东译,北京大学出版社2011年版,第9页。

广告刊播与媒介公信力[*]

　　媒介公信力是公众对媒介的社会期待与媒介实际表现之间契合程度在公众心理上的反映。媒介公信力的影响因素复杂而多样,其中媒介所提供的信息的质量为最直接、最关键因素。刊播广告能够壮大媒介的经济实力,有助于提升媒介公信力。但是,刊播广告有可能造成广告商控制媒介,影响新闻报道的客观公正。目前,我国新闻媒介刊播广告存在虚假广告、新闻广告、庸俗广告和随意插播广告、广告超量等问题,引起公众强烈不满,有损媒介公信力。珍惜媒介公信力,规范广告刊播行为,势在必需。

一、媒介公信力的影响因素

　　媒介公信力又称媒介可信度,是"公众对于大众媒介的社会期待被落实情况所引起的公众心理感知和评价,同时公众的这种感知和评价也是媒介获取公众信任的能力和素质的体现。简单地说,媒介公信力就是公众对媒介的社会期待与媒介实际表现之间契合程度在公众心理上的反映"[1]。媒介公信力的研究肇始于20世纪30年代的美国。经过70余年的演进,它已经从当初的媒介效果研究的影响变量,发展为新闻传播学科中一个重要的相对独立的研究课题。以美国为代表的西方媒介公信力研

---

* 本文原刊于《新闻大学》2007年冬季号。
[1] 靳一:《大众媒介公信力测评研究》,人民出版社2006年版,第100—101页。

究,研究视角和重点大致集中在两个方面:一是从传播方的角度出发,探讨怎样的媒介特性可以赢得公众更多的信任(这种媒介公信力研究可被称为"Media Credibility");二是从信息接受方的角度出发,探讨公众对媒介信任与否的心理认知过程、发生机制和影响因素等(这种研究可被称为"Public Trust in Media")[1]。

不管哪一种研究视角,媒介公信力的影响因素或者说哪些因素影响着公众对媒介的评价与信赖一直是媒介公信力研究的核心问题。如何建立更为准确的公信力判断维度量表,也一直困扰着一代又一代研究者。美国耶鲁大学心理学系教授霍夫兰(Hovland)和同事在20世纪50年代进行了"来源可信度"(source credibility)研究,通过实验法发现,媒介的可信度主要取决于发送消息者的专业性(expertise)和可靠性(trustworthiness)。随后的研究者建立了各种各样的判断维度量表,其中美国传播学者梅耶(Meyer)1988年建构的媒介公信力指标体系,到目前为止仍然受到学界推崇。该指标体系包括五个判断维度:公平(fair)、无偏见(unbiased)、报道完整(tell the whole story)、准确(accurate)、可信赖(can be trusted)[2]。我国喻国明教授主持的教育部哲学社会科学研究重大攻关项目"中国大众媒介的传播效果与公信力研究",在总结、借鉴国内外研究成果和进行实证调查的基础上,做出了我国媒介公信力判断维度的建模,运用于我国大陆首次传媒公信力全国性调查。喻国明教授等建构的我国媒介公信力判断维度量表,包括新闻专业素质、社会关怀、媒介操守、新闻技巧、有用性、权威性六个维度共23个指标(题项)[3]。

以上学者通过研究得出的媒介公信力影响因素,基本上属于媒介自身所具有的赢得公众信赖的品质与能力。从20世纪60年代起,越来越多的研究者认识到信息接受方的重要性,开始把与受众相关的变量带入媒介公信力研究之中,诸如受众的各种人口学变量、认知归因、政党属性、

---

[1] 靳一:《大众媒介公信力测评研究》,人民出版社2006年版,第8—9页。
[2] P. Meyer, "Defining and Measuring Credibility of Newspapers: Developing and Index," *Journalism Quarterly*, 65(1988), pp. 567-574.
[3] 喻国明、张洪忠、靳一:《媒介公信力:判断维度量表之研究——基于中国首次媒介公信力全国性调查的建模》,载《新闻记者》2007年第6期。

意识形态/价值观念、政治社会信任、预存立场、对事件的兴趣态度、媒介使用/媒介依赖、使用媒介的模式与动机、对媒介的了解程度与经验等,考察这些变量如何影响公众对媒介的认知和评价。80年代后,媒介公信力影响因素的研究更为深入细致,尤其是与受众相关的影响因素,不仅人口学、媒介使用/媒介依赖等传统考察的自变量被继续关注,而且社会、政治、心理、文化等与受众相关的更为宏观的变量都被纳入研究者的分析框架中[1]。

显然,媒介公信力的影响因素绝非一端,而是多种因素形成合力,决定着公众对媒介的认知与评价:既有真实报道、客观公正等属于媒介自身专业品质与能力的因素,也有受众的人口学、心理特征等方面的因素,还包括媒介体制、社会、经济、文化等更为宏观的因素。因此,媒介公信力表面看来是公众对于媒介的态度和评价,实际上是一种与新闻专业素质、公众的媒介素养、媒介体制、文化特质密切相关的社会现象。

媒介公信力的影响因素虽然复杂而多样,但是最关键的因素是媒介所提供的信息(包括事实信息与意见信息)的质量。传播信息是媒介的首要职能;个体接触媒介最主要的目的也是为了获得各种各样的信息而"监测环境"。因此,媒介刊播的信息是否真实、全面、客观、公正,媒介对信息的选择、加工、解读是否合理独到,总之,媒介刊播的信息能否满足受众的需求,直接而决定性地影响着受众对该媒介的认知与评价。

二、媒介刊播广告对公信力的影响

从媒介经济学的视角看,公信力对媒介的重要性不言而喻。虽然媒介组织的收入来源越来越多元,但刊播广告仍然是其最主要的收入来源,不管是传统的报刊、广播、电视还是新兴的网络,都是如此。"媒体是作为广告信息通向特殊受众的渠道而存在的——媒体负责为广告主集合受众。"[2]媒介产品市场是一个"二元化"市场,即媒介产品有一个"二次售卖"

---

[1] 李晓静:《西方"媒介可信度"研究述评》(上),载《新闻大学》2006年秋季号。
[2] [美]克利福德·G.克利斯蒂安等:《媒体伦理学》,张晓辉等译,华夏出版社2000年版,第191页。

的过程：媒介组织首先将自己的产品（承载在媒介上的信息）出售给受众，获得发行费，然后再将受众出售给广告商，获得广告费。公信力良好的媒介一般都拥有广大而稳定的受众群，媒介可以借此向广告商索要较高的广告价码。同时，广告商投放广告时，在同质媒介中更愿意选择公信力良好者，即使支付高额广告费用也在所不惜，因为公信力良好的媒介所拥有的广大而稳定的受众群、较高的广告到达率，以及由此激起的购买欲望，足以补偿所支付的高额广告费用。广告客户看重的就是媒介背后究竟有多少受众即潜在消费者。并且，商家愿意选择公信力良好的媒介作为其产品诉求的平台，这样能够在广大消费者心目中形成良好的品牌形象。常言道，广告是媒介的"血液""生命"，而广告收入的多寡，在媒介市场竞争日益激烈的今天，很大程度上取决于媒介公信力的良窳。公信力是媒介的核心竞争力已成共识。

良好的公信力有助于媒介吸引广告，刊播广告也有利于提升媒介的公信力，两者之间具有正相关的关系。媒介刊播广告能够壮大自己的经济实力，而雄厚的经济实力是媒介采编、制作高质量信息内容的物质保障。更重要的是，国外媒介通过刊播广告壮大经济实力，可以摆脱对政党、政府的依赖，做到独立于政治权力之外，客观、公正地报道事实。现在已无法确定当初便士报的出现与广告规模扩大之间的因果关系，但可以肯定的是，资本主义工商业的发展导致了广告规模的扩大；广告规模的扩大，使出版商要求政党或政府资助扶持的欲望随之消失，新闻业转化为非党派性、非政治化的独立商业经营实体。为获得广告商所看重的更多的受众，新闻媒介力争客观、公正地报道事实，因为客观、公正是不同受众对媒介立场的共同要求。

不过，因刊播广告而壮大了经济实力，摆脱了对政党、政府依赖的媒介，又有可能转而受制于大的广告商，新闻报道的客观公正原则依然会遭到破坏，影响媒介的公信力。这种情况在世界新闻传播史上不乏例证。有学者指出，新闻业在19世纪向以广告为基础的商业实体的转型，实际上创造了一种新型的新闻控制形式，广告商成了"事实上有颁发新闻执照职能的权威机构"①。多年来,广告是新闻传播事业批评者所喜欢攻击的"一个食人怪物",他们指控"广告客户不折不扣地在经营媒体","广告使新闻报道歪曲"或"广告控制了编辑政策",广告占有版面或时间过多而排挤了资讯与娱乐性题材②。确实,商业媒介并不是根据受众的愿望从事经营,而是依照付给他们广告费的商人旨意去行事。不过,如果断定"广告使新闻报道歪曲"或"广告控制了编辑政策",则有些言过其实。"倘若以为忽视公众关心的问题是新闻记者的特征,那是粗暴不公的。记者和编辑甚至在被迫他们的报纸财政大权交给企业经理和广告销售商时,也坚持他们作为人民公仆的独立性。"③同时,广告商也不可能强迫报道者"枪毙"或者更改对自己不利的报道,因为他们事先无法得知在新闻中将出现什么。从媒介一边看,由于经营部和编辑部的分离,新闻选择和广告刊登各自独立进行,这使得新闻选择可以免受广告主的压力。当然,记者们不会总是去寻找那些可能使广告主或企业界不爽的事件;在处理和广告商利益对立的新闻时,也会更加谨慎,以肯定报道有确凿证据;万一遭受压力,必须能够为自己的报道辩护④。

我国新闻媒介的"喉舌"功能、"事业单位"属性及相应的管理体制,消解了广告商对新闻媒介的控制。但是,随着"企业化经营"的实施和产业属性的确认,我国的新闻媒介仓促之间被推向市场,运营经费由仰仗政府拨款,转向主要依靠刊播广告。我国新闻媒介在不完全市场化转型中,在广告刊播环节出现了不少问题,引起受众强烈不满,降低了自身的公信力。

三、我国媒介刊播广告存在的主要问题

改革开放以来,我国新闻媒介通过刊播广告,既壮大了自己的经济实

---

① James Curran and Jean Seaton, *Power without Responsibility*, Routledge, 1997. 转引自[加拿大]罗伯特·哈克特、赵月枝:《维系民主?西方政治与新闻客观性》,沈荟、周雨译,清华大学出版社2005年版,第48页。
② [美]施拉姆:《大众传播的责任》,程之行译,台湾远流出版事业股份有限公司1992年版,第157页。
③ [美]阿特休尔:《权力的媒介》,黄煜、裘志康译,华夏出版社1989年版,第71页。
④ H. J. Gans, *Deciding What's News*, Northwestern University Press, 2005. 转引自黄旦:《传者图像:新闻专业主义的建构与消解》,复旦大学出版社2005年版,第204页。

力,又推动了整个社会经济的繁荣与发展。不过,一些新闻媒介在刊播广告时也存在种种违背新闻职业道德甚至法律法规的行为,概括起来主要有四个方面的问题:虚假广告屡禁不止;新闻广告误导受众;随意插播广告,广告超量严重;广告表达方式庸俗,违背社会道德。

1. 虚假广告屡禁不止

商家花费不菲钱财在新闻媒介上刊播广告,最终目的在于使更多的受众由潜在消费者变成真正的消费者,购买广告所宣传的商品或服务。正如美国广告学者科利(R. H. Colley)所言:"广告是一种付费的大众传播,其最终目的在于传达商业信息,为广告主创造有利的态度,并诱使广告对象采取购买商品或劳务的行为。"[1]因此,作为传播商业信息的广告,除了告知受众其生活环境中的商业、商品或服务信息外,更重要的是劝服——通过各种传播符号吸引受众的注意力,影响、左右受众的消费选择和消费行为。基于此,广告可以采用形象生动的艺术手段,以达到吸引、感动受众的目的。尽管如此,广告毕竟是一种信息传播行为,应该遵守信息传播真实性的基本要求,即广告内容应该与相应商品、服务的品质相符,不虚美、不浮夸。

然而,在我国新闻媒介所刊播的广告中,虚假广告时有出现,甚至有愈演愈烈之势。虚假广告的典型表现就是夸大商品的使用效果。上海市工商局的广告监测统计数据显示,该市化妆品广告2007年5月份涉嫌违法者达到19.13%。这些涉嫌违法的化妆品广告大都采用使用前后效果对比的方式在电视中做演示,夸大其神奇效果;或者利用他人名义对化妆品的功效作出保证[2]。这种广告方式是《化妆品广告管理规定》所禁止的,因为它实际上是一种不实广告。

在我国,药品、医疗器械、丰胸、减肥、增高产品的电视购物广告虚假程度高,引起强烈的社会不满。国家广电总局、工商总局于2006年7月联合发出通知,要求所有广播电视播出机构必须暂停播出这五类产品的

---

[1] 转引自陈汝东:《传播伦理学》,北京大学出版社2006年版,第253页。
[2] 《近二成化妆品广告涉嫌违法》,载《文汇报》2007年6月19日。

电视购物节目。但是,"禁播令"下达后,一些电视台依然我行我素,照播不误;有的则改头换面规避"禁播令"。2007年6月15日,广电总局痛下决心,叫停了宁夏电视台综合频道和甘肃电视台综合频道的商业广告播放权,原因之一就是两家电视台综合频道多次出现违规播放医疗资讯服务和电视购物节目。虚假电视广告之猖獗由此可见一斑。另外,由于没有"禁刊令","丰胸"等广告在报刊、网络上依旧大行其道,多不胜数。

2. 新闻广告误导受众

新闻广告又被称作隐性广告、软广告,是指新闻媒介故意以新闻报道的形式为商品或服务实施宣传的一种广告。具体地说,就是新闻媒介为讨好广告商,故意把广告内容做成新闻,刊播时不做广告标记,模糊新闻和广告的界限,使受众误以为新闻报道,从而起到比单纯广告更有效的宣传效果。20世纪90年代以来,我国的新闻广告现象比较严重,一直没有得到有效遏制。拿《华商报》来说,从2006年11月28日到12月9日,仅10天时间该报就被社外审读员发现了四则新闻广告[①]。位居全国都市报竞争力前列的《华商报》尚且如此,一般的小报小刊可想而知。

新闻广告主要出现在报刊等纸质媒介上,常用的手法有:整版广告标题采用"新闻体",如"治肝之路——记某某康复医院";医疗、药品、保健品等广告以专家访谈的形式出现在"健康专版"上;广告文章冠以"本报记者",等等。不管使用哪一种手法,其目的都在于故意模糊广告和新闻的界限,欺骗受众。据调查,一般受众对新闻广告的识别率相当低,可见这种广告手段的蒙蔽性。

3. 随意插播广告,广告超量严重

新闻媒介刊播广告不能超过一定的频率和总量,这是国际新闻界的惯例。因为新闻媒介以向受众提供及时、丰富的信息为第一要务,如果广告刊播超过一定的频率和总量,势必影响到信息传播与接受的质量和数量。近年来,我国新闻媒介尤其是广播电视插播广告、广告超量现象严重,这可以从管理部门不断发文予以禁止和规范得到验证。早在1985

---

① 郭小良、南长森:《新闻广告:媒介自身博弈的毒瘤》,载《青年记者》2007年6月(下)。

年,广电部就下达通知,规定广播电视节目进行中不得中断节目播出广告。随后又多次发布文件,禁止广播台、电视台随意插播广告破坏节目的完整性,并对广告总量进行明确规定。例如1999年8月广电总局下发的《关于坚决制止随意插播、超量播放电视广告的紧急通知》规定:广播台、电视台每套节目播放广告的比例不得超过该套节目每天播出总量的15%;必须保持电视节目的完整性,不得随意中断节目插播广告,不得在电视画面上叠加字幕广告;转播其他电视台的节目,应保持被转播节目的完整,不得插播本台的广告。2003年9月,广电总局又颁布《广播电视广告播放管理暂行办法》,除了一如既往地禁止电视台、广播台随意插播广告等破坏节目完整的行为外,该部门规章将广播台、电视台每套节目每天播放广播电视广告的比例放宽到不得超过该套节目每天播出总量的20%;在黄金时段(广播台11点至13点,电视台19点至21点),每套节目每小时的广告播出总量不得超过节目播出总量的15%即9分钟。据央视市场研究股份有限公司(CTR)当时做出的广告监测调查报告显示:全国154个主要电视频道中,黄金时段广告量达到17.95%,普遍存在严重超标的情况;一些覆盖范围广和高收视率的电视频道,广告插播现象多有存在[1]。时至今日,电视台随意中断节目插播、滥播广告的现象依然存在,2007年6月被广电总局叫停播出所有商业广告的宁夏电视台综合频道和甘肃电视台综合频道,就存在电视剧中间违规插播广告、播放挂角广告等问题。

4. 广告表现方式庸俗,违背社会道德

诉诸情色,把女性当作性暗示对象、亵渎女性尊严,渲染女性对男性的依附,诸如此类格调低下、庸俗媚俗的广告,在我国新闻媒介尤其是小报小刊上也不时出现。这类广告以违背社会道德为代价来吸引受众的眼球。

新闻媒介刊播虚假广告、新闻广告、庸俗广告及超量刊播广告,既违

---

[1]《电视广告管理办法将实施,媒体如何调整广告策略》,新华网,http://news.xinhuanet.com/fortune/2003-10/15/content_1123538_1.htm。

背新闻传播伦理和广告伦理,又违反相关法律法规,在我国是被明文禁止的行为。例如新闻广告问题,《中国新闻工作者职业道德准则》明确规定:新闻报道和经营活动要严格分开,新闻单位不得用新闻形式做广告(第5条)。《广告活动道德规范》(1997年12月国家工商行政管理局颁布实施)第19条规定:"广告发布者应当严格遵守国家关于禁止有偿新闻的有关规定,坚持正确的经营理念,杜绝新闻形式的广告。"我国《广告法》第13条规定:"广告应当具有可识别性,能够使消费者辨明其为广告。大众传播媒介不得以新闻报道形式发布广告。通过大众传播媒介发布的广告应当有广告标记,与其他非广告信息相区别,不得使消费者产生误解。"

受众对虚假广告、庸俗广告等的反感是可想而知的。2006年11月,《解放日报》社会调查中心联合上海神州市场调查公司,对上海市民的广告满意度进行了调查。调查结果显示:受访者最反感的是内容虚假的广告,其次是使用色情字眼、违背伦理道德的广告;有82.7%的受访者表示将不购买这类广告宣传的商品,52.3%的受访者表示还会把这类广告的危害告诉周围的人[1]。在我国,还出现了杭州一民营医院因虚假广告诱害患者而被检察机关提起公诉的案子[2],电视台在播放连续剧期间插播大量广告、被受众起诉到法院的案子则已有数起。

很难想象,对虚假广告、庸俗广告嗤之以鼻的受众,尤其是被虚假广告、新闻广告蒙蔽、伤害的受众,能对刊播这些广告的新闻媒介有良好印象。毋庸置疑,广告的品质关系到发布媒介的信誉度和美誉度。有鉴于此,喻国明教授等为我国首次传媒公信力全国性调查所建构的公信力判断维度量表,其中"媒介操守"维度就包括"广告比例适当,不发虚假广告,不刊播广告新闻、有偿新闻、软广告"等指标[3]。

四、珍视媒介公信力,规范广告刊播行为

如果说新闻媒介还可以为虚假广告、庸俗广告的刊播寻找审查不严、

---

[1] 《被广告穷追不舍的受众说——我们心中有杆秤》,载《解放日报》2006年11月29日。
[2] 《医疗虚假广告第一案今开庭》,载《东方早报》2007年8月30日。
[3] 喻国明、张洪忠、靳一:《媒介公信力:判断维度量表之研究——基于中国首次媒介公信力全国性调查的建模》,载《新闻记者》2007年第6期。

标准掌握不准等借口的话,新闻广告、随意插播广告、广告超量等则完全是新闻媒介有意为之。这些广告刊播的行为,内有新闻职业伦理道义规范,外有法律法规严格禁止,一些新闻媒介为何置职业伦理和法律法规于不顾,依然照登照播不误?道理其实非常简单,就是背后强大的经济利益驱使:新闻媒介刊播虚假广告能够从广告主那里得到超乎寻常的广告费;把广告做成新闻报道的形式,既讨好了广告主,又获得了广告费和更多的广告资源;随意插播广告、超量刊播广告,可以提高单位版面、时段的广告刊播率,广告收益自然也随之增多。

我国一些新闻媒介通过刊播虚假广告、新闻广告等,确实赚得了滚滚财源。不过从长远看,新闻媒介的这种做法无异于慢性"自杀":逐渐失去受众和高端广告客户——经济实力雄厚、诚实守信的企业,更注重维护自身的品牌形象,它们一般会选择公信力良好的新闻媒介投放广告。从广告刊播和媒介公信力之间的关系看,新闻媒介刊播虚假广告、新闻广告等,完全是一种自损公信力的急功近利行为。

商家如果在制作的广告中夸大商品或服务的质量、用庸俗的方式吸引受众的注意力,或者要求新闻媒介做新闻广告,还可以被理解,因为广告本质上是一种付费的以赢利为目的的信息传播行为。——受利润的驱使,广告商难免表现出急功近利的心态;对利润的渴望和追求,往往会促使广告商见利忘义,背离社会道德规范。但是,处在广告传播链条最后一环的新闻媒介,尤其是"将社会效益放在首位"的我国新闻媒介,如果仅仅为了赢利而承接虚假、庸俗广告,甚至与广告商"合谋"制作新闻广告,无论如何是不能被容忍的。

有关实证调查显示:我国民众对我国新闻媒介的信任程度相当高,明显高于同期美国民众对本国媒介的信任程度。例如,柯惠新在2001年进行的"北京奥运申办媒介传播效果研究"中,针对北京居民有两次涉及媒介公信力的调查。调查的题目为"通常情况下,您对新闻媒介所报道内容的信任程度"。结果显示"完全信任"和"基本信任"两项合计分别达到了85.3%和91.2%。而2001年Roper机构对美国报纸的调查,五分量表中的"非常信任"和"比较信任"两项合计仅有36%。喻国明教授指出,我国新闻媒介所拥有的高公信力,主要是得益于其官方身份。我国新闻媒介均属党和政府所办,它们依靠党和政府的权威性建立起了自己的高公信力[①]。也就是说,我国新闻媒介拥有普遍的社会认同,主要不是因为自身的"功力",而是外部因素即官方身份使然。同时,长期以来我国新闻媒介性质单一,可供民众选择的信息传播渠道不多,也造成了大家对我国新闻媒介的使用依赖。

文化体制改革在逐渐深入,社会分层和文化选择在日益多元,传播技术的飞速发展使民众获得信息的渠道和方式更加便捷多样。在新的社会发展阶段,我国新闻媒介珍惜公众长期以来对自己的信任,通过内强素质使本来"虚高"的公信力落到实处,显得尤为重要。就广告刊播而言,新闻媒介杜绝虚假广告、新闻广告、庸俗广告,降低广告"噪音",自然能赢得公众的信任。旧时代的《良友》画报,编辑部拒绝两类广告:一类是内容不可靠有欺骗嫌疑的;一类是与性、色情有关的。"《良友》画刊是一本男女老幼皆可阅读的刊物,是一本内容健康,能摆在家庭里面而面无愧色的刊物,内容更不应该有任何坏影响的广告出现。即使有人出重价,也不为所动。"[②]《良友》画报对待广告的态度和对刊物声誉的珍爱,值得我们今天的新闻工作者深思。

新闻媒介如果不能自觉遵守职业伦理,就需要行业管理者对其违规行为进行行政处罚,情节严重、触犯法律者还应受到法律制裁。我国的广告立法是比较健全的,1987年国务院就颁布了行政法规《广告管理条例》,1994年国家又出台了《广告法》,新闻出版总署、广电总局和国家工商总局前后颁布的规范广告设计、制作、代理、发布的规章不下10个。在并不缺少监管主体及法律法规、规章制度的情况下,我国新闻媒介刊播广告为什么依然乱象丛生?问题就出在惩治不力上。例如,宁夏电视台综合频道和甘肃电视台综合频道广告播出已多次违规,广电总局忍无可忍之下才

[①] 喻国明:《大众媒介公信力理论初探——兼论我国大众媒介公信力的现状与问题》(上、下),载《新闻与写作》2005年第1、2期。
[②] 马国亮:《良友忆旧——一家画报与一个时代》,生活·读书·新知三联书店2002年版,第119页。

下令它们从2007年6月18日暂停播放所有商业广告,要求其对问题作出深刻检查,提出切实整改措施①。不过,"禁播令"仅施行了一周时间。由于两家电视台的整改情况已经通过甘肃省和宁夏回族自治区广电局的验收,广电总局于6月25日又恢复了它们的综合频道播放商业广告。当违规获得的收益远远高于其成本时,发生大量违规行为就不足为奇了。当然,新闻媒介行政主管部门监管不力有其复杂的体制、机制原因。因此,严格按照规章制度、法律法规对广告违规、违法行为进行惩治,真正做到令行禁止;创新媒介管理体制与机制,来消解我国新闻媒介广告刊播的混乱现象。同时,借鉴西方新闻评议会的做法,可以成立新闻评议机构,发挥民间的、社会的监管作用。

美国学者指出,美国的新闻媒介内在固有着两难悖论:它既是致力于实现第一修正案崇高理想的一个机构,又是市场上的一个商品②。作为"事业单位"的我国新闻媒介在实行"企业化经营"后,也面临着类似的问题:既要注重社会效益,又不能不顾及经济效益。换句话说,新闻媒介要"侍奉"两个主人:受众与广告商。那么,当广告商的利益(实际上也是新闻媒介自己的利益)与受众的利益发生冲突时,新闻媒介应该如何抉择?英国皇家委员会关于广告对报业的影响作出的如下结论,值得我们借鉴:"一家报社如果财力坚实,力足控制市场,广告客户因此趋之若鹜,则毋需时时以广告客户的利益为念,乃至考虑这些利益与自身的政策是否已形成冲突。……这力量的源泉,乃是阅听大众。如媒体固在为大众提供良好的服务,它大可我行我素,毋需左顾右盼。广告客户也将不招自来。阅听大众更将全心全力出而支持。即使财力上暂时受挫,但能支撑得住,因为自信远景仍是一片灿烂。媒体应信有能力当自己的主人。"③

---

① 《广电总局叫停两家电视台综合频道广告播放权》,新浪网,http://ent.sina.com.cn/v/m/2007-06-22/07051608104.shtml。
② [美]阿特休尔:《权力的媒介》,黄煜、裘志康译,华夏出版社1989年版,第68页。
③ [美]施拉姆:《大众传播的责任》,程之行译,台湾远流出版事业股份有限公司1992年版,第169—170页。

自由新闻业的民主"看门狗"功能：
理想图景及现实审视*

媒体应该充当监督政府的"看门狗"，这是自由主义新闻理论对媒体民主功能的理想预期。市场自由竞争导致新闻业集中垄断，内容娱乐化；媒体所有者为追逐利润，丧失独立公正立场，使西方学者对媒体的民主"看门狗"功能产生忧虑甚至怀疑。民主国家已经建立了一套完善的媒体"抑制和平衡"体系，信奉专业主义的新闻从业者可以抵制媒体所有者滥用私权，媒体所有者也要维护媒体的公共合法性，网络的勃兴促进了"公民新闻业"的发展，创立了媒体之于民主的一种崭新功能。这些因素的聚合，使自由新闻业在今天依然能够"看护"民主。

民主政治是现代政治的追求目标，也是衡量一个国家或地区政治状况优劣的基本标准。民主不会从天而降，实现、巩固"人民主权"和"民有民治民享"，需要政治制度的顶层架构，更需要思想、文化、经济等各种社会基础性力量的推动与维护。作为政治生活中的中心机构，"新闻业与大众传媒机构，因而也背上了维系它们所倡导的某种'民主'的重负"[①]。传统的自由主义理论认为：媒体应该并且也能够担负民主的"看门狗"（watch dog）重任，监督政府，保护人民；为完成这一重任，媒体应该完全独

---

* 本文原刊于《新闻大学》2013年第2期。
① ［加拿大］罗伯特·哈克特、赵月枝：《维系民主？西方政治与新闻客观性》，沈荟、周雨译，清华大学出版社2005年版，第10—11页。

立于政府,按照市场逻辑自主经营,自由发展。然而,媒体市场自由竞争的结果却破坏了最初为其设定的"看护"民主的目标,引起了西方不少学者的深切忧虑和对自由主义新闻体制的重新审视。那么,新闻业的哪些表现使学者们对其"看门狗"效能产生了忧虑甚至怀疑?自由新闻业发展到今天,还能够一如既往地"看护"民主吗?

一、自由新闻业的民主"看门狗"功能

新闻媒体在民主社会中扮演着什么样的角色,或者说新闻传播业在促进、实现政治民主方面具有哪些不可替代的功能?对于这一问题,政治学者、新闻传播学者多有概括。英国政治学者麦克奎尔认为,新闻媒体在"理想化的"民主社会中具有五项重要功能:(1)"侦察""监控"即告知民众他们身边所发生的事实;(2)通过对事件的客观评述,能够教育公众,让公众知晓发生的"事实"的意义和重要性;(3)能够为政治讨论提供一个公共平台,促进公共舆论的形成,并把舆论回馈给公众;(4)能够曝光政府和政治机构的"黑幕",对公共权力形成监督;(5)可以成为政党鼓吹政治观点的一个渠道,劝服公众[①]。试图"理解新闻界在民主中的特定位置"的美国新闻传播学者迈克尔·舒德森则指出,新闻业在服务于民主或能够服务于民主这一问题上,承担着以下七项主要功能:(1)信息提供:新闻媒体可以向公民提供公正全面的信息,有助于他们作出合理的政治选择;(2)调查报道:新闻媒体可以调查掌权部门,尤其是政府层面的权力;(3)分析评论:新闻媒体可以提供连贯的阐释性分析评论、框架,从而帮助公民理解他们面对的复杂世界;(4)社会同情:新闻业可以告诉人们他人的状况,以此来达到对他人生存状态以及人生观念的正确评价和鉴别,尤其是对那些情况不如自己的人;(5)公共论坛:新闻业可以为公民提供对话的论坛,并使论坛能够促进社会中不同团体之间思想观念的碰撞、交流与沟通;(6)社会动员:新闻媒体可以为特定的政治方案以及政治观念宣

[①] [英]布赖恩·麦克奎尔编:《政治传播学引论》,殷祺译,新华出版社2005年版,第21—22页。
参见吴飞、王学成:《传媒·文化·社会》,山东人民出版社2005年版,第258—259页。

扬鼓吹,并借此动员人们以行动来支持这些方案;(7)宣传代议制民主:在一个民主社会里,新闻业的角色应当是民主的而不是民粹的,它应当认同和尊重宪政主义,最重要的是要保护少数派的权利而拥护和捍卫代议制的民主体制①。

麦克奎尔所说的第四项功能——媒体能够曝光政府和政治机构的"黑幕",对公共权力形成监督,舒德森所说的第二项功能——媒体可以调查掌权部门,尤其是政府层面的权力,实际上是指媒体的同一功能,即民主的"看门狗"功能。当然,不管是"看门狗"功能抑或其他功能,有一个基本前提,那就是新闻信息必须自由地传播和分享,否则,新闻传播业对于促进、实现政治民主的任何积极效能,都无从谈起。与民主体制不同的社会中也有新闻传播机构,但是新闻信息的传播常常会受到管制和"过滤",这种被"绑架"的媒介尤其是体制内媒介的存在,不但于民主无益,反而会强化某种落后的体制,阻碍民主进程。所以,民主需要的不仅是发达的新闻传播业,更需要自由的新闻传播制度。

媒体的"看门狗"观念产生于18世纪初的西方,其理论前提是政府权力必须受到监督和制约。权力导致腐败,绝对权力绝对导致腐败,这是英国阿克顿勋爵的不易之论。美国总统麦迪逊曾作过如下假设和推论:假设(1):如果不受到外部制约的限制,任何既定的个人或个人群体都将对他人施加暴政;假设(2):所有的权力(无论是立法的、行政的还是司法的)聚集到同一些人手中,意味着外部制约的消除,外部制约的消除将导致暴政。作为假设(1)的必然结果,则有假设(3):如果不受外部制约的限制,少数人将对多数人施加暴政;假设(4):如果不受外部制约的限制,多数人将对少数人施加暴政。麦迪逊用历史例证和心理准则论证了上述假设的正确性。他所依据的心理准则是:人是欲望的工具,如果有机会,任何人都会贪得无厌地满足一己之欲。这种欲望之一就是对他人行使权力,因为权力不仅直接令人满足,而且具有巨大的工具性价值,形形色色的满足

---

① [美]迈克尔·舒德森:《为什么民主需要不可爱的新闻界》,贺文发译,华夏出版社2010年版,第23、48页。

都依赖于权力①。

权力必须分设,权力必须受到监督和制约,这是民主政治的内在要求。事实证明,在监督、制约公权力的各种社会力量中,自由新闻业的效能最为显著,因为它是"人民精神的洞察一切的慧眼",是"公众的捍卫者""针对当权者的孜孜不倦的揭露者""无处不在的耳目"②。罗伯斯庇尔把出版自由比喻为鞭挞专制主义的最可怕的"鞭子":"出版自由的基本优点是什么,它的最主要的目的是什么? 是抑制那些被人民委之权力的人的野心和专制作风,不断地提醒人民注意这些人可能对人民权利的侵害。"③

新闻媒体主要通过两种方式发挥民主的"看门狗"功能:一是公开发表言论,对腐蚀民主肌体、侵害公民权利的行为进行直接的抨击、鞭挞;二是通过调查性报道,将政府机构、政府官员那些不为人知的丑行揭示于天下。相比于激烈的批评性言论,客观、冷静的调查性报道对民主的捍卫作用显得更大,因为真相一旦被媒体曝光,便会形成强大的社会舆论,当事人将受到舆论的谴责乃至法律的制裁。客观公正地向公众报道事实是媒体和记者的职责,而现实世界中,事实常常被遮蔽、混淆,这就需要新闻记者竭尽全力去探究真相。"在新闻业的这种模式中,与其说世界是需要一颗公正而无偏见的心灵来记叙和分析的一个复杂的场所,不如说是必须依靠一颗专业的追求真理的心灵来突破一堵带有误导性和欺骗性的虚伪之墙。如果说作为信息提供者的新闻记者的美德在于客观地观察与公正地判断,那么做调查性报道的新闻记者的美德则在于不懈地坚持与猜疑的秉性。"④调查性报道对民主政治的捍卫,新闻界有一系列优异的表现,其中《华盛顿邮报》关于"水门事件"的调查报道,尤为西方新闻界引以自豪。

正如舒德森所言,新闻业的作用在于暴露问题而非建设,其"看门狗"

---

① [美]达尔:《民主理论的前言》,顾昕、朱丹译,生活·读书·新知三联书店,第3—7页。
② 《马克思恩格斯全集》(第1卷),人民出版社1995年版,第179页;《马克思恩格斯全集》(第6卷),人民出版社1995年版,第275页。
③ [法]罗伯斯庇尔:《革命法制和审判》,赵涵舆译,商务印书馆1965年版,第61页。
④ [美]迈克尔·舒德森:《为什么民主需要不可爱的新闻界》,贺文发译,华夏出版社2010年版,第29页。

功能只是一种消极功能。并且,单个媒体对某些公权力滥用、腐败事件也会失察、失声。但是,自由新闻业作为一个整体存在于民主社会中,足以使那些政治舞台上的表演者时时有被媒体"聚焦"的感觉,在图谋不轨时有所忌惮。"所有问题的关键就在于政府机关里的人相信总有个人在某个地方一直密切关注着新闻报道。所有激励和鼓舞的必要性就在于那些十分关心政治的公民核心集团及其内部人物一直在关注着新闻报道。这一切足够在政府领导人的圈子里制造某种恐怖气息:在公众面前所造成的尴尬局面会引发公众的争辩和论战,导致法律诉讼,或使竞选者产生输掉选举的担忧和恐惧。从这个角度上来讲,新闻媒体这份职业存在的目的就在于使那些拥有权力的权威人士感到恐惧、焦虑和有所敬畏。"①

二、对新闻业"看门狗"功能的忧虑和怀疑

新闻业的民主"看门狗"功能是建立在传统的自由主义理论基础之上的。根据传统的自由主义理论,媒体应该完全独立于政府,对政府实施全面监督,尤其是揭批政府滥用权力的行为。媒体的这一"看门狗"角色,理所当然地要求自由市场体制,按照市场逻辑自主经营,自由发展。不过,英国传播学者詹姆斯·卡伦认为,媒体是民主"看门狗"的观念虽然非常重要,对政府进行批判性的监督显然也是媒体在建设民主制度当中所发挥的一项重要功能,但是它不像自由主义理论所预设的那样,能够积极高效地"看护"民主,并为自由市场体制提供合法性依据。"从效果上看,自由主义道统所界定的媒体的主要目标——实现民主——及其组织原则恰恰是媒体在大部分时段内没有做到的。"所以,目前许多被人们接受的有关媒体在民主社会中所扮演的角色的观点,都是从"一个披着僧侣外衣的世界"里派生出来的,与当今的社会现实没有多少实际关联。何以言之?

第一,媒体的"看门狗"观念产生之时代,亦即自由主义新闻理论开始建构的时候,主要媒体是以公共事务为主体的报纸。当时普通人即可以

---

① [美]迈克尔·舒德森:《为什么民主需要不可爱的新闻界》,贺文发译,华夏出版社2010年版,第27页。

在"思想集市"的中心地带搭建自己的言论平台。媒体发展到今天,报纸的影响力日见式微,电视、网络等电子媒体成为主流,传媒投资和运营费用迅猛增加,公共领域内可以进行辩论的"市镇广场"已经变得不易进入。高额的市场准入费用实际上是一种无形的媒介审查形式,将那些资源有限的社会群体挡在了市场竞争的大门之外。更为严重的是,自由市场破坏了信息的供给。当今的媒体虽然不乏关于公共事务的内容,但是为了拥有更多的受众从而获得更大的经济利益,"公共事务的报道只好让位给老少咸宜的'有人情味的'内容",造成娱乐内容占据着媒体的大半江山,曝光官员丑行的内容少之又少。

第二,一些媒体机构已经发展为大型休闲产业联合体,跻身世界最大的工商业集团之列。媒体与工商业的联合使新闻记者不敢涉足它们所属的母公司或者姐妹公司存在的问题,导致"新闻禁区"的出现,削弱了媒体对工商业集团权力——相对于政府公共权力的一种私人权力的批判性监督。卡伦认为,市场自由并不是独立于任何形式的权力之外的真正自由,建立在市场自由基础上、将政府作为唯一监督对象的"看门狗"观念,未能考虑到股东和管理者对媒体所实施的经济权力,已经显得陈腐不切实际。"自由民主社会中的政治文化对政府可能对公共媒体自由所产生的威胁保持着高度警惕,但却不太关注股东可能对私营媒体自由所产生的威胁。"赫伯特·席勒等学者也认为,市场自由导致传媒的集中与垄断给新闻和民主带来比以往任何时候都要严重的危机:国家象征性资源和话语权越来越被意识领域里的少数几个商业公司垄断,这种"意识的垄断""控制着公众议程并隐藏在客观性背后的巨大的潜在私人权力,正危害着政治民主"①。

第三,传统自由主义认为,只有政府部门才拥有实施合法化暴力的特权,是人们最为惧怕的机制,因此政府部门是媒体监督的主要目标,应当通过媒体的所有制在执政体系和媒体之间建立起一定的"批评距离"。不过,当今政府的执政领域已大大扩展,其政治决策常常会影响媒体机构的

---

① [加]罗伯特·哈克特、赵月枝:《维系民主?西方政治与新闻客观性》,沈荟、周雨译,清华大学出版社2005年版,第12—13页。

利润率；政府也比以往任何时候更需要媒体的支持。当今的媒体机构又大都以利润为导向。"这就催生了一些体现政治势力与媒体部门所达成的默契的'互不侵犯条约'"。传媒大亨、新闻集团老板默多克与英国政治"共舞"便是例证。1994年英国大选，默多克起初支持保守党，但是工党领袖布莱尔与他共进晚餐、一番秘谈之后，风向转变。在布莱尔竞选英国首相前夕，新闻集团旗下的英国报纸在显著位置登出大幅新闻，标题就叫"请投工党布莱尔一票"。工党获胜之后，默多克手下曾经像鬣狗一样追踪工党的小报新闻被叫停，新工党政府也不再攻击默多克借助垄断建立媒体帝国，布莱尔还为默多克并购传媒公司充当说客[1]。同时，以市场为基础的媒体对政府部门的监督并不一定是完全独立的，某些媒体所有者有可能是政府的支持者甚至就是政府权力体系的一部分，他们为了获得政府规制方面的"照顾"或者为了维护政府权力体系，会给媒体戴上"口套"，不许媒体批评政府，使媒体这一民主的"看门狗"完全"噤声"。

第四，即使能和政府是"对手"关系的独立性媒体，其"揭黑"报道也具有一定的欺骗性。"在绝大多数情况下，媒体'揭开盖子'的报道是'精英决策阶层'有意识的'议程设置'策略的一个组成部分"，要么是为政策的改变铺平道路，要么是为了提高个人的知名度，与公众利益无关。总之，卡伦认为，自由主义理论模式未能充分考虑到媒体所处的广泛的权力关系，市场自由不能确保媒体对政府的公共权力和媒体所有者的私人权力进行批判性的监督，"市场能够培育起来的并不是服务于公众利益的、独立的'看门狗'，而是为了适应个人目的随时调整其批评性的监督视角的工商业'雇佣军'"[2]。

第五，从信息流通、媒介与受众的关系来考量，当今媒体对公权力的监督效能也令人忧虑。当今的新闻媒体已无法把关于公共事务的信息更好地告知公众，原因在于：政府会对新闻界隐藏信息，或是成功操纵新闻界接受它所发出的虚假信息；唯利是图的公司化组织机构所发布的信息，

---

[1]《窃听之后　整风开始》，载《南方周末》2011年7月21日。
[2]［英］詹姆斯·卡伦：《媒体与权力》，史安斌、董关鹏译，清华大学出版社2006年版，第280—289页。

与其说是告知公众,不如说是为了经济利益而制造的轰动性、卑劣性和一些肤浅性的新闻;受制于媒介组织、企图从狡猾的政客那里搞到一点点真相的职业记者们,大都表现出这个职业所特有的谨小慎微。"他们为媒介精英圈子内的小团体价值所束缚。他们在寻求新闻真相上的激励,与其说是来自为了民主的满腔热忱,不如说是来自专业理念的推动,或者说是被他们自身的政治观念驱使。"今天,新闻媒体更加偏爱矛盾和冲突,新闻记者对政治愤世嫉俗、玩世不恭、冷眼相待,一些新闻记者对他们所报道的社区在情感上保持中立和疏离,引起受众的不满,使传媒与受众的黏合度在下降。一些民意调查显示,公众对新闻传媒的尊重已不如从前①。

三、自由新闻业依然能够"看护"民主

自由新闻业发展到今天,果真像一些学者所言,曾经的民主"看门狗"已经完全"噤声",甚至沦为工商业的"雇佣军"了吗?其实不然。即使对此悲观、怀疑的学者也没有完全否认新闻业对民主的"看护"作用。

自由民主国家已经建立了一套完善的媒体"抑制和平衡"体系,防止媒体受制于政府,确保它们为公众利益而非为媒体所有者私人利益服务。这一体系包括:(1)公共广电体系。设立既不属于私人也不属于政府而属于全体公民的公共广播电视媒体,实施相对独立的管理体制和以视听费为运营资本的经营机制,使其免受政府及市场的影响,坚持新闻报道的公正性和多元化视角,坚持节目的高品质和多样性,确保公众充分实现知情权②。(2)社会化的市场政策。国家运用法律手段限制私营媒体过度集中

---

① [美]迈克尔·舒德森:《为什么民主需要不可爱的新闻界》,贺文发译,华夏出版社2010年版,第12—13、106页。
② 公共广播电视媒体对独立身份和公正立场的坚守的确有不少优异表现。2010年11月29日晚,英国广播公司(BBC)在2018年世界杯申办权投票前夕,播出纪录片《全景》节目,点名披露三位国际足联高官曾接受某公司高额贿赂。因为英国是申办国之一,其申办团队曾试图阻止BBC播出该节目,英国政府也不希望BBC在投票前三天播出这样的节目,但BBC声明他们的决定事关公众利益。节目播出后引起国际社会广泛关注。英国首相卡梅伦表示,BBC的这一做法相当"不爱国","纪录片选择在这样一个关键时刻播出,势必会让英格兰在申办中吃亏"。国际足联对BBC相当不满,公开抨击其哗众取宠,夸大事实。12月3日投票结果公布,英国败给了竞争对手俄罗斯,失去了举办2018年世界杯的机会。

垄断,对少数派社群媒体实行有选择的财政补贴,提升媒体的多元化。(3)社会责任取向力图通过新闻行业自律和专业主义教育等手段,防止媒体的过度市场化倾向。(4)经济民主化取向鼓励新闻从业者参与媒体的经营管理决策,从而改进媒体。(5)通过立法使媒体在言论自由与保护人权之间保持公正和平衡①。同时,一个以权力的抑制和平衡为特征的政治体系会支持媒体的独立自主性;政治精英阶层出于自身利益的考虑也会支持新闻从业者追求媒体独立的理想。

与防止公共权力干预媒体独立性的制度相比,防止媒体所有者滥用私人权力影响媒体的措施还很薄弱。但是,媒体系统内部也存在着一些反向的影响力,一定程度上可以抵制媒体业主滥用私权,维护自由新闻业的独立公正品质。新闻从业者长期所信奉的以独立、客观、公正为价值取向的新闻专业主义,即为新闻系统内部普遍而有力的反向力量。新闻专业主义对媒体业主私人权力的抵抗,于默多克收购道琼斯公司之曲折可见一斑。2007年5月,默多克开价50亿美元,意欲将道琼斯公司收入囊中。道琼斯上下,包括控股的班克罗夫特家族,担心这位媒体商人很可能牺牲道琼斯旗下媒体报道的客观公正性来服务于他全球媒体帝国的商业利益,不为利诱,拒绝出售。在默多克的穷追不舍之下,班氏家族于6月5日和他进行了首次会晤,谈判的焦点即为新闻独立性问题。第二天,道琼斯旗下的《华尔街日报》发表题为《一份独立的报纸》文章,引用其1951年1月2日发表的那篇脍炙人口的社论《一份报纸的哲学》来警告默多克:"在评论版上,我们从不把自己伪饰得不偏不倚。我们的议论和诠释向来观点明确。我们相信人的智慧和尊严。我们反对任何对个体权利的侵犯,不管它来自垄断财团、强势工会,还是强权政府。"《一份独立的报纸》郑重声明,《华尔街日报》将永远坚守新闻的独立性:"56年过去,这些话仍然振聋发聩。不管班氏家族是否出售《华尔街日报》,也不管买家是谁,我们将坚持上述哲学,直到最后。"②在默多克承诺成立一个独立编辑委员会

---

① [英]詹姆斯·卡伦:《媒体与权力》,史安斌、董关鹏译,清华大学出版社2006年版,第196页。
② 《默多克购道琼斯达成初步协议》,载《东方早报》2007年7月10日。

以确保《华尔街日报》的新闻独立性之后,道琼斯董事会接手班氏家族与默多克展开谈判,双方在采编独立问题上达成协议。2008年初,默多克终于如愿以偿,以51.6亿美元收购了道琼斯。然而就在交易完成之后,道琼斯 CEO、CFO 及《华尔街日报》发行人、首席法律顾问等高管和不少员工还是担心以往的新闻理念将受到威胁,纷纷选择了离开。

私营媒体为了赢利目的,确实存在内容娱乐化倾向及向政治强权屈服、献媚甚至与之合谋的情况。其实,认为受众偏爱娱乐性内容只是媒体的一厢情愿,受众更期待媒体能够独立于政治权力,坚持不懈地关注、批评公共事务。独立于政治权力并监督政治权力,这是媒体得以存在的合法性基础。新闻是一种"共享的文化形式",对媒体抱有期望的受众本身也是传媒系统的一部分,"新闻和政治的社会实践、文化意义和公共政策的形成,会受到少数传媒巨头或在政治上颇具影响力的人物的意图或操纵的限制,但不会沦落到完全体现这些意图或操纵的地步。如果没有观众和选民的同意或者至少是默许的话,他们的影响将是微不足道的"①。因此,不少私营媒体为维持其公共合法性,避免受到社会的谴责,也会坚守独立地位,揭批政治丑恶。实际上,这也是私营媒体赢得受众从而获取经济利益的惯用手法。2008年9月29日,美国第二大报业集团论坛公司旗下报纸《芝加哥论坛报》发表社论,揭露伊利诺伊州州长布拉戈耶维奇卖官鬻爵,呼吁司法机关予以查处,并弹劾他州长一职。一个月后,陷入资金危机的论坛公司急于出售旗下的芝加哥小熊棒球队,并希望能够从州财政那里得到援助。布氏通过副手私下威胁论坛公司,除非解雇严厉批评过自己的《芝加哥论坛报》编辑,否则就会干预棒球队出售事宜,克扣州政府对该集团的财政援助。濒临破产的论坛公司并没有因此而解雇任何员工,包括被布氏点名的"最有偏见、最不公正"的编辑约翰·麦考米克。论坛公司还发表声明说:"这个公司没有任何一个人,由于受到来自州长有关人士的压力,试图去影响《芝加哥论坛报》的人事任命或是编辑方针。"②

---

① [加拿大]罗伯特·哈克特、赵月枝:《维系民主?西方政治与新闻客观性》,沈荟、周雨译,清华大学出版社2005年版,第13、15页。
② 《〈芝加哥论坛报〉成卖官州长眼中钉》,载《东方早报》2008年12月11日。

政府可以操纵新闻界于一时,但无法永久掩盖事实真相。为保住职位而谨小慎微的新闻从业者固然常有,为曝光丑恶而奋不顾身的记者、编辑也屡见不鲜。当今新闻业的确存在追求轰动效应、政治偏激、情感疏离等种种问题,弱化了对民主的"看护"作用。不过,一度悲观的舒德森也不得不承认,正是新闻业的这些特征,最好地保护着强劲而坚定的公共辩论,进而对民主起着促进和提升作用。"新闻媒体对事件而不是对趋势和结构的关注,新闻出版业对不论何时何地所产生的矛盾与冲突的偏爱,新闻记者在涉及政治以及政治人物等诸多事务上的愤世嫉俗、玩世不恭和冷眼相待,还有新闻记者对他们所报道社区的情感上的中立和疏离,使得媒体很难为人们所喜爱,但不这样恐怕又难以推动民主的进步。正是这些特征使新闻出版业始终保有一种对既定权力的监督、腐蚀、破坏与倾覆的能力。"舒德森认为,新闻界的行为类似怂恿受害人通过法律途径来诉讼的法律界——律师把他人的悲剧看作发财的大好机会,新闻记者则把他人的悲剧看作俘虏受众眼球、晋升提拔、制造轰动效应的机会。新闻可以借助它最狭隘又最不讨人喜爱的诸多特征——对事件关注的顶礼膜拜、病态的对于格斗式辩论的迷恋、对政治根深蒂固的警惕与愤世嫉俗的反抗,对于它们所报道的团体与社区所表现出来的强烈的感情疏离,可能对民主作出最重要的贡献。无论如何,"新闻业这一行当对权势阶层而言仍然扮演着牛虻的角色,敢于直面权力、实话实说,并为观点的多元化提供便利"①。

更值得欣慰的是,网络的勃兴促进了"公民新闻业"的发展,创立了媒体之于民主的一种崭新功能,"这种新功能的萌芽使得原先在新闻记者与媒体受众之间的区别消失了"。一方面,通过网络传播技术平台,每个公民或社会组织都可以自由地揭露政治黑幕,发表政治见解,而不必再仰仗于传统媒体。传统新闻业受控于政府、股东、市场而无法充分捍卫民主的局面,被网络催生的公民新闻业消解。另一方面,传统新闻业的网络化乃大势所趋,它们曾经服务于民主的信息提供、调查报道、社会同情等种种

---

① [美]迈克尔·舒德森:《为什么民主需要不可爱的新闻界》,贺文发译,华夏出版社 2010 年版,第 106—107、115 页。

功能,"可能在不同的新闻业形态以及非新闻业组织范畴中进行重新组合分配"。这种变化将会不可限量地促进公民、专业新闻记者、政治活动家以及其他各方人士充分获取信源。"这种散点分布和多种声音,并表现出难以驾驭和不好驯服等特征的信息体制,可能正是民主得以有效运转的最为宝贵的财富。"[①]

西方学者们对自由主义理论所预期的媒体"看门狗"功能的忧虑、怀疑,并非为了否定自由主义新闻体制,否认媒体具有"看护"民主的作用,而是探究新形势下媒体如何才能更好地服务于民主政治。詹姆斯·卡伦就主张,新闻业除了继续保持传统的自由主义目标——"看门狗"式的监督、信息、争论和代言——之外,还要实现两个该理论未作充分展示的目标:促进冲突和差异的表达,帮助实现社会和解。因此他建议创建一个既不受制于市场、也不受制于政府——以公共服务型广播电视媒体为核心,由私营媒体、社会性市场媒体、专业性媒体和公民媒体环绕四周的民主化媒体系统[②]。信奉专业主义的新闻从业者能够潜在地帮助私营媒体不屈服于其股东的政治义务和经济利益。所以,应在新闻传播院系加强新闻专业主义教育,培育学生对新闻专业主义的恒久信仰,使之进入新闻界后成为维护自由新闻业独立公正品质的重要力量。作为单个的媒体使用者,也许无法阻止媒体为追逐利润而"娱乐至死",规避对公共事务的批评,丧失独立公正的立场。但是,媒体受众也是复杂的媒体系统的一部分,并且掌握着媒体能否生存的最终决定权——如果没有受众的认可,任何媒体都难以存活。开展媒介素养教育,提升公众对媒体的鉴别、评判能力,自觉抵制庸俗无为之媒体,来迫使媒体维持其公共合法性。每一个公民更要充分利用网络这一"上帝送给人类的最好礼物",发出自己的声音,主张自己的权利,为实现民主、维护民主贡献自己的一份力量。就像德国法学家耶林所说的,为权利而斗争是权利人对自己应尽的义务!

[①] [美]迈克尔·舒德森:《为什么民主需要不可爱的新闻界》,贺文发译,华夏出版社2010年版,第52—53页。
[②] [英]詹姆斯·卡伦:《媒体与权力》,史安斌、董关鹏译,清华大学出版社2006年版,第304、314页。

后记

我于 2003 年 7 月毕业于复旦大学新闻学院，留校任教至今，主要从事中国新闻传播史、新闻传播法规与职业伦理的教学与研究工作。编选入这本集子的 20 篇论文，即是 10 多年来我在这两个领域的研究心得。

我本性喜爱历史，所受的专业教育及从事的工作都与文史相关，实为人生幸事。梁启超在《中国历史研究法》中有言："夫史者何？记述人类社会赓续活动之体相，校其总成绩，求得其因果关系，以为现代一般人活动之资鉴者也。"即史学通过探究历史是何、为何等"体相"，为当今社会治理与个人发展提供有益的借鉴。研究历史可以资鉴当代，通晓历史能够使人胸襟开阔，人生充满敬畏与温情。新闻是新近发生的事实的报道，新闻传播学似乎不必研究陈年旧事。但是正如我国新闻史学大家方汉奇先生所言，如果说新闻传播事业是社会的守望者，新闻传播史学则是新闻传播事业的守望者——它通过对新闻传播发展规律的总结，对新闻传播思想演变轨迹的考察，守望新闻传播事业捍卫社会公正的良知与精神。在新闻传播史领域，我主要关注近现代中国民间报人的心灵史和私营报刊的发展史，重点做了王芸生、徐铸成、储安平、成舍我、曹聚仁、陈铭德等民间报人和《大公报》、《文汇报》、《新民报》、《世界日报》、《观察》周刊等私营报刊的个案研究，试图探究政治变迁与报人命运、报刊兴衰的复杂关系。在该领域的研究与写作中，我秉承了重视史料、独立论断、立论公允、精彩呈现的一贯理念。

我的另一个研究领域是新闻传播法规与职业伦理。新闻传播法是保护新闻传播自由、规范新闻传播活动的法律，新闻职业伦理是新闻业得以生存并获得社会尊重的道德底线。新闻传播法保护新闻传播自由的法哲学基础,新闻传播活动与国家安全、社会秩序和公民权益的关系,新闻职业伦理的基本原则,网络传播时代新闻传播法与职业伦理的新变化,是我一直比较关注的几个问题。近年来,我致力于传媒与司法关系问题的研究。追求社会公平正义虽然是新闻媒体和司法机关的共同价值目标,但是两者长期处于紧张状态,需要彼此规约和调适。实现司法机关与新闻媒体的良性互动,保障舆论监督以促进司法公开,加强审判独立以排除外力影响,"努力让人民群众在每一个司法案件中都能感受到公平正义",以司法公正推动我国整个经济社会的公平正义,是我聚焦传媒与司法关系问题的主旨所在。研究新闻传播法规与职业伦理,体现了我对新闻传播业的现实关怀。

编选入这本集子的 20 篇文章,均已在学术刊物或会议论文集中公开发表。这次编辑时统一了体例,并对个别篇目进行了增补,对一些明显舛误和不当之处进行了修改,其他一仍其旧,按照议题相近原则编排次序。部分篇目属于一时一事之议,时过境迁,今天看来颇为陈旧,之所以编选入本集并保留当初发表时的样态,也是为了记录自己学术探索的心路历程。编选入本集的这些论文,包括自己所有已出版的著作和发表的文章,见解或显浅陋,观点或待商榷,但无不出于至诚。世间万事,最可贵的莫过于一个"诚"字,读书做学问也是如此。为学真诚,就是要诚实地读书做学问,研究真问题,做出真学问,既不自欺,也不欺人。

自己在学术研究领域取得的这些微薄成绩,应归功于复旦大学新闻学院众多师长、领导的培养和同人的关爱,也离不开一届又一届同学们的支持。感恩感谢之情,难于言表。我国有句古话叫"周虽旧邦,其命维新"。复旦大学新闻学院即将迎来九十周年院(系)庆,可谓中国新闻教育的"旧邦";在信息传播技术、媒介生态环境都发生了巨大变化的当下,教学科研也需要不断"维新",与时俱进。作为其中的一员,继往开来,兢兢业业,为国家培养更多的优秀新闻传播人才,责无旁贷,任重道远。

陈建云

2019 年 4 月 18 日于沪上放心室

图书在版编目(CIP)数据

论史衡法/陈建云著. —上海:复旦大学出版社,2019.7
(复旦大学新闻学院教授学术丛书)
ISBN 978-7-309-14451-2

Ⅰ.①论… Ⅱ.①陈… Ⅲ.①新闻学-文集 Ⅳ.①G210-53

中国版本图书馆 CIP 数据核字(2019)第 134747 号

论史衡法
陈建云 著
责任编辑/刘 畅 章永宏

复旦大学出版社有限公司出版发行
上海市国权路 579 号 邮编:200433
网址:fupnet@fudanpress.com http://www.fudanpress.com
门市零售:86-21-65642857 团体订购:86-21-65118853
外埠邮购:86-21-65109143
上海盛通时代印刷有限公司

开本 787×960 1/16 印张 16.75 字数 228 千
2019 年 7 月第 1 版第 1 次印刷

ISBN 978-7-309-14451-2/G·1993
定价:50.00 元

如有印装质量问题,请向复旦大学出版社有限公司出版部调换。
版权所有 侵权必究